Zur Sicherung des Gelernten gibt es in jeder Lerneinheit unter der Überschrift **„Üben und Anwenden"** vielseitige Aufgaben.

In den Lerneinheiten neu erworbenes Wissen kann zusätzlich mit Hilfe der Aufgaben im Teil **„Vermischte Übungen"** in jedem Kapitel wiederholt, angewendet und vernetzt werden, damit es langfristig gesichert ist.

Auf der Seite **„Teste dich!"** am Ende jedes Kapitels können die Leistungen selbstständig überprüft werden. Die Aufgaben in der Spalte b sind für den Realschulbildungsgang vorgesehen. Die Lösungen zu den Aufgaben können im Anhang nachgeschlagen werden.

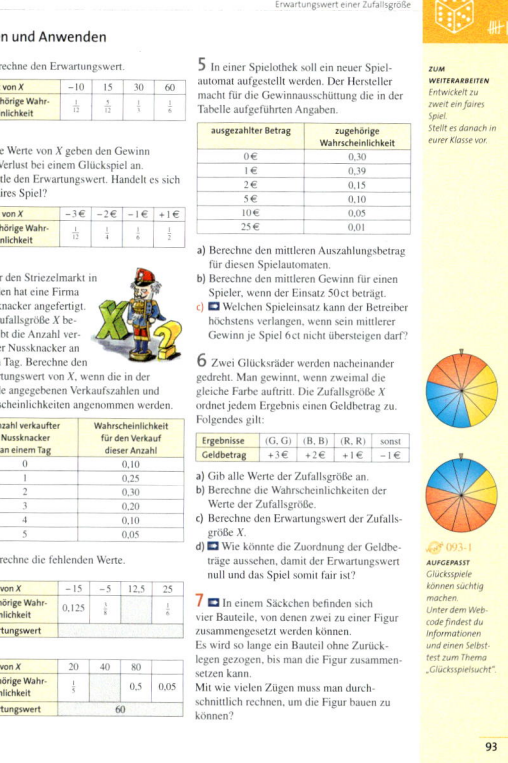

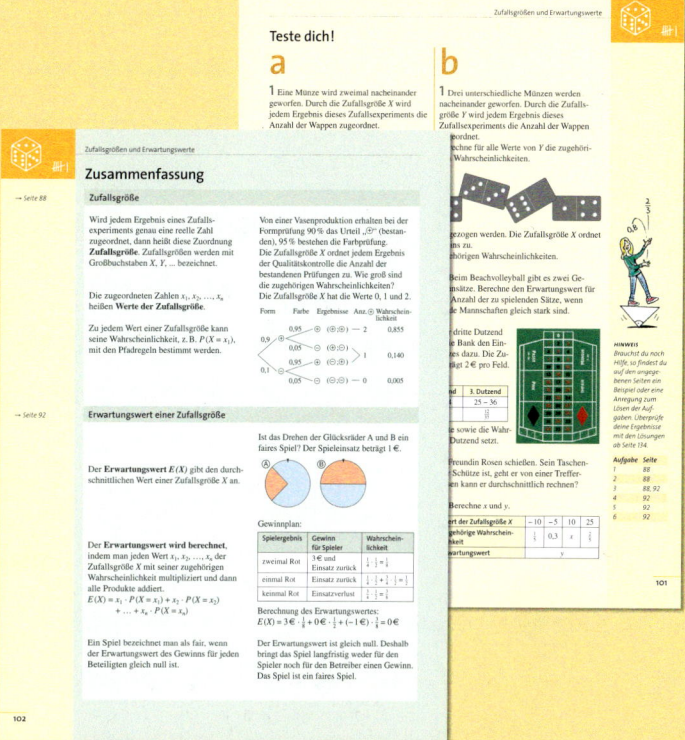

Die **„Zusammenfassung"** enthält kurz und knapp das Wichtigste aus dem Kapitel. In der Randspalte befinden sich Hinweise auf die Seiten, auf denen der Stoff ausführlicher nachgelesen werden kann.

Die Aufgaben sind unterschiedlich gekennzeichnet.

4 normale Aufgaben
5 Schwierige oder zeitaufwändige Aufgaben
6 ➡ Aufgaben zum Nachdenken und Begründen

Was bietet das Buch noch?

Die **„Themenseiten"** enthalten Interessantes und Wissenswertes aus verschiedenen Lebensbereichen. Sie enthalten die Wahlpflichtthemen. Die **„Methoden"** stellen anhand eines Beispiels Vorgehensweisen und Verfahren vor.

Schlüssel zur Mathematik

10 Mittelschule Sachsen

Erarbeitet von:
Ines Knospe, Jörg Meyer, Günter Ruprecht, Gabriele Schenk, Matthias Schubert,
Herbert Strohmayer, Martina Verhoeven, Udo Wennekers

Beraten durch Reinhold Koullen, Dr. Frank Kramer und Udo Wennekers

Redaktion: Kerstin Nolte, Heike Schulz
Herstellung: Hans Herschelmann
Illustration: Roland Beier
Grafik: Christian Görke, Ulrich Sengebusch
Bildredaktion: Peter Hartmann
Umschlaggestaltung: Wolfgang Lorenz
Layoutkonzept: Hans Herschelmann, Jürgen Brinckmann
Gestaltung und technische Umsetzung: Jürgen Brinckmann

Begleitmaterialien zum Lehrwerk			
für Schülerinnen und Schüler		**für Lehrerinnen und Lehrer**	
Abschlussprüfung Mathematik,		Lösungsheft 10	978-3-464-52116-8
Sekundarstufe I – Sachsen	978-3-06-001113-1	Kopiervorlagen 10	978-3-464-52170-0

www.cornelsen.de
www.vwv.de

Unter der folgenden Adresse befinden sich multimediale Zusatzangebote
für die Arbeit mit dem Schülerbuch:
www.cornelsen.de/schluessel.
Die Buchkennung ist **MSL52010**.

Die Internet-Adressen und -Dateien, die in diesem Lehrwerk angegeben sind,
wurden vor Drucklegung geprüft (Stand Juli 2009).
Der Verlag übernimmt keine Gewähr für die Aktualität und den Inhalt dieser
Adressen und Dateien oder solcher, die mit ihnen verlinkt sind.

1. Auflage, 1. Druck 2009

Alle Drucke dieser Auflage sind inhaltlich unverändert und können im Unterricht nebeneinander
verwendet werden.

© 2009 Cornelsen Verlag, Berlin

Das Werk und seine Teile sind urheberrechtlich geschützt. Jede Nutzung in anderen als den gesetzlich
zugelassenen Fällen bedarf der vorherigen schriftlichen Einwilligung des Verlages.
Hinweis zu den §§ 46, 52a UrhG: Weder das Werk noch seine Teile dürfen ohne eine solche Einwilligung eingescannt und in ein Netzwerk eingestellt oder sonst öffentlich zugänglich gemacht werden.
Dies gilt auch für Intranets von Schulen und sonstigen Bildungseinrichtungen.

Druck: CS-Druck CornelsenStürtz, Berlin

ISBN 978-3-464-52010-9

 Inhalt gedruckt auf säurefreiem Papier aus nachhaltiger Forstwirtschaft.

Inhalt

Die Sinusfunktion

Noch fit?	6
Die Sinusfunktion	7
Form- und Lageänderungen der Sinusfunktion	11
Themenseite „Schwingungen"	16
Vermischte Übungen	18
Teste dich!	19
Zusammenfassung	20

Berechnungen an allgemeinen Dreiecken und Vielecken

Noch fit?	22
Flächeninhalte von Dreiecken und Vielecken	23
Der Sinussatz	27
Der Kosinussatz	31
Themenseite „Treppenbau"	36
Vermischte Übungen	38
Teste dich!	41
Zusammenfassung	42

Potenzen und Potenzfunktionen

Noch fit?	44
Potenzen und Wurzeln	45
Potenzgesetze	49
Methode Zahldarstellung mit Hilfe von Zehnerpotenzen	52
Potenzfunktionen	53
Themenseite „Mikrokosmos und Makrokosmos"	58
Vermischte Übungen	60
Teste dich!	63
Zusammenfassung	64

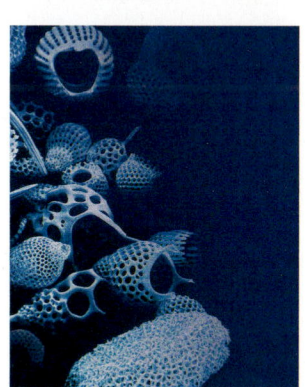

Wachstum

Noch fit?	66
Absolutes und prozentuales Wachstum	67
Exponentielles Wachstum	71
Bakterienwachstum und radioaktiver Zerfall	75
Themenseite „Altersbestimmung mit Hilfe der Radiocarbon-Methode"	78
Vermischte Übungen	80
Teste dich!	83
Zusammenfassung	84

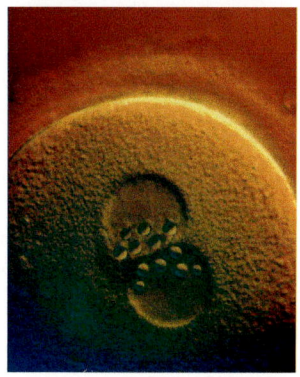

Zufallsgrößen und Erwartungswerte

Noch fit?	86
Zufallsgrößen	87
Erwartungswert einer Zufallsgröße	91
Themenseite „Stochastische Probleme mit einer Tabellenkalkulation simulieren"	94
Vermischte Übungen	96
Teste dich!	101
Zusammenfassung	102

Wahlpflichtthemen

Geometrische Körper in Kunst und Technik	104
Dynamisieren geometrischer Objekte	108
Optimierung	113
Vermessungsprobleme	117
Vorbereitung auf die zentrale Prüfung	122
Lösungen zu den Teste-dich!-Seiten	133
Lösungen zu „Vorbereitung auf die zentrale Prüfung"	139
Stichwortverzeichnis	143
Bildverzeichnis	144

Die Sinusfunktion

Das Finale in der Disziplin 400-m-Kraul der Herren beginnt mit einem Kopfsprung vom Startblock. Alle Schwimmer sind noch gleich auf. Schnell nähern sich die Schwimmer der ersten Wende. Bis zum letzten Anschlag werden sie 7-mal die Richtung ändern. Nach jeweils drei Zügen holen sie Luft und werden unzählige Male den Arm ins Wasser eintauchen, durchziehen und wieder heben. Immer dieselbe, sich wiederholende Bewegung. Eingeübt bis zur Perfektion. Nach 3:41 min reißt der Sieger die Arme in die Luft.

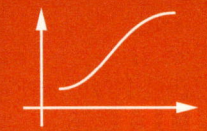

Die Sinusfunktion

Noch fit?

1 Gib in jedem Dreieck den Sinus beider spitzen Winkel als Seitenverhältnis an.

a) 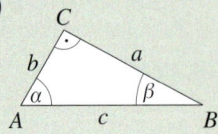   b) 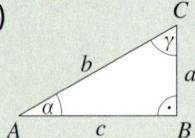   c)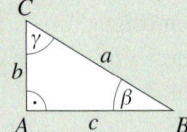

2 Zwei Seiten eines rechtwinkligen Dreiecks sind gegeben. Übertrage die Tabelle in dein Heft und berechne die fehlenden Winkel und Seiten. Eine Planfigur hilft.

	α	β	γ	a	b	c
a)			90°	3 cm		6 cm
b)			90°		5 cm	7 cm
c)			90°	4 cm	4,5 cm	
d)	90°			8,3 cm	2,9 cm	
e)		90°			4,3 cm	1,8 cm

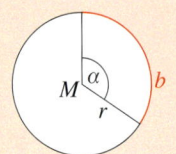

ERINNERE DICH
Die Bogenlänge ist ein Bruchteil des Kreisumfangs.

3 Berechne den Umfang des Kreises.
a) $r = 7\,\text{cm}$ b) $r = 4{,}9\,\text{mm}$ c) $d = 6{,}8\,\text{m}$

4 Welche Bogenlänge b hat der Kreisausschnitt?
a) $r = 4\,\text{cm};\ \alpha = 90°$ b) $r = 3\,\text{cm};\ \alpha = 135°$ c) $r = 1\,\text{cm};\ \alpha = 162°$

5 Zeichne die Graphen der folgenden quadratischen Funktionen in ein gemeinsames Koordinatensystem.
a) $f(x) = x^2 - 2$ b) $f(x) = (x-1)^2$ c) $f(x) = (x+1)^2 - 1{,}5$ d) $f(x) = -\frac{1}{2}x^2$

6 Im Koordinatensystem sind die Graphen von fünf verschiedenen quadratischen Funktionen dargestellt.
a) Lies die Koordinaten der Scheitelpunkte $S(x_s|y_s)$ ab.
b) Notiere die Funktionsvorschriften in Scheitelpunktform: $f(x) = a \cdot (x - x_s)^2 + y_s$

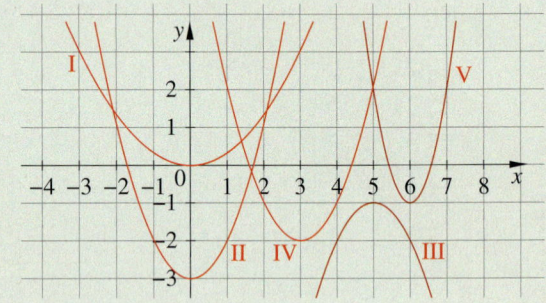

KURZ UND KNAPP

1. Beschreibe, was ein spitzer (stumpfer, rechter) Winkel ist.
2. Nenne alle Größen, von denen die Länge eines Kreisbogens abhängig ist.
3. Welchen Anteil an der Fläche eines Vollkreises hat die Fläche eines Kreissektors mit dem Mittelpunktswinkel $\alpha = 270°$?
4. Richtig oder falsch? Die Funktion $f(x) = 2(x-4)^2 + 3$ hat den Scheitelpunkt $S(-4|3)$.
5. Wie lautet die allgemeine Form einer quadratischen Funktion?
6. Was ist ein Intervall?

Die Sinusfunktion

Erforschen und Entdecken

1 Für den folgenden Versuch benötigt ihr:
- zylinderförmige Gefäße mit verschieden Durchmessern
- einen Stift, z. B. einen Filzschreiber
- mehrere Blatt Papier
- Klebeband

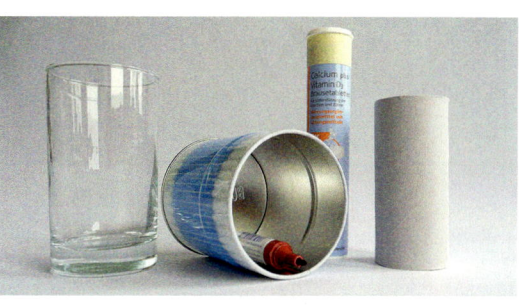

Versuchsvorbereitung:
Befestigt den Stift im Inneren des Gefäßes, sodass seine Spitze nur etwa 2 mm herausragt. Klebt mehrere Blatt Papier aneinander und befestigt sie direkt über dem Boden an einer senkrechten, glatten Fläche wie der Tür, einem Schrank oder der Wand.

Versuchsdurchführung:
Rollt das Gefäß mit dem Stift entlang des Papiers über den Fußboden und betrachtet das entstehende Muster. Wiederholt den Versuch mit weiteren Gefäßen und andersfarbigen Stiften.
a) Beschreibt und vergleicht die Muster, nennt ihre Gemeinsamkeiten und Unterschiede.
b) Messt charakteristische Längen in den Mustern. Findet ihr entsprechende Längen auch an den jeweiligen Gefäßen?

HINWEIS
Der Versuch kann auch an der Tafel durchgeführt werden. Beachtet aber, dass die Kreideablage meist über eine Kante verfügt, die ausgeglichen werden muss.

2 Die Abbildungen rechts zeigen drei Formen der Wechselspannung.
a) Betrachte die verschiedenen Verläufe der Graphen und nenne ihre Gemeinsamkeiten.
b) Wie unterscheiden sie sich von den Graphen dir bereits bekannter Funktionen? Erstelle zunächst eine Liste mit den dir bekannten Funktionstypen.
c) Welche der drei Graphen in der Randspalte stellen Funktionen dar, welche nicht? Begründe.

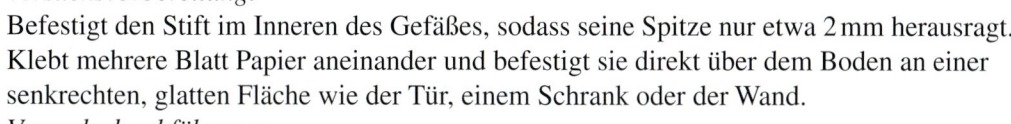

3 Mit Hilfe einer dynamischen Geometrie-Software könnt ihr eine für euch neue Funktion erforschen. Nutzt den Webcode in der Randspalte.

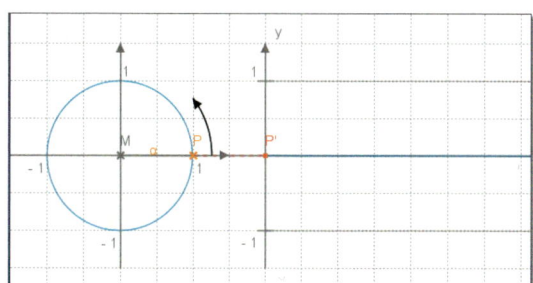 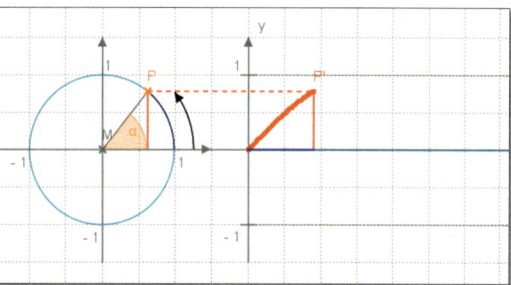

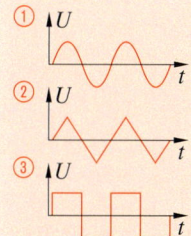 007-1

BEACHTE
Unter dem Webcode befindet sich eine Simulation zur Darstellung der Sinusfunktion.

Bewegt den Punkt P bei gedrückter Maustaste auf der Kreislinie gegen den Uhrzeigersinn. In dem zugehörigen Koordinatensystem entsteht ein Funktionsgraph. Auf der x-Achse werden Winkel abgetragen.
a) Welche Größen ändern sich, wenn der Punkt P bewegt wird. Was stellt die rote Linie dar?
b) Matthias behauptet, dass die Länge der grünen Strecke dem Sinus des zugehörigen Winkels α entspricht. Überprüft, ob seine Behauptung richtig ist. Begründet eure Meinung.
c) Übertragt den Funktionsgraphen in euer Heft. Wählt dazu einige charakteristische Punkte des Graphen. Vergesst nicht, die Achsen des Koordinatensystems zu beschriften.
d) Überlegt, wie der Funktionsgraph für negative Winkelgrößen und Winkel über 360° verlaufen könnte. Überprüft eure Vermutung mit Hilfe eines Taschenrechners.

HINWEIS
Für negative Winkelgrößen wird P im Uhrzeigersinn bewegt. Alle Winkel über 360° gehen über eine Volldrehung hinaus.

Die Sinusfunktion

Lesen und Verstehen

Ein Raddampfer wird von einem Schaufelrad angetrieben. Die Schaufeln werden bei jeder Umdrehung aus dem Wasser gehoben und wieder untergetaucht. Die Höhe einer einzelnen Schaufel über bzw. unter der Wasseroberfläche hängt von der Stellung des Schaufelrades ab, also um welchen Winkel es sich gedreht hat.

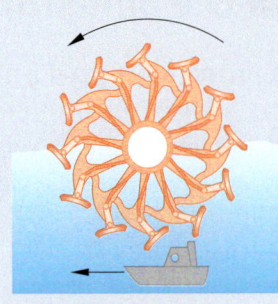

Für rechtwinklige Dreiecke gilt: $\sin \alpha = \frac{\text{Gegenkathete von } \alpha}{\text{Hypotenuse von } \alpha}$.

Dieses Seitenverhältnis kann für jeden Winkel α zwischen 0° und 360° am **Einheitskreis** veranschaulicht werden. Überträgt man für jeden Winkel α die Funktionswerte sin α in ein Koordinatensystem, so ergibt sich der folgende charakteristische Graph der **Sinusfunktion** $f(x) = \sin \alpha$.

BEACHTE
Der Radius des Einheitskreises misst 1 Längeneinheit.

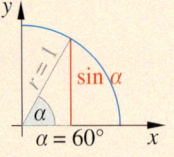

Die Hypotenuse des Dreiecks ist der Radius des Einheitskreises. Es gilt also:
$\sin \alpha = \frac{GK}{1} = GK$

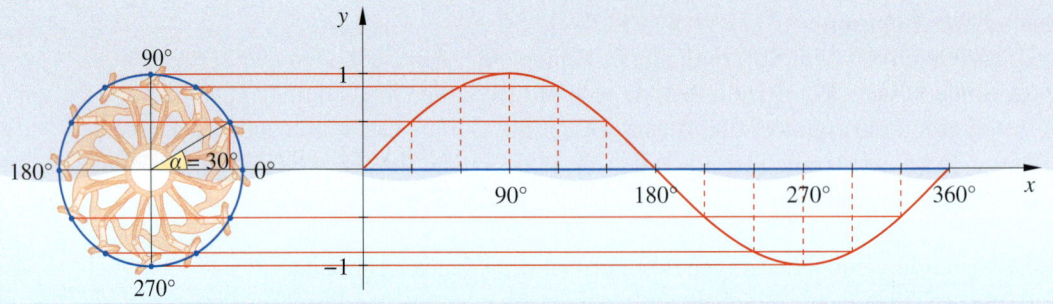

Der Verlauf der Sinuskurve kann beliebig erweitert werden: Für Winkel, die größer als 360° sind, wird über eine volle Umdrehung hinaus gegen den Uhrzeigersinn gedreht. Den Sinus eines Winkels mit negativem Vorzeichen erhält man durch eine Drehung in entgegengesetzter Richtung, also durch Drehung mit dem Uhrzeigersinn. Nach jeweils einer vollen Umdrehung mit bzw. gegen den Uhrzeigersinn wiederholen sich die Funktionswerte sin α.

ERINNERE DICH
Du kennst den Begriff Periode im Zusammenhang mit Dezimalbrüchen wie z.B.
$\frac{9}{11} = 0{,}818181\ldots$
$= 0{,}\overline{81}$
(sprich: null Komma acht eins Periode acht eins

Funktionen, deren Funktionswerte sich in gleich bleibenden Abständen wiederholen, nennt man **periodisch**. Die Länge des kürzesten Intervalls dieser Wiederholungen heißt **Periode**.

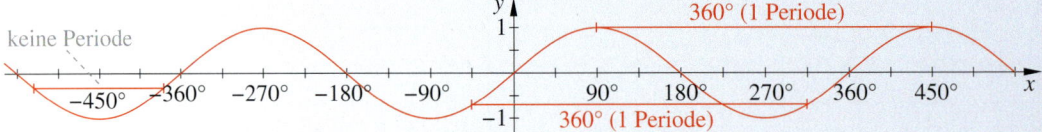

Die Sinusfunktion $f(\alpha) = \sin \alpha$ ist eine periodische Funktion. Ihre Periode beträgt 360°. Diese Eigenschaft kann als Formel beschrieben werden: $\sin \alpha = \sin(\alpha + k \cdot 360°)$, k ist eine ganze Zahl.

Der Graph der Sinusfunktion ist **punktsymmetrisch** zum Ursprung (0|0). Für beliebige Winkel α gilt: $\sin(-\alpha) = -\sin \alpha$.

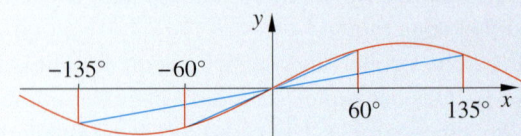

ERINNERE DICH
Die längste Seite in rechtwinkligen Dreiecken ist die Hypotenuse.

Der Sinus eines Winkels kann nicht größer als 1 und nicht kleiner als −1 werden, also gilt $-1 \leq \sin \alpha \leq 1$

Die Sinusfunktion

Üben und Anwenden

1 Beschreibe den Verlauf der Sinusfunktion mit eigenen Worten. Gib auch die Besonderheiten an.

2 Vervollständige die Wertetabelle der Sinusfunktion. Zeichne den zugehörigen Graphen in dein Heft.

α	0°	15°	30°	…	360°
$f(x) = \sin \alpha$					

3 Ein Elektrokardiogramm (EKG) zeigt die elektrischen Ströme am Herzen an. Vergleiche die folgenden EKG-Aufnahmen. Nenne Gemeinsamkeiten und Unterschiede.

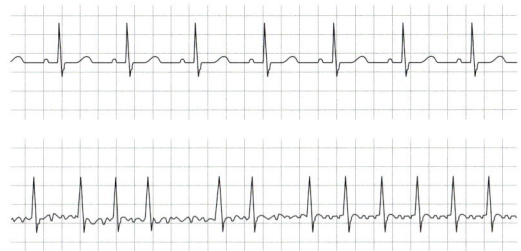

4 Handelt es sich bei den folgenden Abbildungen um Graphen von periodischen Funktionen?
Falls ja, bestimme die Periode. Falls nein, führe den Graphen im Heft periodisch fort.

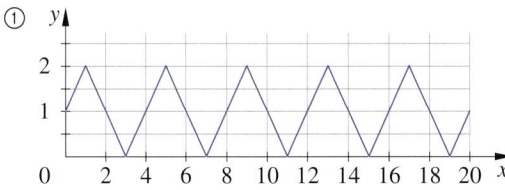

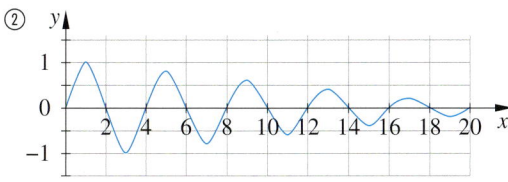

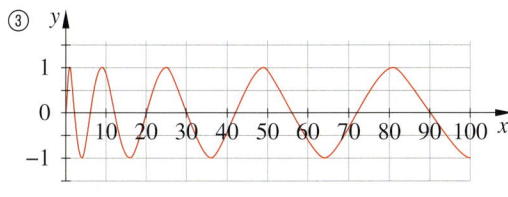

5 Viele verschiedene Vorgänge laufen periodisch ab.
a) Diskutiert in Gruppen, ob die folgenden Vorgänge periodisch sind.
① Schlaf-Wach-Rhythmus des Menschen
② Ampelschaltungen
③ Ein- und Auszahlungen auf dem Konto
b) Findet selbst periodische Vorgänge.

6 Gib die Funktionswerte an, ohne den Taschenrechner zu benutzen.
a) sin 0°   b) sin 90°
c) sin 180°   d) sin 270°
e) sin 360°   f) sin 720°
g) sin 810°   h) sin 990°

7 Welche Winkel haben denselben Sinuswert? Begründe.

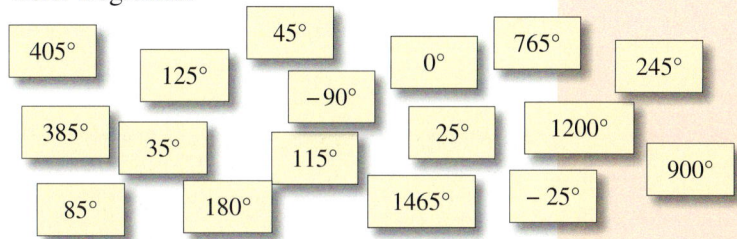

8 Finde jeweils zwei Winkel im Intervall von −360° bis +360° mit demselben Sinuswert zu α.
a) α = 385°   b) α = 396°
c) α = 735°   d) α = −445°
e) α = −483°   f) α = 591°

9 Zeichne den Graphen der Sinusfunktion im Intervall von −270° bis 450°.

10 Begründe anhand der Eigenschaften der Sinusfunktion, ob die folgenden Aussagen wahr oder falsch sind.
a) sin (−30°) = −sin 30°
b) sin 90° = sin (−90°)
c) sin 20° = −sin (−20°)
d) sin 90° = 1
e) sin (90° + 90°) = 2
f) sin 30° − sin 20° = sin 10°
g) sin 270° + sin 90° = 0
h) 3 · sin 0° = 3

HINWEIS
Zum Lösen der Aufgabe 10 brauchst du keinen Taschenrechner.

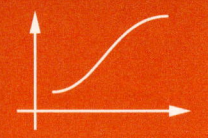

Die Sinusfunktion

HINWEIS
Einen Winkel zu einem gegebenen Wert sin α = 0,3 erhält man durch folgende Eingabe in den Taschenrechner:
`0 . 3 2nd SIN`
Bei manchen Taschenrechnern heißt die Taste SHIFT.

11 Gib für den gegebenen Wert mindestens drei Winkel an.
a) sin α = 0,5
b) sin α = 0,743
c) sin α = −0,5
d) sin α = −0,9848
e) sin α = 1
f) sin α = 0
g) sin α = −1
h) sin α = 1,204

12 Gib für den gegebenen Wert alle Winkel zwischen −360° und 720° an.
a) sin α = 0,6018
b) sin α = 0,9563
c) sin α = −0,6018
d) sin α = −0,9563
e) sin α = 1
f) sin α = −1

13 ▶ Celina behauptet, dass der Graph der Sinusfunktion punktsymmetrisch zum Punkt (180°|0) ist. Überprüfe, ob Celinas Behauptung wahr ist.

14 Nenne jeweils drei Intervalle, auf die die folgende Eigenschaft zutrifft.
a) Der Graph der Sinusfunktion verläuft unterhalb der *x*-Achse.
b) Die Funktionswerte sin α sind positiv.
c) Der Graph der Sinusfunktion steigt an.
d) Die Sinuskurve fällt.

15 ▶ Die Sinuskurve schneidet an mehreren Stellen die *x*-Achse.
a) Diskutiert zu zweit, wie viele Nullstellen die Sinusfunktion hat.
b) Findet eine allgemeine Form, in der man alle Nullstellen angeben kann.
c) An welchen Stellen schneidet der Graph der Sinusfunktion die Gerade $y = 0{,}5$?

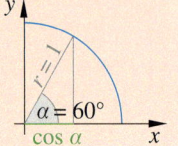

010-1

BEACHTE
Unter dem Webcode findest du eine Simulation zur Kosinusfunktion.

16 ▶ Mit Hilfe des Einheitskreises lassen sich auch die Funktionswerte cos α darstellen.
a) Begründe, warum die Länge der grün markierten Strecke dem Funktionswert cos 60° entspricht.
b) Ordne den Punkten Q_1 bis Q_8 die richtige Abbildung des Einheitskreises zu. Gib die Koordinaten der Punkte Q_1 bis Q_8 ungefähr an. Vervollständige im Heft den Graphen der Kosinusfunktion im Intervall von −360° bis 360°.

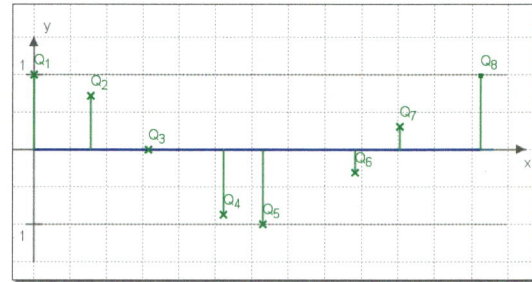

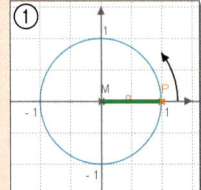
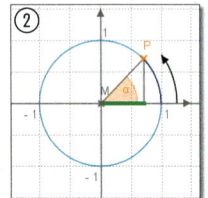
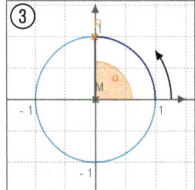
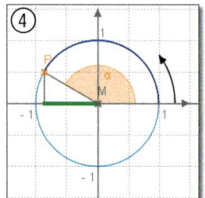
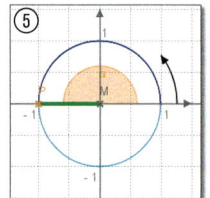
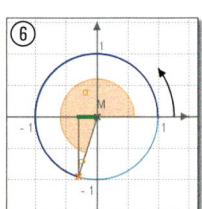

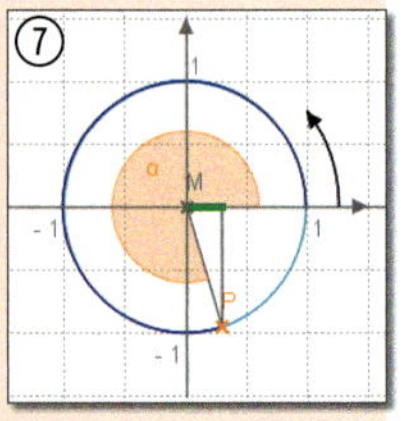

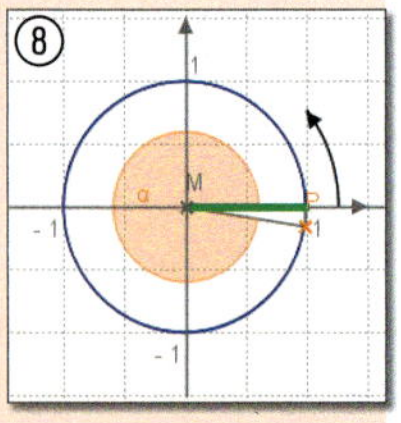

c) Erstelle einen Steckbrief der Kosinusfunktion mit den Eigenschaften Periode, Symmetrie, Nullstellen, größt- und kleinstmöglicher *y*-Wert.
d) Zeichne den Graphen der Sinus- und Kosinusfunktion in ein gemeinsames Koordinatensystem. Beschreibe die Gemeinsamkeiten und Unterschiede beider Funktionsgraphen.
e) Überprüfe, ob die folgenden Behauptungen richtig oder falsch sind:
 – Die Werte der Kosinusfunktion liegen zwischen 0 und 1: $0 \leq \cos \alpha \leq 1$.
 – Die Kosinusfunktion ist achsensymmetrisch zur *y*-Achse.
 – Für die Kosinusfunktion gilt die Gleichung $\cos \alpha = \cos(-\alpha)$.
 – Es gilt $\cos \alpha = \cos(\alpha + k \cdot 360°)$, wenn *k* eine ganze Zahl ist.
 – Verschiebt man den Graphen der Kosinusfunktion um 90° nach links, so erhält man den Graphen der Sinusfunktion.
 – Alle Winkel α erfüllen die Gleichung $\sin \alpha = \cos(\alpha - 90°)$.

Form- und Lageänderungen der Sinusfunktion

Erforschen und Entdecken

1 Das Wiener Riesenrad hat 15 Waggons und einen Durchmesser von 61 m.
a) Fertige eine Skizze des Riesenrades an. Markiere die Stellen, an denen die Waggons am Rad verankert sind.
b) Berechne die Länge der Strecke, die ein Waggon bei einer vollen Umdrehung zurücklegt. Erkläre, wie die Strecke für eine Teilumdrehung berechnet werden kann. Welcher Zusammenhang besteht dabei zwischen der zurückgelegten Strecke und dem Drehwinkel.
c) Um wie viel Grad muss das Rad gedreht werden, bis sich Waggon ① an der Stelle von Waggon ② befindet?
Welche Strecke hat der Waggon dabei zurückgelegt?

2 Bildet für ein Gruppenpuzzle vier Expertengruppen und untersucht, wie sich der Graph der Sinusfunktion verändern lässt. Die Aufgaben können auch mit Hilfe eines Funktionenplotters bearbeitet werden.
Jede Gruppe bearbeitet einen der folgenden Arbeitsaufträge. Es soll jedes Mitglied einer Expertengruppe die Ergebnisse den Mitgliedern der anderen Expertengruppen erklären können.

- Übertragt die Tabelle ins Heft. Erweitert sie bis 270° und füllt sie entsprechend eures Gruppenauftrags aus.
- Zeichnet eure drei Funktionsgraphen in ein gemeinsames Koordinatensystem.

α	$-60°$	$-30°$	$0°$	$30°$	$60°$	$90°$
$\sin \alpha$						
...						
...						

BEACHTE
Für ein Gruppenpuzzle ist eine Gruppengröße von vier Schülerinnen und Schülern optimal.

🧩 **Expertengruppe A:** $f(\alpha) = a \cdot \sin \alpha$
Welchen Einfluss hat der Faktor a auf die Sinusfunktion? Untersucht die Funktionen $f(\alpha) = -3 \cdot \sin \alpha$ und $f(\alpha) = 0{,}5 \cdot \sin \alpha$.

🧩 **Expertengruppe B:** $f(\alpha) = \sin(b \cdot \alpha)$
Welchen Einfluss hat der Faktor b auf die Sinusfunktion? Untersucht die Funktionen $f(\alpha) = \sin(0{,}5 \cdot \alpha)$ und $f(\alpha) = \sin(-2 \cdot \alpha)$.

🧩 **Expertengruppe C:** $f(\alpha) = \sin(\alpha + c)$
Welchen Einfluss hat der Summand c auf die Sinusfunktion? Untersucht die Funktionen $f(\alpha) = \sin(\alpha + 30°)$ u. $f(\alpha) = \sin(\alpha - 30°)$.

🧩 **Expertengruppe D:** $f(\alpha) = \sin \alpha + d$
Welchen Einfluss hat der Summand d auf die Sinusfunktion? Untersucht die Funktionen $f(\alpha) = \sin(\alpha + 1{,}5)$ und $f(\alpha) = \sin(\alpha - 0{,}5)$.

 011-1

HINWEIS
Unter dem Webcode findest du eine Anleitung zur Methode „Gruppenpuzzle", ein AB mit der Tabelle zum Ausfüllen und Links zu Funktionenplottern.

 Bildet nun neue Gruppen, in denen sich mindestens ein Mitglied aus jeder Expertengruppe befindet. Erklärt euch gegenseitig, was ihr in den Expertengruppen erarbeitet und herausgefunden habt. Bearbeitet anschließend die folgenden Aufgaben.

a) Die Funktionen $f(\alpha) = 2 \sin(0{,}5(\alpha + 50°)) - 1$ und $g(\alpha) = -0{,}25 \sin(2(\alpha - 60°)) + 0{,}75$ sind allgemeine Sinusfunktionen. Erklärt, wie $f(\alpha)$ und $g(\alpha)$ aus der Sinuskurve entstehen und skizziert ihren Verlauf im Koordinatensystem.

b) Findet die Funktionsvorschrift des rechts dargestellten Funktionsgraphen.
Vergleicht eure Ergebnisse mit anderen Gruppen. Ihr könnt eure Lösung auch mit Hilfe eines Funktionenplotters überprüfen.

TIPP
Vergleicht im Klassenverband die Vorgehensweisen der Gruppen.

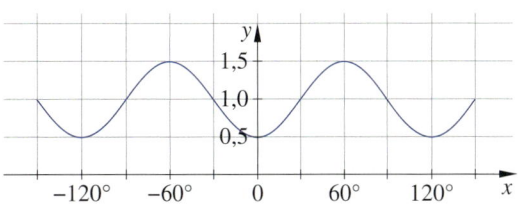

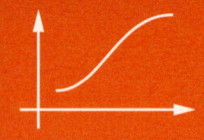

Die Sinusfunktion

Lesen und Verstehen

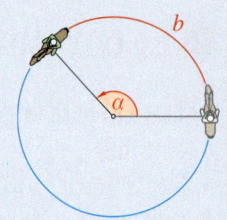

Ein Pferd wird an einer Leine geführt. Der Reitlehrer dreht sich um einen bestimmten Winkel, während das Pferd einen zugehörigen Kreisbogen beschreibt. Der Weg des Pferdes ist ein Maß für den Drehwinkel.

BEACHTE
Winkelgrößen werden durch eine Maßzahl und eine Einheit angegeben, z. B.
$\alpha = 90°$ bzw. $b = \frac{\pi}{2}$ rad. Die Einheit Radiant (rad) wird allerdings meistens weggelassen.

Die Größe eines Winkels kann nicht nur im Gradmaß gemessen werden, sondern auch im Bogenmaß. Bei der Umrechnung von einem Maß in das andere gilt:
$\frac{\alpha}{360°} = \frac{b}{2\pi}$

BEISPIEL 1
Umrechnung: Gradmaß → Bogenmaß
gegeben: $\alpha = 135°$; gesucht: b
$b = \frac{135°}{360°} \cdot 2\pi = \frac{3}{4} \cdot \pi \approx 2{,}356$

Am Taschenrechner wird mit der Taste MODE der jeweils passende Modus eingestellt:
[DEG] für Winkelangaben im Gradmaß,
z. B. $\sin 60° \approx 0{,}8660$

[RAD] für Winkelangaben im Bogenmaß,
z. B. $\sin 1{,}0472$ (rad) $\approx 0{,}8660$

Es ist üblich, die Sinusfunktion im Bogenmaß anzugeben. Man schreibt dann $f(x) = \sin x$.
Die Sinusfunktion $f(x) = \sin x$ kann in ihrer Form und Lage verändert werden.

HINWEIS
Die Form- und Lageänderungen gelten unabhängig von der Angabe der Winkel im Grad- bzw. Bogenmaß.
Bei ④ ist c jedoch in einem Fall ein Winkel und im anderen Fall eine reelle Zahl.

BEISPIEL 2

Auswirkungen in Richtung der y-Achse

① $f(x) = a \cdot \sin x$
Der Graph der Sinusfunktion wird
– gestreckt ($a > 1$) bzw.
– gestaucht ($a < 1$).
Für negative Faktoren a erfolgt zusätzlich eine Spiegelung an der x-Achse.

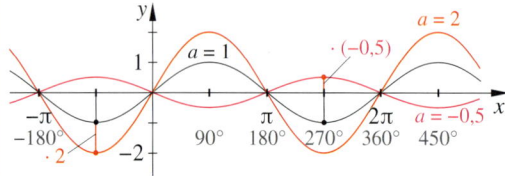

Auswirkungen in Richtung der x-Achse

② $f(x) = \sin(b \cdot x)$
Der Graph der Sinusfunktion wird
– gestreckt ($b < 1$) bzw.
– gestaucht ($b > 1$).
Für negative Faktoren b erfolgt zusätzlich eine Spiegelung an der y-Achse.

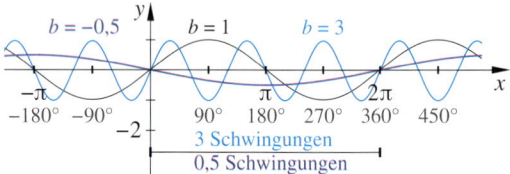

BEACHTE
Ist c positiv, so wird die Sinuskurve nach links verschoben.

③ $f(x) = \sin x + d$
Der Graph der Sinusfunktion wird um d Einheiten verschoben:
– nach oben ($d > 0$)
– nach unten ($d < 0$).

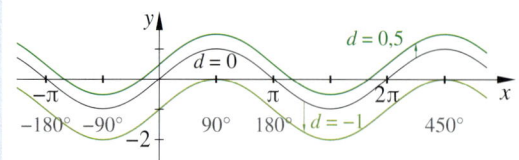

④ $f(x) = \sin(x + c)$
Der Graph der Sinusfunktion wird um c Einheiten verschoben:
– nach links ($c > 0$)
– nach rechts ($c < 0$).

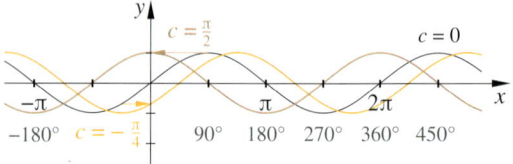

Die beschriebenen Form- und Lageänderungen können auch in Kombination auftreten.
Die allgemeine Form der Sinusfunktion lautet dann $f(x) = a \cdot \sin(b \cdot (x + c)) + d$.

Üben und Anwenden

1 Berechne das Bogenmaß.
Beschreibe, wie du dabei vorgehst.
a) 0°   b) 30°   c) 90°
d) 10° e) 70°   f) 270°
g) 20° h) 450° i) 390°
j) 405° k) 296° l) 138°

2 Berechne das Gradmaß.
a) π b) 2π c) 3π
d) $\frac{\pi}{2}$ e) $\frac{\pi}{4}$ f) $\frac{\pi}{3}$
g) $\frac{\pi}{5}$ h) $\frac{2}{3}\pi$ i) $\frac{3}{5}\pi$
j) 0,8   k) 1,73   l) 19

3 Stelle den Zusammenhang zwischen Grad- und Bogenmaß mit eigenen Worten dar.

4 Zeichne den Graphen der Sinusfunktion im Intervall von $-\pi$ bis 2π. Beschrifte die x-Achse im Bogenmaß, eine Einheit des Koordinatensystems entspricht 2 cm.

5 Gib die Funktionswerte an, ohne den Taschenrechner zu benutzen.
a) $\sin(\pi)$ b) $\sin(\frac{\pi}{2})$
c) $\sin(2\pi)$ d) $\sin(25\pi)$
e) $\sin(\frac{-\pi}{2})$ f) $\sin(-\pi)$
g) $\sin(\frac{3}{2}\pi)$ h) $\sin(\frac{\pi}{4})$

6 Fasse alle gleichen Werte zusammen.

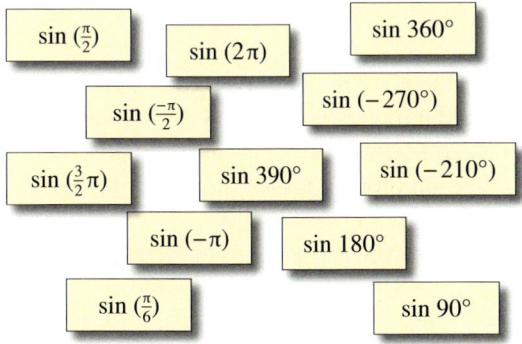

7 Gib alle Stellen im Intervall von $-\pi$ bis 2π an, an denen der Graph der Sinusfunktion die Gerade y schneidet.
a) $y = 0$ b) $y = 1$
c) $y = -1$ d) $y = -0,5$

8 ▶ Beschreibe die Form- und Lageänderung der folgenden Funktionen im Vergleich zur Sinusfunktion. Skizziere die Funktionsgraphen im Intervall von $-180°$ bis $360°$ in einem gemeinsamen Koordinatensystem.
a) $f(\alpha) = \sin(\alpha + 180°)$
b) $g(\alpha) = \sin\alpha - 1$
c) $h(\alpha) = \sin(\alpha + 45°)$
d) $i(\alpha) = \sin(\alpha - 45°) + 0,5$
e) $j(\alpha) = 3\sin\alpha$
f) $k(\alpha) = \sin(2\alpha)$
g) $l(\alpha) = \sin(-3\alpha)$
h) $m(\alpha) = -\frac{1}{2}\sin(2\alpha)$

9 Führe die folgenden Veränderungen am Graphen $f(x) = \sin x$ durch. Wie lauten die neuen Funktionsvorschriften?
Die Ergebnisse können mit Hilfe eines Funktionenplotters überprüft werden.
a) Verschiebung um $\frac{\pi}{2}$ nach links
b) Verschiebung um 1 nach oben
c) Streckung in Richtung der y-Achse mit dem Faktor 4
d) Streckung in Richtung der y-Achse mit dem Faktor $\frac{1}{2}$
e) Streckung in Richtung der x-Achse mit dem Faktor 3
f) Streckung in Richtung der x-Achse mit dem Faktor $\frac{1}{5}$
g) Verschiebung um π nach rechts und Spiegelung an der x-Achse

10 ▶ Welche der folgenden Aussagen ist zutreffend? Begründe.
a) $f(x) = \sin x$ und $g(x) = a \cdot \sin x$ haben dieselben Nullstellen.
b) Wird der Graph der Funktion $f(x) = \sin x$ an der x-Achse gespiegelt, so erhält man den Graphen $g(x) = \sin(-x)$.
c) Wird der Graph der Funktion $f(x) = \sin x$ um 2 Einheiten in Richtung der y-Achse gestaucht, so erhält man den Graphen der Funktion $g(x) = 2 \cdot \sin(x)$.
d) $f(x) = \sin x$ und $g(x) = -\sin x$ besitzen dieselben Nullstellen.
e) $f(x) = \sin x$ und $g(x) = \sin(x + c)$ haben dieselbe Periode.

SCHON GEWUSST
Auf einigen Fahrscheinen findet man Sinuskurven als Sicherheitsmerkmal.

HINWEIS
Eine Streckung um den Faktor $\frac{1}{2}$ ist eine Stauchung.

ERINNERE DICH
Eine Nullstelle einer Funktion ist die x-Koordinate des Schnittpunkts des Graphen mit der x-Achse.

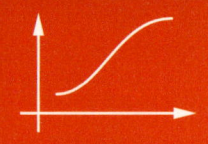

Die Sinusfunktion

014-1

BEACHTE
Aufgabe 16 kann mit Hilfe einer DGS-Datei bearbeitet werden.

NACHGEDACHT
Formuliere eine Regel zu deiner Beobachtung.

12 Welchen Einfluss haben die Parameter a, b, c und d innerhalb der Funktionsgleichung $y = a \cdot \sin(b \cdot (x + c)) + d$ auf die folgenden Eigenschaften der Sinusfunktion?
a) Schnittpunkt mit der y-Achse
b) Schnittpunkte mit der x-Achse
c) Periode
d) maximaler Funktionswert
e) minimaler Funktionswert

13 Zeichne die Graphen der Funktionen $y = \sin x$; $y = -\sin x$; $y = \sin(-x)$ und $y = -\sin(-x)$ in ein gemeinsames Koordinatensystem. Was fällt dir auf?

14 Zeichne die Graphen der Funktionen $f(x) = \sin(x - \pi)$ und $g(x) = \sin(\pi - x)$ im Intervall von $-\pi$ bis 2π.
a) Beschreibe den Verlauf der beiden Graphen zueinander.
b) Durch welche Lageänderung kann $g(x)$ aus $f(x)$ hervorgegangen sein?

15 Betrachte die fünf Graphen der verschiedenen Sinusfunktionen.

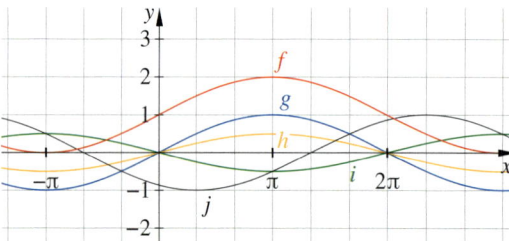

a) Ordne den Graphen jeweils den richtigen Funktionsterm zu:

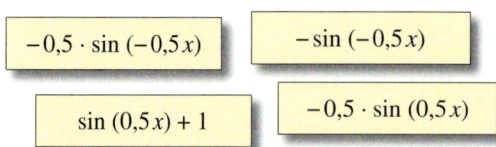

b) Ermittle die Funktionsvorschrift für den übrigen Funktionsgraphen. Beschreibe, wie du dabei vorgehst.
c) Tom behauptet: „Einer der abgebildeten Funktionsgraphen besitzt die Funktionsvorschrift $y = 0,5 \sin(-0,5x)$."
Meike widerspricht ihm.
Wer hat Recht? Begründe deine Meinung.

16 Gib die Funktionsvorschriften der folgenden Funktionsgraphen in der Form $f(x) = a \cdot \sin(b \cdot (x + c)) + d$ an.
a)
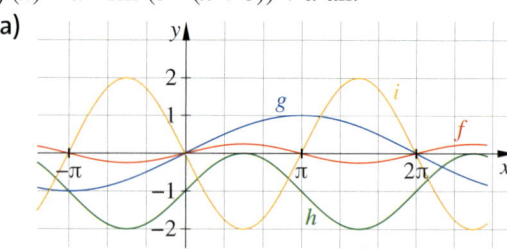

b)
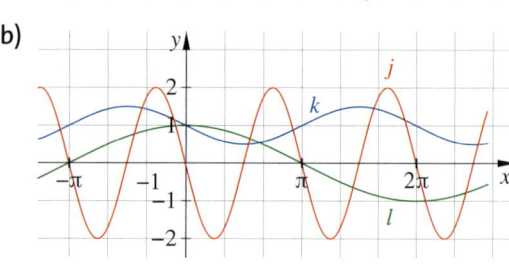

c)
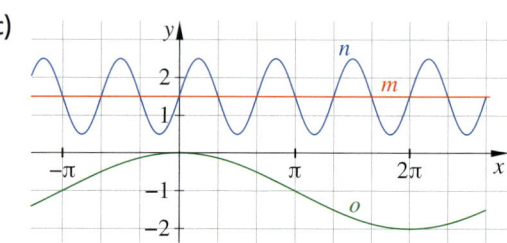

17 Welche Funktionen besitzen den gleichen Funktionsgraphen? Begründe anhand der Funktionsvorschriften.
a) $f(x) = \sin(2x)$
b) $f(x) = -\sin(2x)$
c) $f(x) = \sin(-2x)$
d) $f(x) = -\sin(-2x)$
e) $f(x) = \sin(2x + \pi)$
f) $f(x) = -\sin(2x - \pi)$

18 Eine allgemeine Sinusfunktion hat eine Periodenlänge von π. Der minimale Funktionswert liegt bei -3, der maximale bei $+3$. Die Funktion ist punktsymmetrisch zum Ursprung.
a) Gib eine mögliche Funktionsvorschrift an.
b) Zeichne diese Funktion im Intervall von -2π bis 2π.

19 Zeichne die Graphen der Funktionen $f(x) = \sin x$, $g(x) = \sin(2 \cdot x) + 3$ und $h(x) = \sin x + \sin(2 \cdot x) + 3$ in ein gemeinsames Koordinatensystem. Was fällt dir auf? Beachte den Hinweis in der Randspalte.

HINWEIS
Arbeite bei Nr. 19 mit einem Computerprogramm (z.B. Funktionenplotter, Excel, DGS) oder Papier und Bleistift.

20 In einem Teich betreiben Algen Fotosynthese. Über einen Zeitraum von zwei Tagen wurde der Sauerstoffgehalt des Wassers gemessen. Die nebenstehende Graphik stellt die Messergebnisse dar.
a) Beschreibe den Verlauf der Kurve.
b) Lies die Periodenlänge, den minimalen und maximalen Funktionswert ab.
c) Der Verlauf der Kurve kann mit Hilfe der allgemeinen Sinusfunktion $f(x) = a \cdot \sin(b \cdot (x + c)) + d$ angenähert werden. Ermittle die Parameter a, b, c und d.
d) Prüfe kritisch, ob du mit deiner modellierten Lösung den Sauerstoffgehalt des Teichs zu jeder Tages- und Jahreszeit vorhersagen kannst.

ZUR INFORMATION
Mit Hilfe von Licht und Kohlenstoffdioxid können grüne Pflanzen, wie z. B. Algen, Traubenzucker und Sauerstoff produzieren.

21 Mit verschiedenen Computer-Programmen lassen sich Schallschwingungen, z. B. von Musik oder Sprache, am Bildschirm sichtbar machen. Nutze den Webcode in der Randspalte.

Kammerton a   a um eine Oktave erhöht   a mit erhöhter Lautstärke

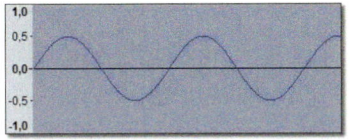 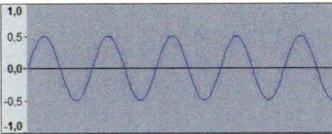 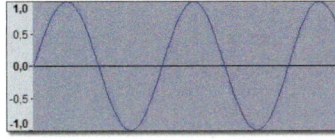

a) Beschreibe Gemeinsamkeiten und Unterschiede der drei Diagramme.
b) Auf welche Parameter der allgemeinen Sinusfunktion $f(x) = a \cdot \sin(b \cdot (x + c)) + d$ haben Tonhöhe und Lautstärke eine Auswirkung?
c) Skizziere die Schwingung eines Tons, der tiefer und leiser ist als der oben abgebildete Kammerton a. Überprüfe dein Ergebnis mit Hilfe des Audio-Editors.

015-1
BEACHTE
Unter dem Webcode findest du Hörbeispiele der dargestellten Kurven und einen Link zum Herunterladen eines Audio-Editors.

22 Das Diagramm zeigt die Tageslänge innerhalb eines Jahres für München, Berlin und die finnische Stadt Kuopio.
a) Beschreibe Gemeinsamkeiten und Unterschiede der drei Funktionsgraphen.
b) Ist die Zuordnung *Monat → Tageslänge* periodisch? Begründe.
c) Nähere den Verlauf der Graphen durch eine Sinusfunktion an. Wie lautet die Funktionsvorschrift? Beschreibe dein Vorgehen.
d) In welchen Parametern unterscheiden sich die Funktionsvorschriften? Finde außermathematische Begründungen.

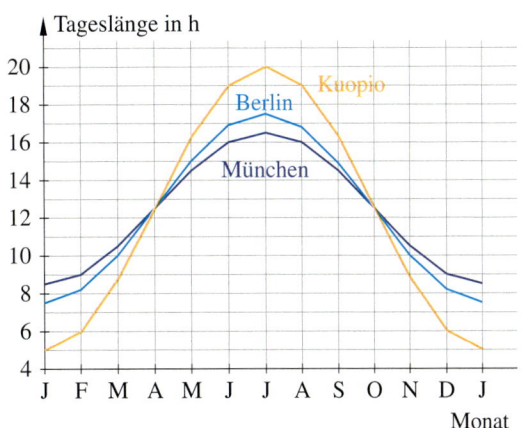

HINWEIS
Die Tageslänge ist die Zeitspanne zwischen Sonnenauf- und Sonnenuntergang.

TIPP
Vergleiche im Atlas die geografische Lage der Städte.

23 Erstellt in Partnerarbeit ein Lernplakat zur Kosinusfunktion.
a) Erkundet mit einer dynamischen Geometrie-Software, welchen Einfluss die Parameter a, b, c und d auf Schnittpunkte mit den Achsen, die Periode, sowie die minimalen und maximalen Funktionswerte der allgemeinen Kosinusfunktion $f(x) = a \cos(b \cdot (x + c)) + d$ haben. Beschreibt eure Erkenntnisse.
b) Veranschaulicht eure Ergebnisse aus a) mit Beispielen von Funktionsgraphen.

Schwingungen

Die Schwingungen des Pendels einer alten Wanduhr lassen einen Zusammenhang mit der Sinusfunktion nicht sofort vermuten. Lässt man allerdings einen mit Sand gefüllten Becher über einem bewegten Blatt Papier pendeln, wird der Zusammenhang sofort deutlich. Schwingungen, die mit einer Sinusfunktion beschrieben werden können, nennt man harmonisch. Schwingungen können auch Töne erzeugen. In einem Experiment kann man leicht selbst die entsprechende Schwingung zu unterschiedlichen Tönen aufzeigen.

Man befestigt einen weichen Filzstift auf einem Lineal, drückt dieses fest auf die Tischplatte und lässt es dann schwingen. Ein Blatt Papier wird unter leichtem Druck an der schwingenden Filzspitze vorbei gezogen, sodass die Schwingung aufgezeichnet wird.

1 Erkläre das Experiment.

2 Experimentiere und beschreibe deine Beobachtungen. Verändere die schwingende Lineallänge und vergleiche die entstehenden Töne und die entsprechenden Schreibspuren. Wie ändert sich die Schreibspur, wenn der Ton leiser wird?

Die Höhe eines Tons wird durch seine Frequenz festgelegt. Sie wird mit der Maßeinheit Hertz (Hz) gemessen. 1 Hz bedeutet eine Schwingung pro Sekunde.

3 Zeichne ein Schwingungsbild für einen in der Lautstärke gleich bleibenden Ton von 2 Hz. Wie muss ein Schwingungsbild eines hohen Tons im Vergleich zu einem gleich lauten tiefen Ton aussehen?

4 Nach welcher Zeit beginnt bei einem 440-Hz-Ton die zweite Schwingung?

5 Informiere dich, in welchem Frequenzbereich der Mensch Töne wahrnehmen kann.

Die Leuchtspuren schwingender Stäbe erinnern an Schwingungsbilder, die der französische Mathematiker Jules Antoine Lissajous (1822–1880) durch die Überlagerung zweier zueinander senkrechter Schwingungen erzeugte.

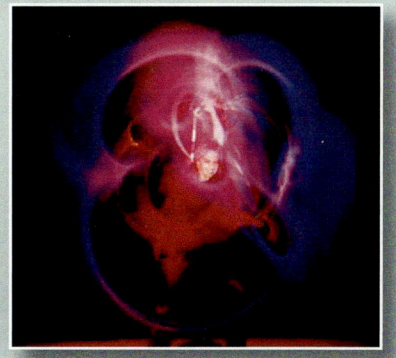

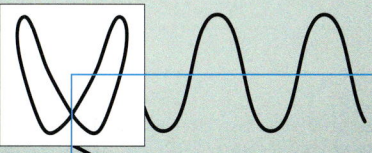

Die Zeichnung veranschaulicht dies für zwei Schwingungen mit unterschiedlichen Frequenzen.

Mit einem Tabellenkalkulationsprogramm lassen sich in Verbindung mit dem Grafiktool die Überlagerungen von zwei Sinusfunktionen der Form $y = \sin(ax + b)$ simulieren.

Im Diagramm wird die Funktion $f_1(x) = \sin(a_1 x + b_1)$ von der x-Achse ausgehend und die Funktion $f_2(x) = \sin(a_2 x + b_2)$ von der y-Achse ausgehend dargestellt.

Unterschiedliche Frequenzen lassen sich mit der Variable a einstellen, unterschiedliche Startpunkte mit der Variable b.

So könnte ein Tabellenkalkulationsformular aussehen.

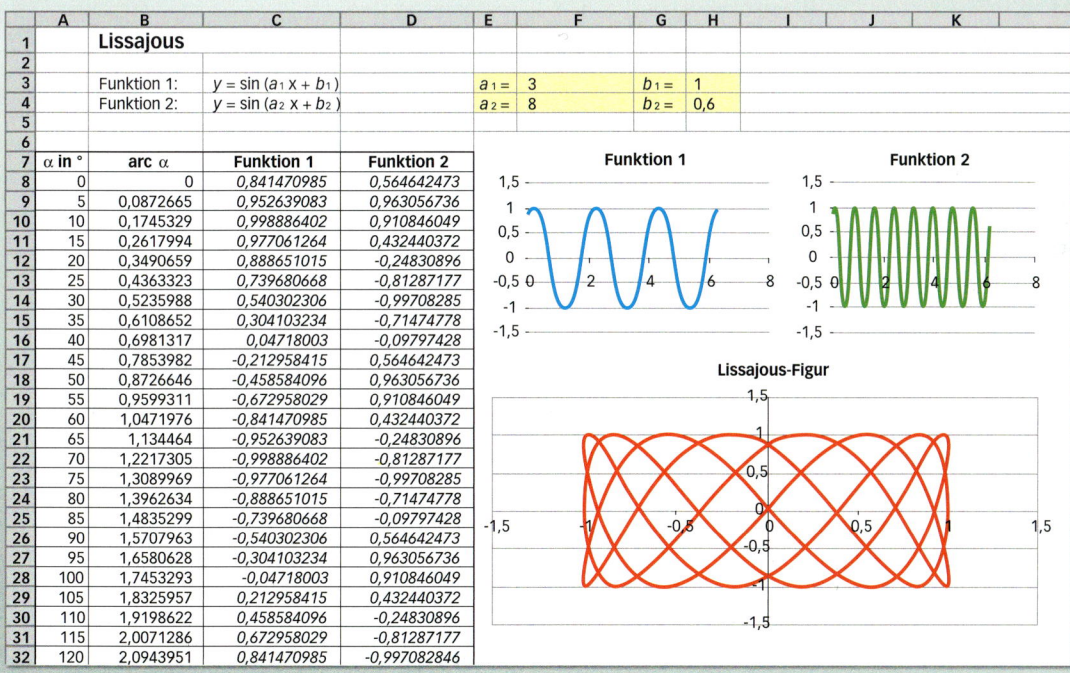

017-1

BEACHTE
Unter dem Webcode findest du eine Excel-Datei zu den Lissajous-Schwingungen.

6 Nutze ein Tabellenkalkulationsprogramm und experimentiere mit verschiedenen Werten.

7 Du kannst auch als Ausgangsfunktion für die Anwendung eines Tabellenkalkulationsprogramms eine Sinusfunktion der Form $y = k \sin(ax + b)$ verwenden. Was ändert sich durch den Faktor k am Graphen der Funktion?

Die Sinusfunktion

Vermischte Übungen

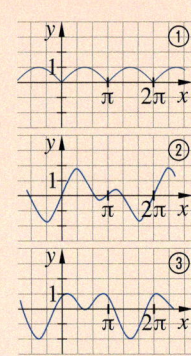

1 Setze die Graphen in der Randspalte periodisch fort. Vergleiche die Ergebnisse mit deinem Nachbarn.

2 Gib die Funktionswerte an, ohne den Taschenrechner zu benutzen.
a) $\sin 0°$
b) $\sin 180°$
c) $\sin(-360°)$
d) $\sin(-270°)$
e) $\sin(-\pi)$
f) $\sin 8\pi$
g) $\sin \frac{\pi}{2}$
h) $\sin 1{,}5\pi$

3 Ist die Aussage wahr oder falsch? Begründe, ohne den Taschenrechner zu verwenden.
a) $\sin 20° = -\sin 20°$
b) $\sin 40° = -\sin(-40°)$
c) $\sin 50° = \sin(-310°)$
d) $\sin 70° = \sin 250°$

4 Gib für x jeweils zwei Werte im Bogenmaß und die zugehörigen Winkel an.
a) $\sin x = -1$
b) $\sin x = -0{,}5$
c) $\sin x = 0{,}9511$
d) $\sin x = 0{,}5878$
e) $\sin x = 0{,}9848$
f) $\sin x = 0{,}8660$

5 Wahr oder falsch? Begründe.
a) $\sin 30° = 0{,}5$
b) $\sin 45° \approx 0{,}8509$
c) $\sin 90° = 1$
d) $\sin \frac{\pi}{4} = 1$
e) $\frac{\sin 90°}{2} = \sin 30°$
f) $\sin 756° = \sin 36°$
g) $\sin 120° > \sin 70°$
h) $\sin 3° < \sin 183°$

6 Skizziere die fünf Funktionsgraphen im Intervall von $-\pi$ bis 2π in einem gemeinsamen Koordinatensystem. Erläutere, wie du dabei vorgehst.
a) $f(x) = 2 \cdot \sin x$
b) $f(x) = \sin(2x)$
c) $f(x) = \sin(x - \pi) - 1$
d) $f(x) = \frac{1}{2} \cdot \sin x + 2$
e) $f(x) = -\frac{1}{2} \cdot \sin(2x + \pi) - 1$

7 Zeichne die Graphen der folgenden Funktionen im Intervall von $-\pi$ bis 2π.
a) $f(x) = \sin(2x + 1)$
b) $f(x) = \sin(\frac{1}{3}x - 2)$
c) $f(x) = -\sin(2x + 2)$

8 Welche Funktionen besitzen den gleichen Funktionsgraphen?
a) $f(x) = -\sin(\frac{1}{2}x + \pi)$
b) $f(x) = -\sin(\frac{1}{2}x)$
c) $f(x) = \sin(\frac{1}{2}x + \pi)$
d) $f(x) = \sin(\frac{1}{2}x - \pi)$
e) $f(x) = -\sin(-\frac{1}{2}x)$
f) $f(x) = \sin(\frac{1}{2}x)$

9 Gib die Funktionsvorschriften der Graphen in der Form $f(x) = a \cdot \sin(b \cdot x)$ an.

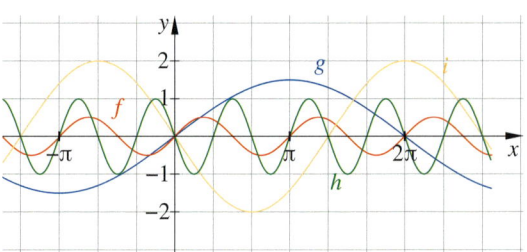

10 In Hamburg wird mehrmals täglich der Wasserstand der Elbe gemessen. Die Tabelle zeigt einige Pegelstände in m.

Zeit	Pegel	Zeit	Pegel	Zeit	Pegel
6:00	355	15:00	454	0:00	688
7:00	486	16:00	408	1:00	632
8:00	579	17:00	367	2:00	565
9:00	637	18:00	345	3:00	505
10:00	673	19:00	430	4:00	455
11:00	681	20:00	545	5:00	404
12:00	638	21:00	614	6:00	364
13:00	569	22:00	664	7:00	339
14:00	506	23:00	695	8:00	397

a) Trage die Messwerte in ein Koordinatensystem ein. Nenne charakteristische Funktionsstellen.
b) Beschreibe, den Verlauf des Graphen im Vergleich zur Funktion $f(x) = \sin x$.
c) Nähere den Graphen durch eine Sinusfunktion an. Wie lautet die Funktionsvorschrift?
d) Wann ist mit dem nächsten Hoch- bzw. Niedrigwasser zu rechnen?

11 Suche im Internet nach Wetterdaten. Stelle z. B. die monatliche Durchschnittstemperatur einer Stadt grafisch dar. Nähere den Graphen mit einer Sinusfunktion an.

BEACHTE
Unter dem Webcode findest du einen Link zum Bundesamt für Schifffahrt mit den aktuellen Pegelständen.
018-1

Teste dich!

a

1 Gib mindestens zwei Winkel an, die die Gleichung erfüllen.
a) $\sin 50° = \sin \alpha$ b) $\sin 20° = \sin \alpha$
b) $\sin 0° = \sin \alpha$ d) $\sin -90° = \sin \alpha$
c) $-\sin 5° = \sin \alpha$ f) $-\sin 240° = \sin \alpha$

b

1 Gib für den gegebenen Wert mindestens zwei Winkel an.
a) $\sin \alpha = 0{,}5$ b) $\sin \alpha = 0{,}1736$
c) $\sin \alpha = -0{,}1736$ d) $\sin \alpha = 0{,}9703$
e) $\sin \alpha = -0{,}6293$ f) $\sin \alpha = -0{,}5299$

2 Skizziere den Graphen der Sinusfunktion $f(x) = \sin x$ im Intervall von $-180°$ bis $360°$. Was verändert sich, wenn die Funktion in Abhängigkeit vom Bogenmaß betrachtet wird?

3 Beschreibe den unterschiedlichen Verlauf der Graphen der Funktionen $f(x) = \sin x - 2$ und $g(x) = \sin (x - 2)$. Überprüfe dein Ergebnis mit einer Skizze.

4 Erkläre, durch welche Form- und Lageänderungen die Graphen der folgenden Funktionen aus der Sinuskurve entstehen. Zeichne die Graphen im Intervall von $-\pi$ bis 2π.
a) $f(x) = \sin (x - \pi)$
b) $f(x) = \sin (2x)$
c) $f(x) = \sin x + 0{,}5$
d) $f(x) = 3 \sin x - 1$

4 Erkläre, durch welche Form- und Lageänderungen die Graphen der folgenden Funktionen aus der Sinuskurve entstehen. Zeichne die Graphen im Intervall von $-\pi$ bis 2π.
a) $f(x) = -\sin x - 0{,}5$
b) $f(x) = 3 \sin (2x - \pi)$
c) $f(x) = -\sin (x + \frac{\pi}{3}) - 1$
d) $f(x) = \sin x + \sin (\frac{\pi}{2})$

5 Gib die Funktionsvorschriften der Graphen in der Form $f(x) = a \cdot \sin (b \cdot (x + c)) + d$ an.

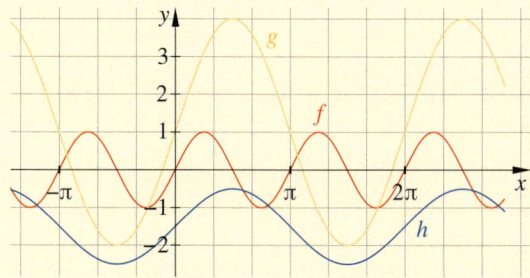

5 Gib die Funktionsvorschriften der Graphen in der Form $f(x) = a \cdot \sin (b \cdot (x + c)) + d$ an.

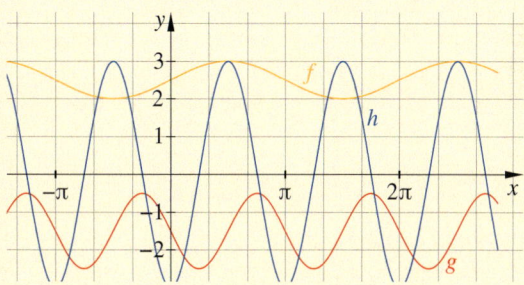

6 Dargestellt ist die sinusförmige Schwingung eines Tons. Stelle den Verlauf annähernd durch eine Sinusfunktion in der Form $f(x) = a \cdot \sin (b \cdot x)$ dar.

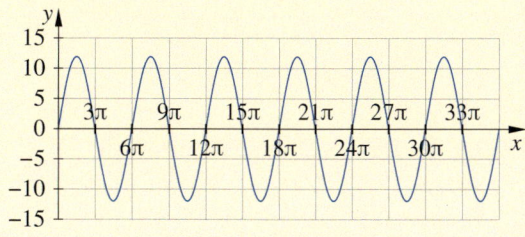

6 Dargestellt ist der Verlauf der mittleren Monatstemperaturen von Rom. Stelle den Verlauf annähernd durch eine Sinusfunktion in der Form $f(x) = a \cdot \sin (b(x + c)) + d$ dar.

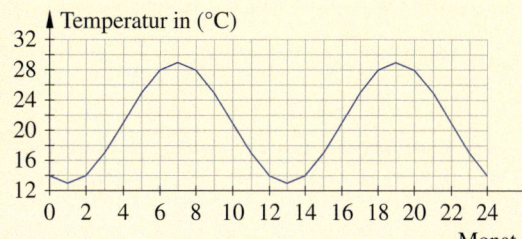

HINWEIS
Brauchst du noch Hilfe, so findest du auf den angegebenen Seiten ein Beispiel oder eine Anregung zum Lösen der Aufgaben. Überprüfe deine Ergebnisse mit den Lösungen ab Seite 134.

Aufgabe	Seite
1	8
2	8
3	12
4	12
5	12
6	12

Zusammenfassung

Die Sinusfunktion

Die Sinusfunktion ist eine **periodische** Funktion. Nach stets gleich bleibenden Abständen, den sogenannten **Perioden**, wiederholen sich ihre Funktionswerte. Die Länge ihrer Periode beträgt im Gradmaß **360°** bzw. im Bogenmaß **2π**.
Es gilt: $\sin \alpha = \sin(\alpha + k \cdot 360°)$ bzw. $\sin x = \sin(x + k \cdot 2\pi)$, k ist eine ganze Zahl.

Der Graph der Sinusfunktion ist **punktsymmetrisch** zum Ursprung:
$\sin(-x) = -\sin x$

Alle Funktionswerte der Sinusfunktion liegen zwischen -1 und 1:
$-1 \leq \sin \alpha \leq 1$ bzw. $-1 \leq \sin x \leq 1$

Form- und Lageänderung der Sinusfunktion

Die Sinusfunktion $f(x) = \sin x$ kann in ihrer Form und Lage verändert werden.

Auswirkungen in Richtung der y-Achse

① $f(x) = a \cdot \sin x$
Der Graph der Sinusfunktion wird
– gestreckt ($a > 1$) bzw.
– gestaucht ($a < 1$).
Für negative Faktoren a erfolgt zusätzlich eine Spiegelung an der x-Achse.
Die Auslenkung wird verändert.

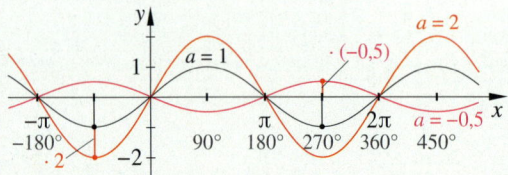

Auswirkungen in Richtung der x-Achse

② $f(x) = \sin(b \cdot x)$
Der Graph der Sinusfunktion wird
– gestreckt ($b < 1$) bzw.
– gestaucht ($b > 1$).
Für negative Faktoren b erfolgt zusätzlich eine Spiegelung an der y-Achse.
Die Periode wird verändert.

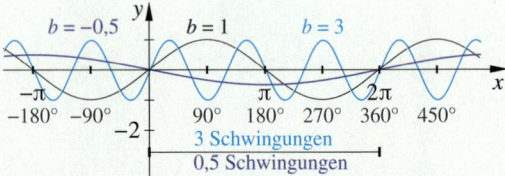

③ $f(x) = \sin x + d$
Der Graph der Sinusfunktion wird um d Einheiten verschoben:
– nach oben ($d > 0$)
– nach unten ($d < 0$).

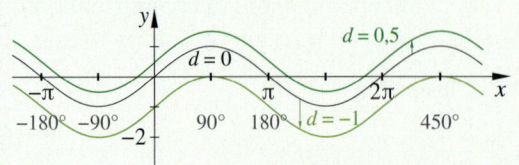

④ $f(x) = \sin(x + c)$
Der Graph der Sinusfunktion wird um c Einheiten verschoben:
– nach links ($c > 0$)
– nach rechts ($c < 0$).

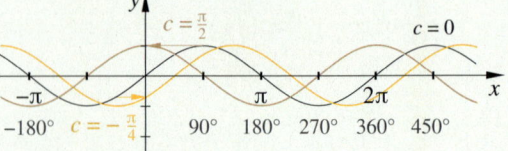

Die beschriebenen Form- und Lageänderungen können auch in Kombination auftreten.
Die allgemeine Form der Sinusfunktion lautet dann $f(x) = a \cdot \sin(b \cdot (x + c)) + d$.

Berechnungen an allgemeinen Dreiecken und Vielecken

Im alltäglichen Leben und in der Berufswelt treten nicht nur rechtwinklige Dreiecke auf. Vielmehr kommen z. B. bei der Landvermessung oder beim Bau allgemeine Dreiecke und Vielecke vor, die berechnet werden müssen. Dazu nutzt man die Trigonometrie, speziell den Sinus- und den Kosinussatz.

Berechnungen an allgemeinen Dreiecken und Vielecken

Noch fit?

1 Nach welchen Gesichtspunkten werden Dreiecke eingeteilt? Fertige eine Präsentation zur Einteilung der Dreiecke an. Erläutere anhand von Skizzen die Eigenschaften und Formeln.

2 Stelle in einer Präsentation spezielle Vierecke vor und erläutere anhand von Skizzen ihre Eigenschaften. Ist ein Quadrat ein Rechteck oder umgekehrt?
Stellt euch ähnliche Fragen.

ERINNERE DICH
Bei manchen Dreiecken kann man schon an den Seitenlängen erkennen, dass sie rechtwinklig sind. Warum?

3 Berechne den Flächeninhalt der folgenden Dreiecke.
a) rechtwinkliges Dreieck ABC mit $a = 3\,\text{cm}$, $b = 4\,\text{cm}$, $c = 5\,\text{cm}$
b) Dreieck ABC mit $c = 6\,\text{cm}$, $h_c = 4{,}5\,\text{cm}$
c) rechtwinkliges Dreieck EFG mit $e = 15\,\text{cm}$, $f = 2\,\text{dm}$, $g = 0{,}25\,\text{m}$

4 Gib Ankathete, Gegenkathete und Hypotenuse des Winkels an. Stelle die jeweils zugehörige Formel für den Sinus, den Kosinus und den Tangens des Winkels auf.

a) 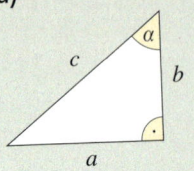 b) 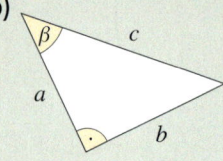 c) 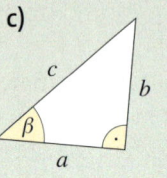 d)

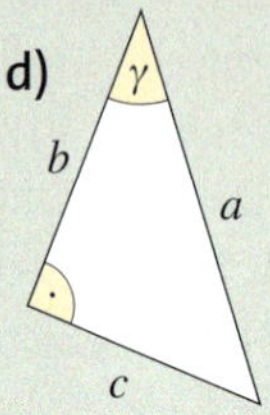

5 Konstruiere ein Dreieck ABC mit $a = 5{,}5\,\text{cm}$, $b = 7\,\text{cm}$, $\gamma = 90°$.
a) Zeichne die Höhe h_c ein und miss die Hypotenusenabschnitte.
b) Berechne die Länge der Hypotenuse mit dem Satz des Pythagoras und vergleiche mit deinen gemessenen Werten.
c) Berechne die Größe des Innenwinkels α mit Hilfe von Sinus und Kosinus. Miss nach.

TIPP
Je nach Taschenrechnermodell benötigt man zur Berechnung des Winkels die Tastenfolge 2nd sin *oder* Shift sin *oder* INV sin *.*

6 Berechne den Sinus und den Kosinus folgender Winkel. Runde auf Hundertstel.
a) $\alpha = 24°$ b) $\beta = 78°$ c) $\gamma = 90°$ d) $\delta = 50°$ e) $\varepsilon = 42°$

7 Gib die Größe des Winkels an. Runde auf Zehntel.
a) $\sin \alpha = 0{,}6$ b) $\cos \beta = 0{,}8746$ c) $\sin \gamma = 0{,}26$
d) $\cos \alpha = \frac{3}{4}$ e) $\cos \beta = \frac{4}{5}$ f) $\sin \gamma = \frac{15}{17}$

8 Löse die linearen Gleichungssysteme.
a) I $y = 4x - 2$
   II $y = 2x$
b) I $-2x + y = 3$
   II $y = 3x + 5$
c) I $x + 4y = -3$
   II $x + 3y = -2$

> **Kurz und knapp**
> 1. Was bedeutet der Begriff „Kongruenz"? Erläutere die Kongruenzsätze für Dreiecke.
> 2. Stelle den Satz des Pythagoras für ein rechtwinkliges Dreieck ABC mit $\beta = 90°$ auf.
> 3. Wie viele Nullstellen hat die quadratische Gleichung $y = 0{,}5\,x^2 + 0{,}2$?
> 4. Gib zwei Funktionsgleichungen von linearen Funktionen an, die durch den Punkt $(0\,|\,3)$ verlaufen.
> 5. Wie lautet die allgemeine Formel, um das Volumen von Prismen zu berechnen?

Flächeninhalte von Dreiecken und Vielecken

Erforschen und Entdecken

1 An einer Kreuzung zweier Hauptstraßen, die in einem Winkel von 78° zueinander liegen, soll ein neues Autohaus entstehen.
Das Grundstück dafür ist dreieckig. Es ist an der Hauptstraße 62 m und an der Bahnhofsstraße 44 m lang. Der Grundstückspreis beträgt 9,99 € pro m².
Wie viel muss für das Grundstück bezahlt werden?
Arbeitet in Gruppen.

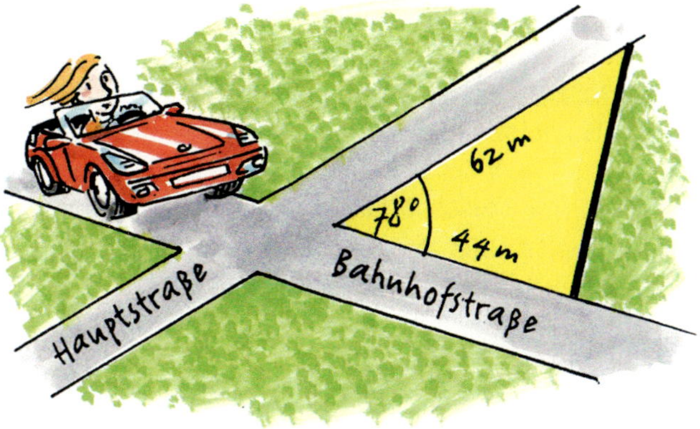

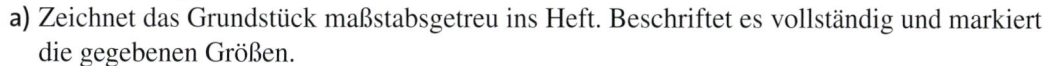

a) Zeichnet das Grundstück maßstabsgetreu ins Heft. Beschriftet es vollständig und markiert die gegebenen Größen.
b) Überlegt, welche Angabe euch zur Berechnung des Flächeninhalts des allgemeinen Dreiecks fehlt. Zeichnet die fehlende Länge ein und berechnet sie.
Nutzt dazu euer bisheriges Wissen über trigonometrische Berechnungen an rechtwinkligen Dreiecken.
c) Berechnet den Flächeninhalt sowie den Preis des Grundstücks.
d) Versucht, unter den gegebenen Voraussetzungen eine allgemeine Formel zur Berechnung des Flächeninhalts eines allgemeinen Dreiecks anzugeben.

2 Meike und Thomas sollen den Flächeninhalt der parallelogrammförmigen Seiten des „Dockland" in Hamburg an der Elbe bestimmen.
Sie wissen, dass die Grundseite des Gebäudes 86 m lang ist. Die Gesamtlänge beträgt mit überragender Spitze 132 m. Zudem besitzt das Dockland einen Neigungswinkel von 24°.
Meike und Thomas diskutieren, wie sie den Flächeninhalt des Gebäudes bestimmen.
Setze ihren Dialog fort. Berechne anschließend den Flächeninhalt. Stellt eure Dialoge und Ergebnisse in der Klasse vor.

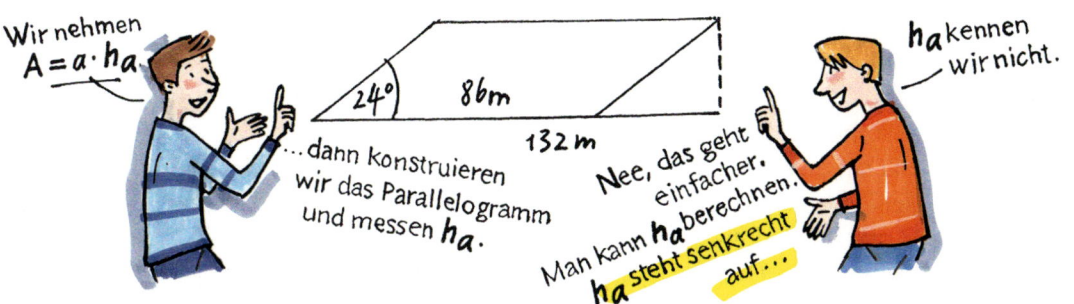

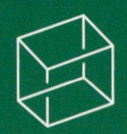

Berechnungen an allgemeinen Dreiecken und Vielecken

Lesen und Verstehen

Der Preis eines Grundstücks richtet sich nach seinem Flächeninhalt. Wie groß ist der Flächeninhalt dieses Grundstücks?
Um den Flächeninhalt des Grundstücks zu bestimmen, kann man es in ein Dreieck und ein Parallelogramm zerlegen.
Den Flächeninhalt des Dreiecks berechnete man bisher mit $A = \frac{1}{2} c \cdot h_c$. Die fehlende Höhe h_c wird über trigonometrische Beziehungen berechnet. Setzt man diese Formel für h_c in die Flächeninhaltsformel ein, ergibt sich eine neue Flächeninhaltsformel für Dreiecke.

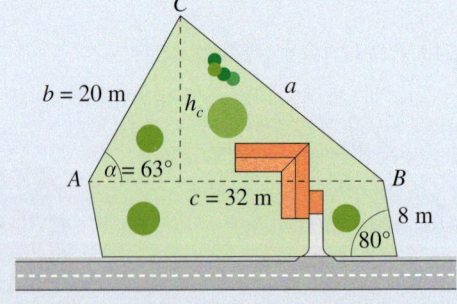

BEACHTE
Möchte man den Flächeninhalt eines allgemeinen Vielecks berechnen, so kann man es in Dreiecke sowie Quadrate und Rechtecke unterteilen und deren Flächeninhalte berechnen.

Berechnung des Flächeninhalt eines Dreiecks:

I $A = \frac{1}{2} c \cdot h_c$ \qquad Für h_c gilt: \quad **II** $\sin \alpha = \frac{h_c}{b}$ \quad $|\cdot b$
$\qquad h_c = b \cdot \sin \alpha$

II in **I**: h_c setzt man in die Ausgangsgleichung ein und erhält die Formel:
$A = \frac{1}{2} b c \cdot \sin \alpha$

> Der Flächeninhalt eines allgemeinen Dreiecks ist gleich der Hälfte des Produkts zweier Seitenlängen und dem Sinus des eingeschlossenen Winkels. Es gilt:
> $A = \frac{1}{2} b c \cdot \sin \alpha$ \quad oder
> $A = \frac{1}{2} a c \cdot \sin \beta$ \quad oder
> $A = \frac{1}{2} a b \cdot \sin \gamma$

BEISPIEL 1
Zunächst wird der Flächeninhalt des Dreiecks berechnet.
$A = \frac{1}{2} b c \cdot \sin \alpha$
$A = \frac{1}{2} \cdot 20\,\text{m} \cdot 32\,\text{m} \cdot \sin 63° \approx 285{,}1\,\text{m}^2$

Der Flächeninhalt beträgt ungefähr $285\,\text{m}^2$.

HINWEIS
Man kann das Parallelogramm auch in zwei kongruente Dreiecke zerlegen. Dann müsste auch h_a bestimmt werden, wodurch sich die gleiche Flächeninhaltsformel ergeben würde.

Auch für bestimmte Vierecke, wie z. B. ein Parallelogramm, kann man mit Hilfe der Trigonometrie einfache Flächeninhaltsformeln finden. Der Flächeninhalt eines Parallelogramms wird hier wie folgt berechnet:

I $A = a \cdot h_a$ \qquad **II** $\sin \beta = \frac{h_a}{b}$ \quad $|\cdot b$
$\qquad\qquad\qquad\qquad h_a = b \cdot \sin \beta$

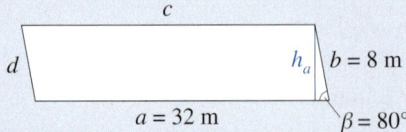

II in **I**: $A = a b \cdot \sin \beta$

Für den Sinus eines Winkels gilt:
$\sin \alpha = \sin(180° - \alpha)$. Da im Parallelogramm α und β Nebenwinkel sind, gilt $\beta = 180° - \alpha$ und somit $\sin \alpha = \sin \beta$.
Im Parallelogramm gelten zudem $a = c$ und $b = d$ sowie $\alpha = \delta$ und $\beta = \gamma$. Es ergibt sich:

BEACHTE
Für den Flächeninhalt des Parallelogramms gelten z. B. auch diese Formeln:
$A = a \cdot b \cdot \sin \alpha$
$A = b \cdot c \cdot \sin \beta$
$A = c \cdot d \cdot \sin \gamma$
$A = a \cdot d \cdot \sin \delta$

BEISPIEL 2
Berechne den Flächeninhalt des Parallelogramms mit $a = 32\,\text{m}$, $b = 8\,\text{m}$ und $\beta = 80°$.

$A = a b \cdot \sin \beta$
$A = 32\,\text{m} \cdot 8\,\text{m} \cdot \sin 80°$
$\quad \approx 252{,}1\,\text{m}^2$

Der Flächeninhalt des Parallelogramms beträgt ungefähr $252\,\text{m}^2$.

> Der Flächeninhalt eines Parallelogramms ist das Produkt aus zwei benachbarten Seiten und dem Sinus eines der vier Winkel.
> Es gilt z. B.: $A = a \cdot b \cdot \sin \beta$

Das Grundstück hat eine Größe von insgesamt $285\,\text{m}^2 + 252\,\text{m}^2 = 537\,\text{m}^2$.

Üben und Anwenden

1 Berechne den Flächeninhalt.

a)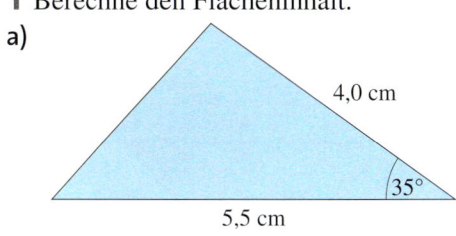

b)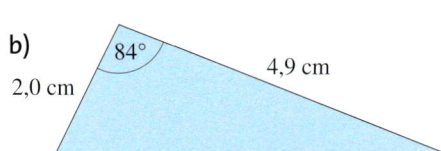

2 Gib den Flächeninhalt an.

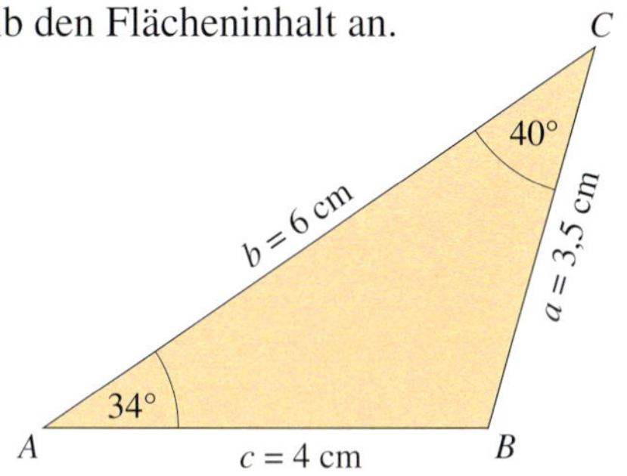

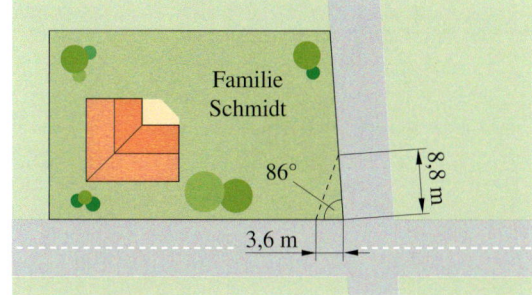

3 Berechne den Flächeninhalt des Dreiecks ABC.
a) $a = 4$ cm, $b = 7$ cm, $\gamma = 35°$
b) $a = 5{,}8$ cm, $c = 8{,}4$ cm, $\beta = 62°$
c) $b = 7{,}4$ cm, $c = 4{,}5$ cm, $\alpha = 100°$
d) $a = 12{,}5$ cm, $b = 2$ dm, $\gamma = 53°$

4 Berechne den Flächeninhalt des Parallelogramms.

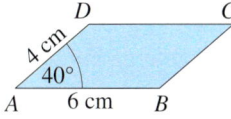

5 Berechne den Flächeninhalt der Raute.
a) $a = 3$ cm, $\alpha = 44°$
b) $b = 5$ cm, $\delta = 120°$
c) $c = 3{,}5$ cm, $\beta = 95°$
d) $d = 6{,}2$ cm, $\gamma = 51°$

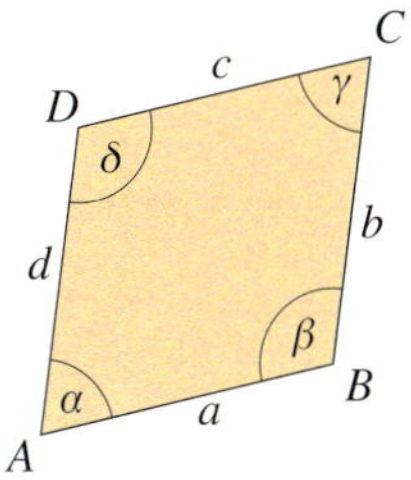

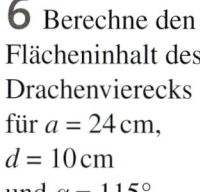

6 Berechne den Flächeninhalt des Drachenvierecks für $a = 24$ cm, $d = 10$ cm und $\alpha = 115°$.

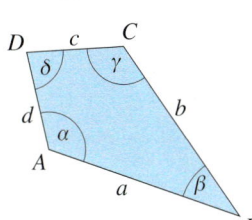

7 Im Zuge von Straßenbauarbeiten soll vom Grundstück der Familie Schmidt ein dreieckiges Stück Land abgetrennt werden.

Welchen Betrag erhält Familie Schmidt, wenn pro m² Fläche eine Entschädigung von 12 € gezahlt wird?

8 Eine Schleppdachgaube soll an den Seiten mit Schieferplatten verkleidet werden.

Bekannt sind die Höhe an der Fensterseite mit 1,60 m, die Länge entlang des eigentlichen Hausdaches mit 3,87 m und der Winkel zwischen Fensterseite und eigentlichem Hausdach mit 40°.
Wie viel m² Schiefer werden für die Verkleidung der Dachgaube benötigt?

9 Konstruiere das Dreieck ABC mit $a = 6{,}4$ cm, $c = 7{,}5$ cm und $\beta = 99°$.
a) Schätze den Flächeninhalt des Dreiecks und berechne ihn anschließend.
b) Wie ändert sich der Flächeninhalt des Dreiecks, wenn alle Seitenlängen verdoppelt (verdreifacht) werden?

10 Ein Dreieck hat einen Flächeninhalt von 14,1 cm². Der Winkel α beträgt 44° und Seite b ist 4 cm lang. Wie lang ist Seite c?

ZUM WEITERARBEITEN

Suche im Klassenraum zwei Mitschüler. Eure Sitzplätze bilden die Eckpunkte eines Dreiecks. Schätze zunächst den Flächeninhalt des Dreiecks. Berechne dann den Flächeninhalt. Miss dazu den Abstand zu dem Sitzplatz deiner Mitschüler und bestimme näherungsweise den Winkel bei dir mit einem Winkelmesser.

Berechnungen an allgemeinen Dreiecken und Vielecken

11 Die Frontfläche des Daches ist 27,0 m² groß. Bestimme die Dachneigung α.

BEACHTE
Nutze in Aufgabe 16 den Innenwinkelsatz.

12 Am Rand einer Kleinstadt soll ein Gebiet für Eigenheime erschlossen werden. Es hat die Form eines Dreiecks mit den Seitenlängen 780 m und 860 m. Diese Seiten schließen einen Winkel von 54,2° ein. 45 % der Fläche werden für Straßen, Gehwege und Grünflächen verplant.
a) Wie viel ha umfasst das gesamte Gebiet?
b) Wie viel Eigenheime können entstehen, wenn die durchschnittliche Grundstücksgröße 800 m² beträgt?

HINWEIS
1 ha = 10 000 m²

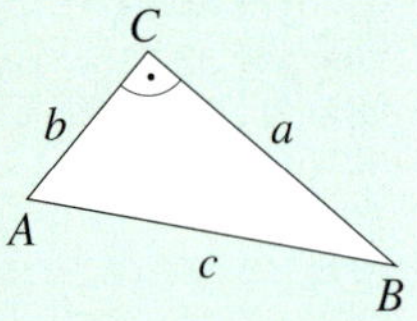

13 Erkläre die Formel zur Berechnung des Flächeninhaltes eines rechtwinkligen Dreiecks als Spezialfall der Formel $A = \frac{1}{2} a b \cdot \sin \gamma$.

14 Ein Haus soll gestrichen werden. Wie viel m² müssen bei der Frontfläche berücksichtigt werden? Der Neigungswinkel des Daches an der langen Dachschräge beträgt 20°. Die Fenster und Türen werden nicht mit einberechnet.

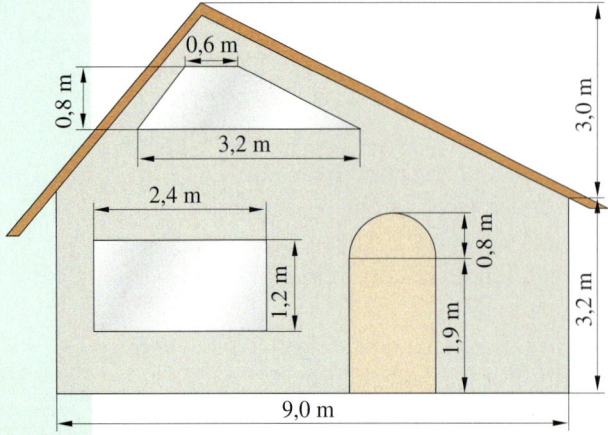

15 Eine Tripac-Versandverpackung ist 61,0 cm lang. Ihre Grundfläche besteht aus einem gleichseitigen Dreieck mit einer Seitenlänge von 13,9 cm. Wie groß ist das Volumen?

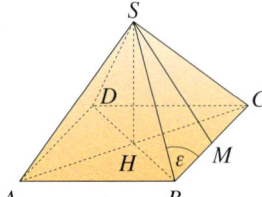

16 Ermittle den Flächeninhalt des Dreiecks ABC. Berechne alle fehlenden Größen.
a) $b = 6{,}8$ cm, $c = 6{,}4$ cm, $\alpha = 42°$
b) $a = 7$ cm, $b = 8$ cm, $\alpha = 44°$, $\beta = 52{,}6°$
c) $c = 6{,}5$ cm, $b = 3{,}4$ cm, $\alpha = 58°$
d) $a = 45$ cm, $c = 60$ cm, $\beta = 38°$

17 Von einer geraden Pyramide mit quadratischer Grundfläche sind $\overline{BS} = 5$ cm und $\varepsilon = 60°$ bekannt.
a) Berechne den Mantelflächeninhalt.
b) Berechne den Oberflächeninhalt.
c) Gibt das Volumen an.

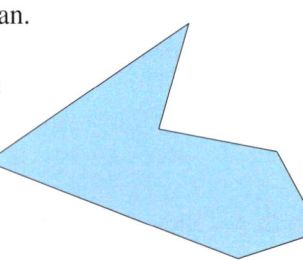

18 Berechne den Flächeninhalt des Sechsecks. Miss benötigte Längen und Winkel nach.

19 Bauer Armin verkauft 10 % seines rautenförmigen Ackers an die Gemeinde. Er möchte dafür ein gleichschenkliges Dreieck seines Grundstücks an der Straßenkreuzung abtrennen. Wie lang sind die Schenkel des gleichschenkligen Dreiecks?

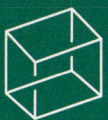

Der Sinussatz

Erforschen und Entdecken

1 Erkunde besondere Verhältnisse in Dreiecken. Zeichne dazu folgende Dreiecke.
Du kannst sie ins Heft oder mit einer dynamischen Geometrie-Software (DGS) zeichnen.
① $a = 5\,\text{cm}$, $b = 6\,\text{cm}$, $\gamma = 90°$
② $a = c = 4\,\text{cm}$, $\alpha = 50°$
③ $a = b = c = 6\,\text{cm}$
④ beliebiges Dreieck
Übertrage die Tabelle in dein Heft und vervollständige sie. Berechne so viel wie möglich.
Miss dann noch fehlende Größen in deinen Zeichnungen nach.
Was fällt dir auf? Vergleicht anschließend eure Ergebnisse im Klassenverband.

Dreieck	a	b	c	α	β	γ	$\sin\alpha$	$\sin\beta$	$\sin\gamma$	$\dfrac{a}{\sin\alpha}$	$\dfrac{b}{\sin\beta}$	$\dfrac{c}{\sin\gamma}$
①	5 cm	6 cm				90°						
②	4 cm		4 cm	50°								
③	6 cm	6 cm	6 cm									
④												

2 Erkunde mit einer dynamischen Geometrie-Software allgemeine Dreiecke.
Nutze dazu den Webcode in der Randspalte.
Das gegebene Dreieck kannst du beliebig verändern. Beobachte dabei die Seitenlängen, Winkelgrößen sowie die angezeigten Verhältnisse.
Was fällt auf? Vergleicht eure Ergebnisse in der Klasse.

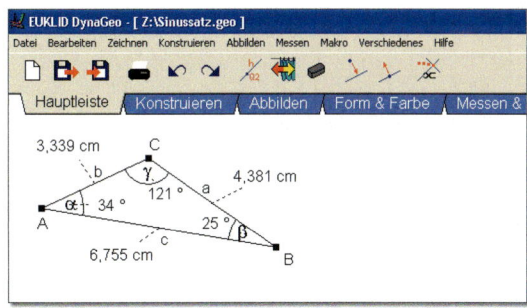

027-1

BEACHTE
Über den Webcode gelangt man zu einer DynaGeo-Datei zum Bearbeiten der Aufgabe 2.

3 Arbeitet in Gruppen.
Eine Schulklasse aus Madrid soll die Seitenlänge a der Puerta de Europa bestimmen. Dazu haben die Schülerinnen und Schüler vor Ort Messungen vorgenommen und sie in Rot auf ein Foto eingetragen. Den grünen Winkel haben sie schon berechnet. Da ihnen rechtwinklige Dreiecke vertraut sind, haben sie auch die Höhe h_b eingezeichnet.
Tipp des Lehrers:
„Stellt zwei Formeln auf, aus denen ihr durch Gleichsetzen eine machen könnt."

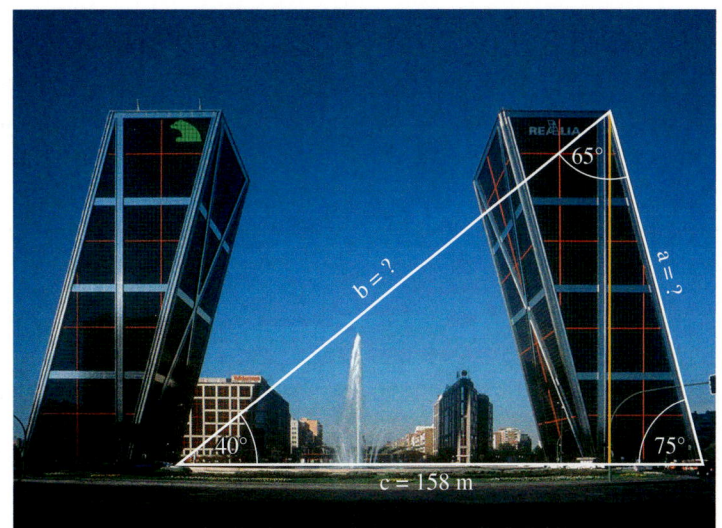

Maria hat eine Idee: „Die Höhe h_b können wir über zwei verschiedene Formeln berechnen."
Setzt Marias Idee fort. Nutzt dabei den Tipp des Lehrers. Könnt ihr nun a berechnen?

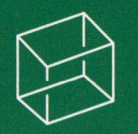

Berechnungen an allgemeinen Dreiecken und Vielecken

Lesen und Verstehen

ZUR INFORMATION
Dächer, die mit Ziegeln gedeckt werden, benötigen eine Dachneigung von mindestens 22°.

Für ein Einfamilienhaus ist eine Schleppdachgaube geplant. Der Architekt hat die Raumhöhe, die Fensterhöhe, die beiden Dachneigungen und die Breite der Gaube in einer Zeichnung vorgegeben.
Für die Herstellung des Dachstuhls muss der Zimmermann nun die Sparrenlängen bestimmen.

Jedes Dreieck lässt sich durch eine Höhe h in zwei rechtwinklige Teildreiecke zerlegen.

Im Dreieck ADC gilt: **I** $\sin 45° = \frac{h_c}{1{,}40\,m}$

Im Dreieck BCD gilt: **II** $\sin 40° = \frac{h_c}{a}$

Löst man beide Gleichungen nach h_c auf, ergibt sich folgendes Gleichungssystem:

I' $h_c = b \cdot \sin \alpha$
II' $h_c = a \cdot \sin \beta$

II' = I' $a \cdot \sin \beta = b \cdot \sin \alpha$ $|: \sin \alpha$

$\frac{a}{\sin \alpha} \cdot \sin \beta = b$ $|: \sin \beta$

$\frac{a}{\sin \alpha} = \frac{b}{\sin \beta}$

Das Dreieck aus dem Beispiel der Schleppdachgaube ist stumpfwinklig. Die Höhe h_c lag wie bei spitzwinkligen Dreiecken zufällig innerhalb des Dreiecks.

In stumpfwinkligen Dreiecken kann die Höhe aber außerhalb des Dreiecks liegen. Auch dafür gelten die gefundenen Beziehungen, da folgendes gilt:

$\sin \alpha = \sin (180° - \alpha)$.

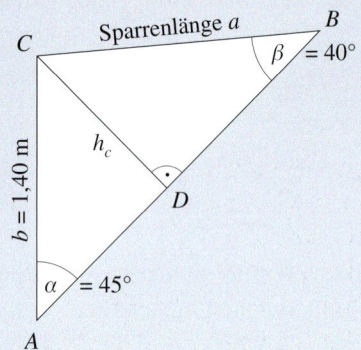

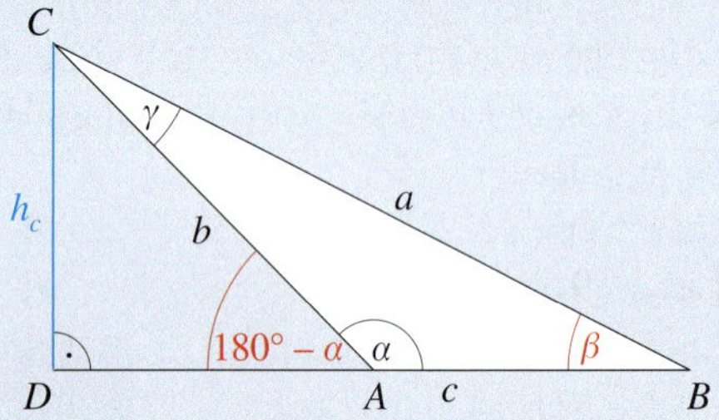

Unabhängig von der Dreiecksart gelten spezielle Verhältnisse zwischen Seiten und Sinuswerten von Winkeln. Dies macht die Berechnung mit Hilfe rechtwinkliger Dreiecke überflüssig:

BEACHTE
Durch Umformen des Sinussatzes erhält man:
$\frac{\sin \alpha}{a} = \frac{\sin \beta}{b} = \frac{\sin \gamma}{c}$
oder z. B.:
$\frac{\sin \alpha}{\sin \beta} = \frac{a}{b}$
$\frac{\sin \alpha}{\sin \gamma} = \frac{a}{c}$
$\frac{\sin \beta}{\sin \gamma} = \frac{b}{c}$

Sinussatz

In jedem Dreieck sind die Quotienten aus einer Seite und dem Sinuswert des gegenüberliegenden Winkels gleich groß.

$\frac{a}{\sin \alpha} = \frac{b}{\sin \beta} = \frac{c}{\sin \gamma}$

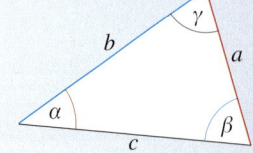

BEISPIEL
Der Zimmermann berechnet die Sparrenlänge a der Dachgaube mit dem Sinussatz.
gegeben: $b = 1{,}40\,m$, $\alpha = 45°$, $\beta = 40°$

$\frac{a}{\sin \alpha} = \frac{b}{\sin \beta}$

$\frac{a}{\sin 45°} = \frac{1{,}40\,m}{\sin 40°}$ $| \cdot \sin 45°$

$a = \frac{1{,}40\,m \cdot \sin 45°}{\sin 40°}$

$a \approx 1{,}54\,m$

Die Sparrenlänge beträgt ungefähr 1,54 m.

Der Sinussatz

Üben und Anwenden

1 Berechne die markierte Größe.

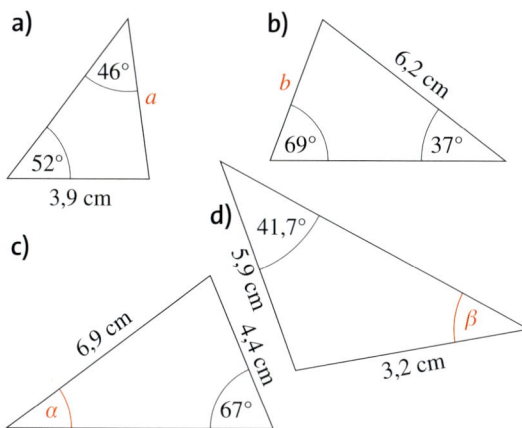

2 Fertige eine Planfigur an. Berechne die Länge der in Klammern angegebenen Seite im Dreieck ABC.
a) $a = 6{,}1\,\text{cm}$, $\alpha = 36°$, $\gamma = 47°$ [c]
b) $b = 7{,}5\,\text{cm}$, $\alpha = 122°$, $\beta = 35°$ [a]
c) $a = 5{,}4\,\text{cm}$, $\alpha = 82°$, $\beta = 75°$ [b]
d) $c = 10\,\text{cm}$, $\alpha = 51°$, $\gamma = 107°$ [a]
e) $b = 3{,}8\,\text{cm}$, $\beta = 72°$, $\gamma = 54°$ [c]

3 Fertige eine Planfigur an. Berechne die Größe des in Klammern angegebenen Winkels im Dreieck ABC.
a) $a = 4\,\text{cm}$, $c = 5{,}3\,\text{cm}$, $\gamma = 64°$ [α]
b) $a = 4{,}9\,\text{cm}$, $b = 11\,\text{cm}$, $\beta = 115°$ [α]
c) $b = 8{,}8\,\text{cm}$, $c = 3{,}7\,\text{cm}$, $\beta = 129°$ [γ]
d) $a = 7{,}9\,\text{cm}$, $b = 4{,}1\,\text{cm}$, $\alpha = 51°$ [β]
e) $b = 4{,}2\,\text{cm}$, $c = 8{,}1\,\text{cm}$, $\gamma = 28°$ [β]

4 Berechne alle fehlenden Seiten und Winkel des Dreiecks ABC. Überlege genau, was zuerst zu berechnen ist.
a) $a = 8{,}2\,\text{cm}$, $\alpha = 72°$, $\beta = 54°$
b) $b = 55\,\text{m}$, $a = 24{,}5\,\text{m}$, $\beta = 104{,}5°$
c) $a = 22{,}5\,\text{cm}$, $c = 3{,}2\,\text{dm}$, $\gamma = 74{,}2°$
d) $c = 3{,}53\,\text{km}$, $\beta = 22{,}3°$, $\gamma = 106{,}8°$
e) $b = 5{,}8\,\text{cm}$, $c = 8\,\text{cm}$, $\gamma = 62°$

5 Berechne den Flächeninhalt des Dreiecks ABC.
a) $a = 72\,\text{mm}$, $c = 0{,}58\,\text{dm}$, $\alpha = 37°$
b) $a = 580\,\text{mm}$, $b = 0{,}85\,\text{m}$, $\beta = 81°$
c) $b = 0{,}15\,\text{m}$, $c = 0{,}22\,\text{m}$, $\gamma = 22°$

6 Gegeben ist das Parallelogramm $ABCD$.

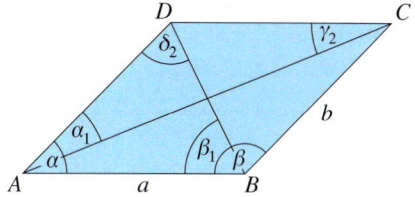

Gib die in Klammern stehenden Größen an.
a) $\overline{BD} = 7{,}2\,\text{cm}$, $\beta_1 = 35°$, $\delta_2 = 71°$ [a, b]
b) $\overline{AC} = 13\,\text{cm}$, $\alpha_1 = 14°$, $\gamma_2 = 10°$ [a, b]
c) $b = 6{,}1\,\text{cm}$, $\overline{AC} = 18{,}5\,\text{cm}$, $\beta = 147°$ [a]

7 Im Dreieck ABC mit $a = 5\,\text{cm}$, $b = 7\,\text{cm}$ und $\alpha = 36°$ sollen Hannes und Marlene den Winkel β berechnen.

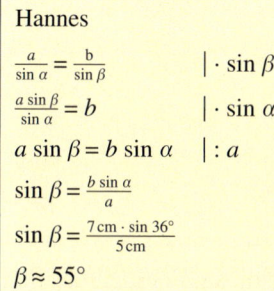

Hannes:
$\frac{a}{\sin \alpha} = \frac{b}{\sin \beta}$ $\quad|\cdot \sin \beta$
$\frac{a \sin \beta}{\sin \alpha} = b$ $\quad|\cdot \sin \alpha$
$a \sin \beta = b \sin \alpha$ $\quad|: a$
$\sin \beta = \frac{b \sin \alpha}{a}$
$\sin \beta = \frac{7\,\text{cm} \cdot \sin 36°}{5\,\text{cm}}$
$\beta \approx 55°$

Marlene:
$\frac{a}{\sin \alpha} \rightleftarrows \frac{b}{\sin \beta}$
$\sin \beta = \frac{b \sin \alpha}{a}$
$\sin \beta = \frac{7\,\text{cm} \cdot \sin 36°}{5\,\text{cm}}$
$\approx 0{,}82$
$\beta \approx 0{,}82$

a) Beschreibe ihr Vorgehen mit eigenen Worten. Marlenes Methode nenn man Kreuzprodukt.
b) Vergleiche die Methoden. Welche gefällt dir besser? Begründe.
c) Berechne α mit dem Kreuzprodukt, wenn $\beta = 72°$ beträgt.

8 Berechne die in Klammern stehenden Größen beim gleichschenkligen Trapez $ABCD$.

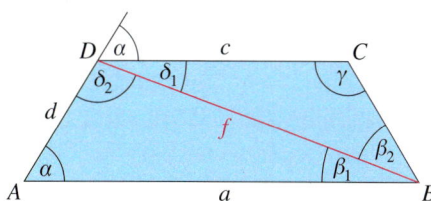

a) $\alpha = 56°$, $\beta_1 = 24°$, $d = 2{,}4\,\text{cm}$ [a, f und c]
b) $f = 7{,}9\,\text{cm}$, $\beta_1 = 38°$, $\delta_2 = 74°$ [a, d und c]
c) $f = 8{,}4\,\text{cm}$, $b = 5{,}3\,\text{cm}$, $\gamma = 124°$ [c und a]

HINWEIS

Marlene rechnet mit dem **Kreuzprodukt**. Dies ist eine verkürzte Form, eine Gleichung $\frac{a}{b} = \frac{c}{d}$ nach einer Variable aufzulösen.

Beispiel 1
$\frac{a}{b} = \frac{c}{d}$
$c = \frac{a \cdot d}{b}$

Beispiel 2
$\frac{a}{b} = \frac{c}{d}$
$d = \frac{b \cdot c}{a}$

Berechnungen an allgemeinen Dreiecken und Vielecken

HINWEIS
Die Geschwindigkeit eines Schiffes wird normalerweise in Knoten angegeben. Dabei entspricht 1 $\frac{km}{h}$ ungefähr einer Geschwindigkeit von 0,540 Knoten, bzw. 1 Knoten einer Geschwindigkeit von 1,852 $\frac{km}{h}$.

9 Gegeben ist der Drachen $ABCD$. Fertige eine Skizze an und beschrifte den Drachen vollständig.
a) Gegeben sind $\alpha = 72°$, $b = 8{,}5$ cm, $a = 5{,}1$ cm. Berechne γ, b und e.
b) Gegeben sind $c = 2{,}5$ cm, $e = 11{,}5$ cm, $\beta = 115°$. Berechne α, γ und d.

10 In einem Stadtplan von Frankfurt am Main beschreiben die Straßen Kennedyallee, Holbeinstraße und Textorstraße annähernd ein dreieckiges Wohngebiet. Der Straßenabschnitt in der Holbeinstraße ist 300 m lang.

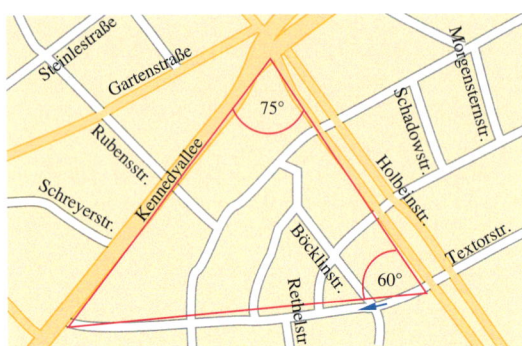

Wie lang ist die Textorstraße zwischen Kennedyallee und Holbeinstraße ungefähr?

11 Die Länge eines Sees ist nicht direkt messbar. Um die Länge zu berechnen, wurden drei andere Maße bestimmt. Wie lang ist der See?

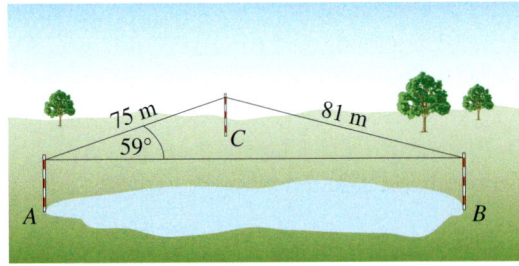

TIPP
Beim Aufstellen des Sinussatzes ist es sinnvoll, immer mit der gesuchten Größe zu beginnen. So erspart man sich größere Gleichungsumstellungen.

12 Unmittelbar am Ufer eines Flusses wurde eine Standlinie $\overline{AB} = 375$ m gemessen. Von ihren Endpunkten aus wurde ein am jenseitigen Ufer stehender Pfahl mit einem Theodoliten anvisiert. Wie breit ist der Fluss, wenn die entsprechenden Visierlinien mit der Standlinie $\overline{AB}$ die Winkel $\alpha = 50{,}2°$ und $\beta = 43{,}6°$ bilden?

13 Ein Schiff fährt in 9 km Entfernung an einem Leuchtturm vorbei. Der Peilwinkel zwischen der Fahrtrichtung und dem Leuchtturm beträgt 85°. Nach einer halben Stunde beträgt der Peilwinkel 122°.

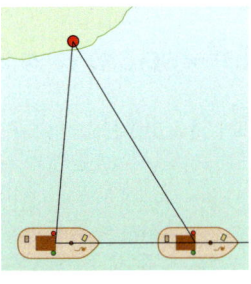

a) Bestimme, wie weit das Schiff in der halben Stunde gefahren ist.
b) Mit welcher Durchschnittsgeschwindigkeit ist das Schiff gefahren? Gib sie in Knoten an. Beachte die Randspalte.

14 Um die Höhe eines Gebäudes zu bestimmen, reicht es, den Winkel α zu messen. Kann man jedoch die Strecke s nicht messen, setzt man eine Messlatte auf das Gebäude und misst zusätzlich den Winkel β.

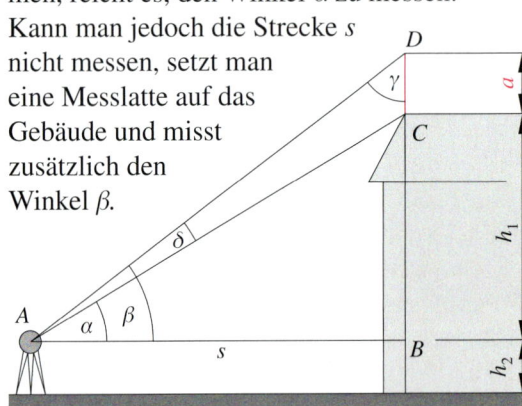

Berechne die Gebäudehöhe h.
a) $\alpha = 72°$, $\beta = 76{,}5°$, $a = 4$ m, $h_2 = 1{,}5$ m
b) $\alpha = 68{,}3°$, $\beta = 71{,}4°$, $a = 5$ m, $h_2 = 1{,}5$ m
c) $\alpha = 68{,}3°$, $\beta = 71{,}4°$, $a = 4$ m, $h_2 = 1{,}4$ m

15 Die größere Kuhherde soll mehr Platz haben. Sollte der Bauer die Weiden tauschen?

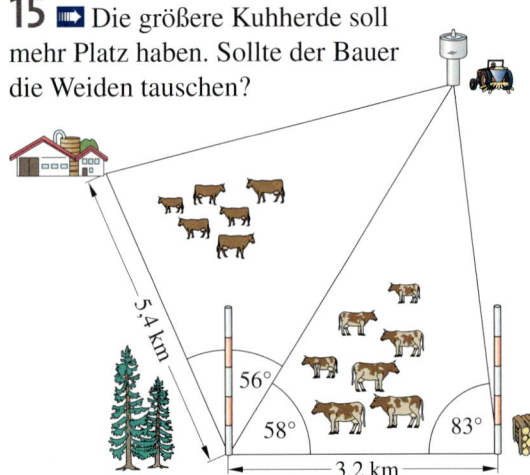

Der Kosinussatz

Erforschen und Entdecken

1 Von fünf Dreiecken sind jeweils drei Größen gegeben.
① $a = 6\,cm$, $\alpha = 37°$, $\beta = 62°$
② $a = 6\,cm$, $c = 7\,cm$, $\alpha = 37°$
③ $c = 7\,cm$, $\alpha = 37°$, $\beta = 62°$
④ $b = 5\,cm$, $c = 7\,cm$, $\alpha = 37°$,
⑤ $a = 6\,cm$, $b = 5\,cm$, $c = 7\,cm$

a) Zeichnet zu allen Dreiecken Planfiguren und markiert die gegebenen Größen farbig.
b) Bei welchen Dreiecken könnt ihr alle Seitenlängen und Winkelgrößen leicht bestimmen? Gebt jeweils an, was bei diesen Dreiecken gegeben ist und wie die gegebenen Stücke zueinander liegen. Beschreibt zusätzlich, wie ihr die fehlenden Größen bestimmt.
c) Was ist bei den Dreiecken gegeben, bei denen die Berechnung der fehlenden Stücke nicht oder nur über viele verschiedene Rechenschritte möglich ist?

2 Carports sind offene Garagen. Der Carport im Bild besteht aus Holzpfeilern, die ein Holzdach tragen. Die Pfeiler bilden mit dem Dach einen Winkel von 80°. Ein schräger Stützbalken bildet mit dem Pfeiler und dem Dach ein unregelmäßiges Dreieck.
Wie wird bei der Planung die kürzere Länge c des Kopfbandes berechnet?

ZUR INFORMATION
Mit der vorher berechneten Balkenlänge wird das Kopfband durch den Zimmermann bei der Montage eingepasst.

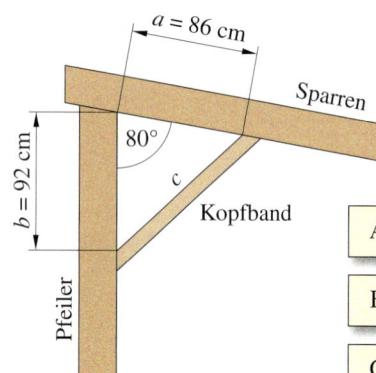

A	$h_a^2 = b^2 - a_1^2$
B	$c^2 = a^2 + b^2 - 2a a_1$
C	$a_1 = b \cdot \cos \gamma$
D	$b^2 - a_1^2 = c^2 - (a - a_1)^2$
E	$a = a_1 + a_2$
F	$c^2 = a^2 + b^2 - 2ab \cdot \cos \gamma$
G	$a_2 = a - a_1$
H	$c^2 = b^2 - a_1^2 + a^2 - 2a a_1 + a_1^2$
I	$\cos \gamma = \frac{a_1}{b}$
J	$h_a^2 = c^2 - a_2^2$
K	$c^2 = b^2 - a_1^2 + a^2 - 2a a_1 + a_1^2$
L	$b^2 - a_1^2 = c^2 - a_2^2$

a) Warum kann man mit dem Sinussatz die Seite c nicht berechnen?
b) Skizziere das Dreieck des Carports im Heft und kennzeichne die Seiten a, b und den eingeschlossenen Winkel γ farbig. Zeichne zusätzlich die Höhe h_a ein, die das Dreieck in zwei rechtwinklige Teildreiecke und die Seite a in die Abschnitte a_1 und a_2 zerlegt.
c) Ordne den Lösungsschritten ① bis ⑤ die Gleichungen rechts in der richtigen Reihenfolge zu.
  ① Gib für die Zerlegung der Seite a eine Formel an. Forme sie nach a_2 um.
  ② Stelle in beiden Teildreiecken eine Formel für h_a^2 mit dem Satz des Pythagoras auf. Setze beide Formeln gleich.
  ③ Ersetze a_2 mit der unter ① aufgestellten Formel. Löse die gesamte Gleichung nach c^2 auf. Nutze die binomischen Formeln, um sie soweit wie möglich zusammenzufassen.
  ④ Neben c^2 bleibt als unbekannte Größe a_1. Man kann a_1 mit Hilfe der Formel für $\cos \gamma$ im rechtwinkligen Teildreieck ersetzen.
  ⑤ Fertig ist die Formel, mit der die Seitenlänge c berechnet werden kann.

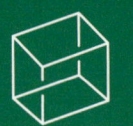

Berechnungen an allgemeinen Dreiecken und Vielecken

Lesen und Verstehen

Ein Tunnel wird durch einen Berg geplant. Wie lang wird der Tunnel sein? Die Tunnellänge lässt sich nicht direkt messen, sondern nur berechnen. Dafür misst man von einer weiter entfernten Stelle die Streckenlänge zum Anfangspunkt und zum Endpunkt des Tunnels und bestimmt den eingeschlossenen Winkel.
Zur Berechnung hilft der Sinussatz nicht weiter. Am Beispiel des Tunnels wird gezeigt, wie man das Dreieck in rechtwinklige Dreiecke zerlegen und so eine allgemeine Formel zur Berechnung herleiten kann.

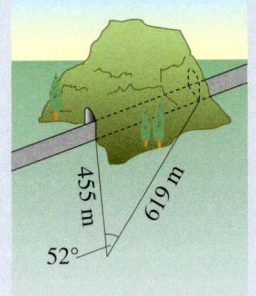

Herleitung des Kosinussatzes

Berechnet werden soll die Seitenlänge a.
Die Höhe h_c wird eingezeichnet.
Die Dreiecke ADC und BCD haben die Höhe h_c gemeinsam.

Im Dreieck ADC gilt: **I** $h_c^2 = b^2 - q^2$
Im Dreieck BCD gilt: **II** $h_c^2 = a^2 - (c - q)^2$

Die Gleichungen werden gleichgesetzt:
I = II $b^2 - q^2 = a^2 - (c - q)^2$
$\quad\quad\quad b^2 - q^2 = a^2 - c^2 + 2cq - q^2 \quad | + q^2$
$\quad\quad\quad b^2 = a^2 - c^2 + 2cq$
$\quad\quad\quad a^2 = b^2 + c^2 - 2cq$

q ist die zweite Unbekannte und kann ersetzt werden:
$\cos \alpha = \frac{q}{b}$, also $q = b \cdot \cos \alpha$

Einsetzen in die Gleichung ergibt:
$a^2 = b^2 + c^2 - 2bc \cdot \cos \alpha$

BEISPIEL 1

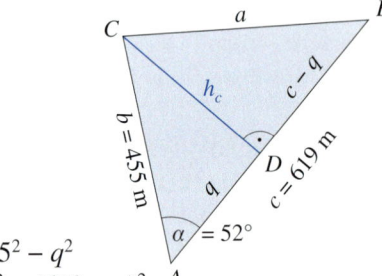

I $h_c^2 = 455^2 - q^2$
II $h_c^2 = a^2 - (619 - q)^2$
I = II:
$455^2 - q^2 = a^2 - (619 - q)^2$
$455^2 - q^2 = a^2 - 619^2 + 2 \cdot 619 \cdot q - q^2 \quad | + q^2$
$455^2 = a^2 - 619^2 + 1238 \cdot q$
$a^2 = 455^2 + 619^2 - 1238 \cdot q$

q kann ersetzt werden durch:
$\cos 52° = \frac{q}{455}$, also $q = 455 \cdot \cos 52°$
Einsetzen in die Gleichung ergibt:
$a^2 = 455^2 + 619^2 - 1238 \cdot 455 \cdot \cos 52°$
$a^2 \approx 243\,390{,}05$; also $a \approx 493{,}35$
Der Tunnel ist ca. 493,35 m lang.

Würde man von einem anderen Punkt aus die Entfernung zum Tunneleingang und -ausgang messen, so kann sich ein stumpfwinkliges Dreieck ergeben. Mit Hilfe der Höhe, die evtl. außerhalb des Dreiecks liegt, und der Berechnung der rechtwinkligen Dreiecke gelangt man ebenfalls zum Kosinussatz, da aufgrund der Beziehungen am Einheitskreis folgendes gilt:
$\cos \alpha = -\cos(180° - \alpha)$.
Unabhängig von der Dreiecksart und der gewählten Höhe haben wir eine gemeinsame Beziehung erhalten, die die Berechnung mit Hilfe rechtwinkliger Dreiecke überflüssig macht.

HINWEIS
Man kann mit Hilfe des Kosinussatzes auch gesuchte Innenwinkel bei drei gegebenen Seitenlängen berechnen. Dazu wird der Kosinussatz umgestellt:
$\cos \alpha = \frac{b^2 + c^2 - a^2}{2bc}$
$\cos \beta = \frac{a^2 + c^2 - b^2}{2ac}$
$\cos \gamma = \frac{a^2 + b^2 - c^2}{2ab}$

Kosinussatz

In jedem Dreieck gilt:
$a^2 = b^2 + c^2 - 2bc \cdot \cos \alpha$
$b^2 = a^2 + c^2 - 2ac \cdot \cos \beta$
$c^2 = a^2 + b^2 - 2ab \cdot \cos \gamma$

BEISPIEL 2

gegeben: $a = 4$ cm, $b = 6$ cm, $\gamma = 48°$
gesucht: c
$c^2 = a^2 + b^2 - 2ab \cdot \cos \gamma$
$c^2 = 4^2 + 6^2 - 2 \cdot 4 \cdot 6 \cdot \cos 48°$
$c^2 \approx 19{,}88$, also $c^2 \approx 4{,}5$
Die Seite c ist ca. 4,5 cm lang.

Der Kosinussatz

Üben und Anwenden

1 Berechne die dritte Seite im Dreieck ABC.
a) $b = 4{,}9\,\text{cm}$, $c = 8{,}5\,\text{cm}$, $\alpha = 62°$
b) $a = 7{,}1\,\text{cm}$, $c = 11{,}8\,\text{cm}$, $\beta = 18°$
c) $a = 3{,}7\,\text{cm}$, $b = 8{,}5\,\text{cm}$, $\gamma = 56°$

2 Berechne die fehlenden Winkel im Dreieck ABC. Bestimme mindestens den ersten Winkel mit dem Kosinussatz.
a) $a = 8{,}2\,\text{cm}$, $b = 4{,}4\,\text{cm}$, $c = 9{,}7\,\text{cm}$
b) $a = 12{,}5\,\text{m}$, $b = 14{,}3\,\text{m}$, $c = 9{,}2\,\text{m}$
c) $a = 6{,}0\,\text{cm}$, $b = 3{,}8\,\text{cm}$, $c = 5{,}4\,\text{cm}$

3 Berechne die fehlende Seite und die anderen Winkel im Dreieck ABC.
a) $b = 4{,}0\,\text{cm}$, $c = 6{,}4\,\text{cm}$, $\alpha = 112°$
b) $a = 8{,}7\,\text{cm}$, $c = 10{,}0\,\text{cm}$, $\beta = 59°$
c) $a = 4{,}8\,\text{cm}$, $b = 8{,}0\,\text{cm}$, $\gamma = 109°$

4 Von einem Beobachtungspunkt aus wurden die Entfernungen zu den Tunnelöffnungen sowie der von diesen Strecken eingeschlossene Winkel bestimmt.

Entnimm der Skizze die nötigen Maße.
a) Wie lang ist der Tunnel?
b) Ein Zug fährt mit $67\,\frac{\text{km}}{\text{h}}$. Wie lange dauert die Fahrt durch den Tunnel?

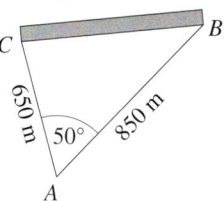

5 Eine Konzertbühne ist 30 m breit. Ein Scheinwerfer steht von der einen Bühnenbegrenzung 29 m und von der anderen 25 m entfernt.
Um wie viel Grad muss der Scheinwerfer schwenkbar sein?

6 Berechne die fehlende Seite im Viereck $ABCD$.

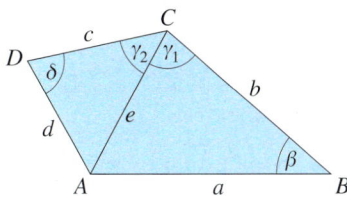

a) $a = 7{,}4\,\text{cm}$, $b = 4{,}7\,\text{cm}$, $c = 4{,}2\,\text{cm}$, $\beta = 39°$, $\gamma_2 = 50°$
b) $b = 7{,}1\,\text{cm}$, $c = 4{,}3\,\text{cm}$, $d = 3{,}3\,\text{cm}$, $\gamma_1 = 103°$, $\delta = 134°$

7 Berechne die fehlenden Seiten, Winkel und die Diagonalen im Trapez $ABCD$. Ermittle anschließend den Flächeninhalt.

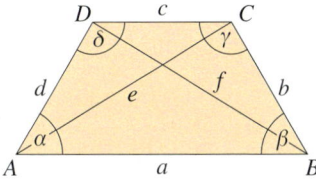

a) $a = 4{,}1\,\text{cm}$, $b = 2{,}3\,\text{cm}$, $c = 0{,}9\,\text{cm}$, $\beta = 81°$
b) $a = 61{,}3\,\text{cm}$, $b = 58{,}2\,\text{cm}$, $c = 19{,}8\,\text{cm}$, $e = 45{,}2\,\text{cm}$

8 Für einen Rundwanderweg im Wald sollen zwei Schutzhütten mit einem geraden Weg verbunden werden. Von der Gaststätte „Wilder Eber" erreicht man die Schutzhütten auf geraden Wegen, die 4,3 km bzw. 3,4 km lang sind. Die Wege schließen einen Winkel von 38° ein. Wie lang wird der Rundweg nach Fertigstellung des Verbindungsweges sein?

9 ➡ Ein Makler verkauft ein Grundstück. Er meint, das Grundstück sei im Mittel 25 m breit und 24 m lang, also 600 m² groß. Da er pro m² 350 € haben möchte, bietet er das Grundstück für 210 000 € an.
Ein Kunde ist skeptisch und misst alle Längen sowie die Diagonale nach. Die Angaben des Maklers stimmen. Hat der Kunde trotzdem recht? Begründe. Gib nötigenfalls den richtigen Grundstückspreis an.

TIPP
Fertige vor den Berechnungen eine Planfigur an und kennzeichne die gegebenen Werte farbig.

HINWEIS
Mit Hilfe des umgestellten Kosinussatzes kannst du nun auch den Flächeninhalt von unregelmäßigen Dreiecken ermitteln, bei denen drei Seitenlängen gegeben sind.

ZUM WEITERARBEITEN
Warum kann der Satz des Pythagoras als Sonderfall des Kosinussatzes betrachtet werden? Begründe.

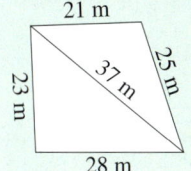

10 Berechne die fehlenden Stücke des Dreiecks ABC.
a) $b = 5\,\text{cm}; c = 7{,}4\,\text{cm}; \alpha = 69°$
b) $a = 8{,}1\,\text{cm}; c = 9{,}5\,\text{cm}; \beta = 61°$
c) $a = 3{,}8\,\text{cm}; b = 6\,\text{cm}; \gamma = 49°$
d) $b = 65\,\text{dm}; c = 39\,\text{dm}; \alpha = 37°$

11 Berechne die Winkel des Dreiecks.
a) $a = 7{,}9\,\text{cm}; b = 4{,}1\,\text{cm}; c = 8{,}9\,\text{cm}$
b) $a = 10{,}3\,\text{cm}; b = 6{,}2\,\text{cm}; c = 8{,}7\,\text{cm}$
c) $a = 3{,}8\,\text{cm}; b = 6{,}9\,\text{cm}; c = 5{,}9\,\text{cm}$
d) $a = 4{,}8\,\text{dm}; b = 48\,\text{cm}; c = 3{,}4\,\text{dm}$

12 Berechne den Flächeninhalt A des Dreiecks ABC mit den jeweils angegebenen Seitenlängen.
a) $a = 5\,\text{cm}; b = 6\,\text{cm}; c = 4\,\text{cm}$
b) $a = 7{,}5\,\text{cm}; b = 5{,}5\,\text{cm}; c = 6{,}5\,\text{cm}$
c) $a = 8\,\text{cm}; b = 3{,}5\,\text{cm}; c = 8{,}9\,\text{cm}$
d) $a = 9\,\text{cm}; b = 13\,\text{cm}; c = 5{,}9\,\text{cm}$

13 Von einem Dorf gelangt man auf zwei geradlinigen Wegen jeweils zu einer kleinen Badestelle an einem nahe gelegenen Waldsee. Die beiden Wege führen in einem Winkel von 46° auseinander. Jonas ist beide Wege schon gegangen und hat dabei seine Schritte gezählt.

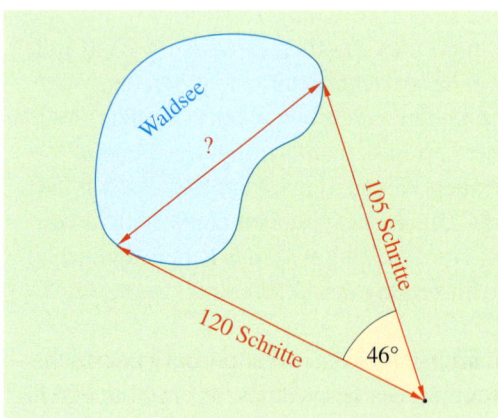

Von der einen Badestelle aus kann man die Badestelle am anderen Ufer sehr gut erkennen. Jonas meint nun, dass die Entfernung zwischen den beiden Badestellen kleiner ist als jeweils die Entfernung zwischen Dorf und Badestelle.
Ist sein Eindruck richtig? Begründe.

14 Aus der Entfernung wird die Spitze einer Pyramide angepeilt. Alle Messergebnisse sind in der Abbildung angegeben. Berechne die Höhe der Pyramide.

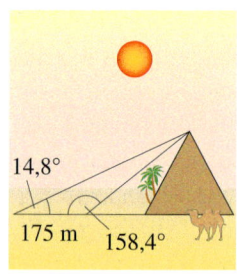

15 Berechne jeweils die fehlenden Seiten, Winkel und Diagonalen in einem Parallelogramm ABCD.

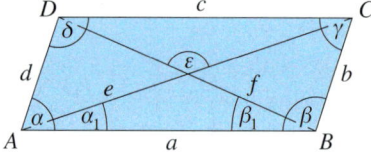

a) $b = 16{,}1\,\text{cm}; c = 44{,}2\,\text{cm}; \gamma = 99°$
b) $a = 6{,}3\,\text{cm}; b = 5{,}1\,\text{cm}; e = 9{,}1\,\text{cm}$
c) $a = 23{,}2\,\text{cm}; b = 15{,}1\,\text{cm}; \alpha = 71°$
d) $a = 9{,}3\,\text{cm}; e = 15{,}4\,\text{cm}; f = 6{,}3\,\text{cm}$

16 ▶ Ein Grundstück soll vermessen werden. Dazu wird das Grundstück von einem Punkt A, der außerhalb des Grundstücks liegt, angepeilt.
Die Vermessung ergibt folgende Werte:
$\overline{AE_1} = 45{,}4\,\text{m}$
$\overline{AE_2} = 35{,}2\,\text{m}$
$\overline{AE_3} = 55{,}9\,\text{m}$
$\overline{AE_4} = 60{,}1\,\text{m}$
$\sphericalangle BAE_1 = 43{,}2°$
$\sphericalangle E_2AB = 45{,}7°$
$\sphericalangle E_3AB = 17{,}1°$
$\sphericalangle BAE_4 = 14{,}9°$

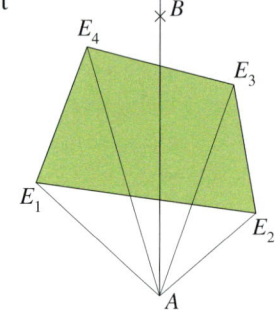

a) Berechne den Umfang und den Flächeninhalt des Grundstücks.
b) Beschreibe, wie du vorgegangen bist.

17 Ein Dreieck ABC mit der Seite $c = 6\,\text{cm}$ und dem Winkel $\beta = 56°$ hat den Flächeninhalt $A = 15{,}06\,\text{cm}^2$.
Bestimme alle fehlenden Seitenlängen und Winkel.

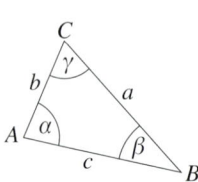

Der Kosinussatz

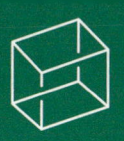

18 Über einen Fluss hinweg wurde von zwei verschiedenen Stellen an der einen Uferseite ein Baum auf der anderen Seite des Ufers angepeilt. Wie breit ist der Fluss?

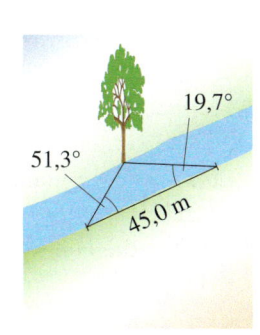

19 Die im Winter auf den Dachflächen liegenden Schneemassen beginnen herunterzurutschen, wenn das Dach in einem Winkel von mehr als 20° geneigt ist.

Der Giebel eines Hauses hat die folgenden Maße: Die Grundseite ist 16 m lang. Die beiden Dachseiten sind 12 m und 6 m lang. Besteht für dieses Haus die Gefahr einer Dachlawine?

20 Berechne die fehlenden Winkel und Seitenlängen der Dreiecke.

a)

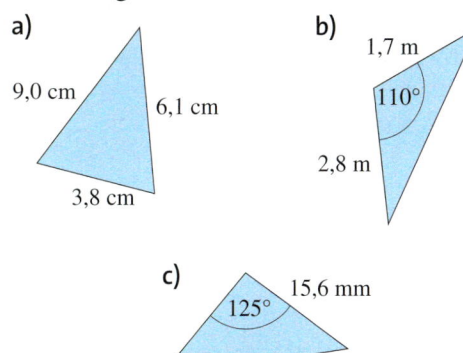

b)

c)

21 In einem Landschaftspark soll eine Brücke über einen See gebaut werden. Mit Hilfe der angegebenen Messwerte wird die Länge der Brücke berechnet.

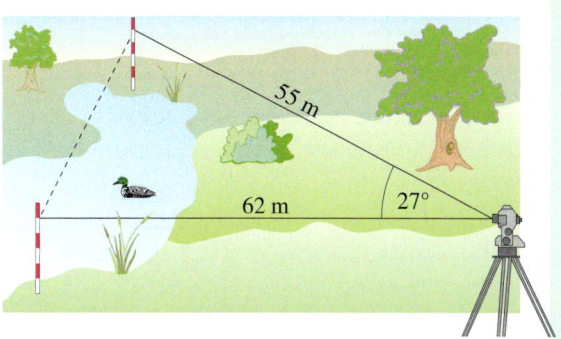

Welche Länge wird die fertige Brücke haben? Beschreibe dein Vorgehen.

22 Das Bermudadreieck ist ein Seegebiet im westlichen Atlantik. Es wurde durch mysteriöse Vorfälle bekannt. Seit Jahrhunderten sollen in diesem Dreieck ungewöhnlich viele Schiffe und Flugzeuge spurlos verschwunden sein.
Die Eckpunkte des Dreiecks werden durch Miami in Florida, San Juan in Puerto Rico und die Bermudainseln gebildet.

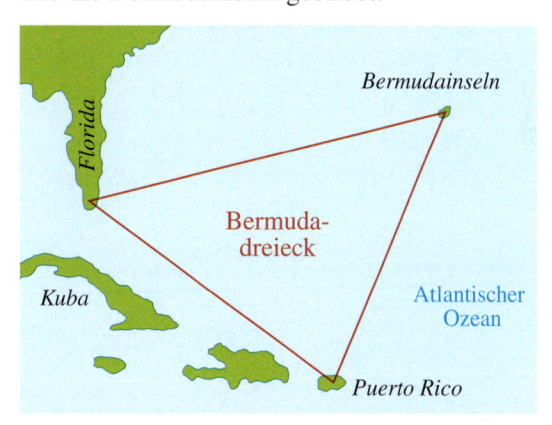

Miami ist 1 600 km von den Bermudainseln entfernt. Die Bermudainseln liegen in einer Entfernung von 1 500 km von Puerto Rico. Der Winkel bei den Bermudainseln hat eine Größe von 45,4°.
a) Wie groß ist die Entfernung zwischen Miami und Puerto Rico?
b) Berechne die Fläche des Bermudadreiecks.
c) Informiere dich im Internet über das Bermudadreieck.

SCHON GEWUSST?
Dachlawinen können eine Gefahr für Menschen und Gegenstände werden, wenn bei Tauwetter der Schnee vom Dach herunter rutscht. Die Wärme vom Hausinneren kann auch zum Ablösen eines Schneebretts führen.

Treppenbau

In vielen Gebäuden findet man dekorative Holztreppen, die in die einzelnen Etagen führen. Oftmals sind diese Treppen Einzelstücke und wurden nach den Wünschen des Bauherren oder gemäß der baulichen Gegebenheiten angefertigt.
Die ersten Entwürfe zum Treppenverlauf fertigt der Architekt an. Er plant die Raumhöhe und legt fest, wo die Treppe enden soll. Dort wird ein Ausschnitt in die Geschossdecke eingepasst.
Eine Treppenstufe aus Holz ist ca. 45 mm dick. Verläuft die Treppe entlang einer geraden Strecke, so sind die Stufen rechteckig. Entlang einer Biegung, einer sogenannten Wendelung, können die Stufen unterschiedliche Grundflächen haben. Meist sind es Trapeze oder allgemeine Vier- und n-Ecke.

Die Treppe muss genau in das Gebäude eingepasst werden. Da beim Bau Unregelmäßigkeiten auftreten können, kann sich der Treppenbauer nicht allein auf die Planskizze des Architekten verlassen. Er misst mit Hilfe eines Lasermessgerätes den Abstand von drei Punkten zueinander und errechnet aus den Werten die zugehörigen Winkel. Zur Berechnung der Winkel wendet er den Kosinussatz an.

Nachdem die tatsächlichen Maße bestimmt wurden, wird mit Hilfe eines Computerprogramms die Treppe entworfen.

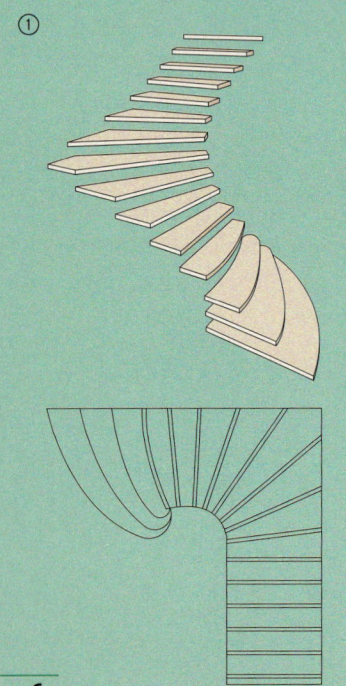

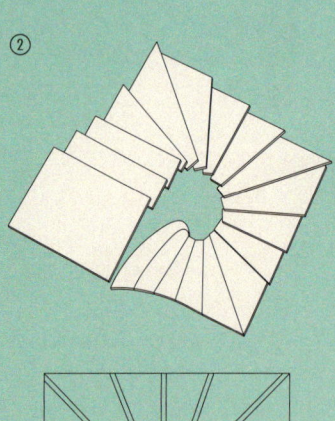

1 Um die tatsächlichen Maße für die Treppe zu ermitteln, wurden drei Messpunkte gekennzeichnet und angepeilt. Die Messwerte sind in der Skizze angegeben.
Prüfe anhand der Messwerte, ob der geplante rechte Winkel tatsächlich 90° beträgt.

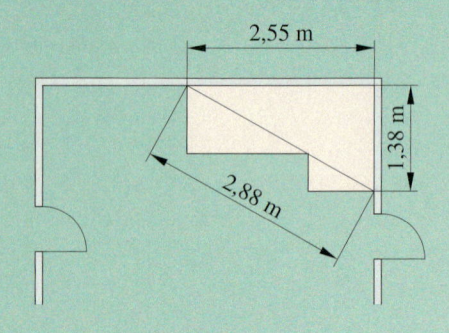

2 In einem Einfamilienhaus soll eine Holztreppe vom Erdgeschoss in das erste Obergeschoss führen. Die Treppe verläuft mit einer 90°-Wendelung. Folgende Stufen werden für die Treppen benötigt:

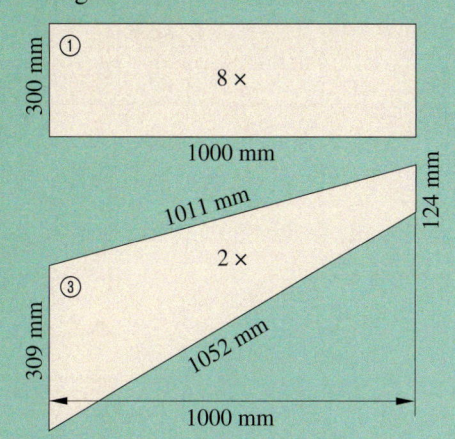

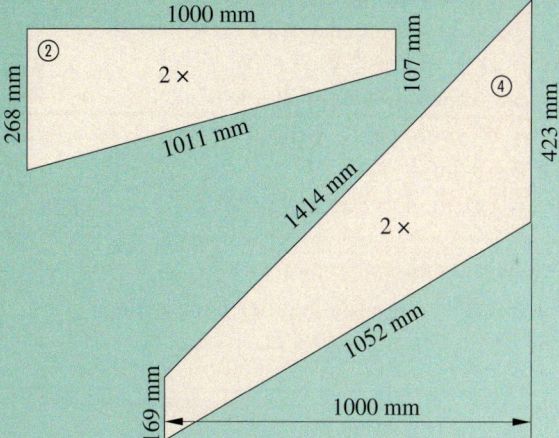

a) Berechne den Flächeninhalt der Vierecke ① bis ④.
b) Die Stufen sollen aus 45 mm dicken Buchenholzplatten angefertigt werden. Wie hoch sind die Materialkosten für alle Treppenstufen, wenn 1 m³ Buchenholz 2 200 € kostet? Berechne zunächst das Volumen der einzelnen Stufentypen.
c) Vor der Auslieferung der Treppe muss die Transportmasse berechnet werden. Die Dichte von Buchenholz beträgt 650 $\frac{kg}{m^3}$.
Wie groß ist die Transportmasse aller 14 Treppenstufen?
d) Zum Schutz des Holzes werden die Stufen lackiert. Pro m² Oberfläche rechnet man mit ca. 160 g Nasslack. Wie viel kg Nasslack werden für die Stufen benötigt, wenn der Lack in zwei Schichten aufgetragen wird?

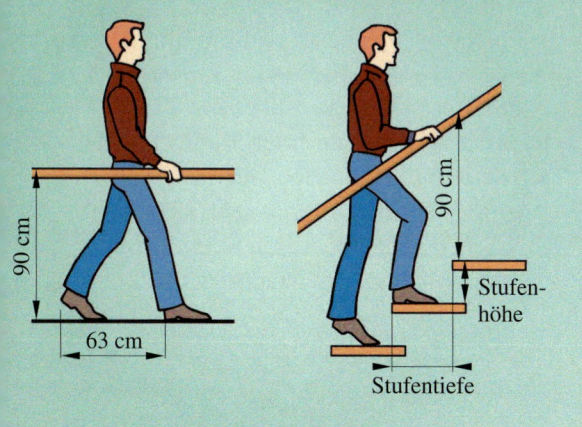

Treppen sollen sicher und bequem begehbar sein. Daher muss beim Bau der Treppe die Schrittlängenregel beachtet werden. Eine Treppe wird als angenehm empfunden, wenn die Summe aus doppelter Stufenhöhe und Stufentiefe unserer Schrittlänge entspricht. Die Schrittlänge eines Erwachsenen beträgt je nach Körpergröße 59 cm bis 65 cm.

Für die Schrittlängenregel gilt: 59 cm ≤ 2 · Stufenhöhe + Stufentiefe ≤ 63 cm

3 Eine übliche Stufenhöhe beträgt 17 cm, die zugehörige Stufentiefe 29 cm.
a) Gebt drei weitere Beispiele für Treppen an, die nach der Schrittlängenregel bequem begehbar sind. Wählt dazu jeweils unterschiedliche Werte für Stufenhöhe und Stufentiefe. Diskutiert untereinander, ob wirklich jede dieser Treppen bequem begehbar ist.
b) Untersucht verschiedene Treppen in eurer Umgebung. Messt jeweils Stufenhöhe und Stufentiefe und prüft, ob die Schrittlängenregel berücksichtigt wurde. Empfindet ihr die jeweilige Treppe als bequem begehbar?

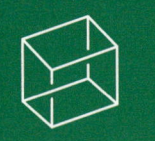

Vermischte Übungen

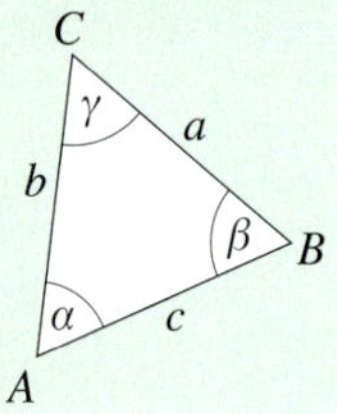

1 Berechne alle fehlenden Seitenlängen und Winkelgrößen im Dreieck ABC. Bestimme anschließend den Flächeninhalt.
a) $a = 31{,}3\,\text{cm}$, $\alpha = 34°$, $\beta = 70°$
b) $c = 8{,}5\,\text{cm}$, $a = 6{,}3\,\text{cm}$, $\beta = 57°$
c) $a = 10{,}3\,\text{cm}$, $b = 12{,}4\,\text{cm}$, $\beta = 68°$
d) $a = 4{,}3\,\text{dm}$, $b = 7{,}8\,\text{cm}$, $\gamma = 92°$
e) $a = 1{,}20\,\text{m}$, $b = 1{,}35\,\text{m}$, $c = 90\,\text{cm}$

2 Berechne die fehlenden Seitenlängen, Winkelgrößen und Längen der Diagonalen des Parallelogramms ABCD.

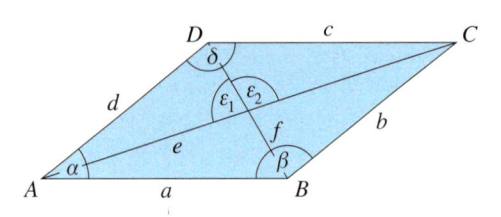

a) $a = 12\,\text{cm}$, $b = 8{,}5\,\text{cm}$, $e = 14{,}5\,\text{cm}$
b) $e = 10{,}4\,\text{cm}$, $f = 7{,}2\,\text{cm}$, $\varepsilon_1 = 65°$
c) $a = 2{,}3\,\text{cm}$, $e = 2{,}6\,\text{cm}$, $\alpha = 38{,}5°$
d) $d = 7{,}5\,\text{cm}$, $f = 8{,}3\,\text{cm}$, $\delta = 104°$

3 Von den Größen a, b, α und A eines Parallelogramms sind jeweils drei gegeben. Bestimme die vierte Größe.
Fertige hierzu eine Skizze an, indem du ein Parallelogramm ABCD in dein Heft zeichnest und a, b und α farbig kennzeichnest.
a) $a = 6{,}2\,\text{cm}$, $b = 9{,}4\,\text{cm}$, $\alpha = 71{,}4°$
b) $A = 84\,\text{cm}^2$, $a = 10{,}3\,\text{cm}$, $\alpha = 43{,}7°$
c) $A = 15{,}4\,\text{m}^2$, $b = 3{,}3\,\text{m}$, $\alpha = 108{,}2°$
d) $A = 20{,}5\,\text{cm}^2$, $a = 8{,}5\,\text{cm}$, $b = 4{,}2\,\text{cm}$

4 Arbeitet in Gruppen. Untersucht mit Hilfe einer dynamischen Geometrie-Software Parallelogramme mit ① gleichem Winkel α und ② gleicher Seitenlänge a.
a) Benennt die beiden verschiedenen Viereckstypen.
b) Wovon hängt der Flächeninhalt einer Raute ab?
c) Versucht mit Hilfe eurer Kenntnisse über Trigonometrie eine möglichst einfache Formel für den Flächeninhalt einer Raute zu finden.

5 Berechne von der Raute ABCD die markierten Größen und den Flächeninhalt. 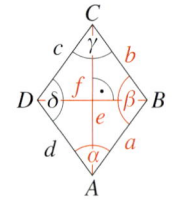
a) $a = 10{,}5\,\text{cm}$, $\alpha = 105°$
b) $b = 4{,}3\,\text{cm}$, $\beta = 56°$
c) $A = 64\,\text{cm}^2$, $a = 8\,\text{cm}$
d) $e = 12{,}6\,\text{cm}$, $f = 7{,}4\,\text{cm}$

6 Berechne alle fehlenden Größen des Drachens ABCD.

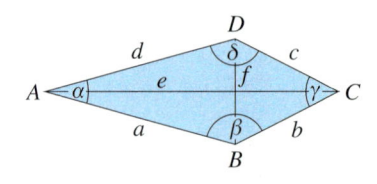

a) $a = 9{,}4\,\text{cm}$, $f = 5\,\text{cm}$, $\beta = 116°$
b) $c = 8{,}7\,\text{cm}$, $e = 13{,}9\,\text{cm}$, $\delta = 125°$
c) $e = 11{,}4\,\text{cm}$, $f = 3{,}8\,\text{cm}$, $\alpha = 42°$

7 Rick baut für seinen Bruder einen Drachen. Dafür nutzt er je zwei 50 cm und 80 cm lange Leisten und eine 75 cm lange Querstrebe. 
a) Wie lang muss die Längsstrebe des Drachens sein?
b) Wie viel Papier benötigt er mindestens zum Bespannen des Drachens?
d) Der Drachen ist an einer 34 m langen Schnur befestigt. Rick, der 18 m von seinem Bruder entfernt steht, sieht den Drachen genau über sich fliegen. Wie hoch fliegt der Drachen?

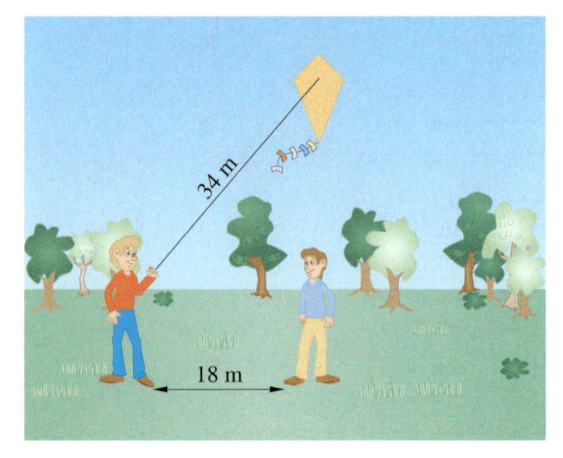

TIPP
Formeln können mit Hilfe von Äquivalenz-Umformungen nach der gesuchten Größe umgestellt werden.

www 038-1

BEACHTE
Unter dem Webcode findest du ein dynamisches Arbeitsblatt, mit dem du arbeiten kannst.

Vermischte Übungen

8 Berechne alle fehlenden Größen sowie den Flächeninhalt des Vierecks *ABCD*. Beachte, dass die Innenwinkel durch die Diagonalen in Teilwinkel, z. B. $\beta = \beta_1 + \beta_2$ zerlegt werden.

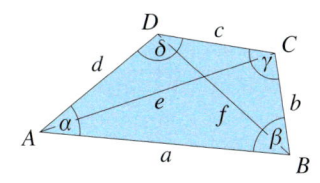

a) $a = 6$ cm, $b = 9$ cm, $c = 15$ cm, $d = 12$ cm, $\alpha = 121{,}9°$
b) $a = 6$ cm, $b = 3{,}86$ cm, $d = 3$ cm, $e = 2{,}8$ cm, $\alpha = 136{,}4°$
c) $a = 5{,}8$ cm, $d = 3{,}9$ cm, $\alpha = 100{,}6°$, $\beta = 109{,}2°$, $\delta = 87{,}4°$

9 Auf einer ebenen Straße werden zwei Punkte *A* und *B* im Abstand von 200 m markiert. Von dort wird jeweils die Spitze eines Berges angepeilt.

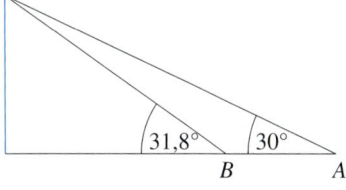

Wie hoch ist der Berg, wenn die Straße 172 m über dem Meeresspiegel verläuft?

10 Ein beliebtes Urlaubsziel ist die Insel Teneriffa mit dem hoch aufragenden Vulkan Pico de Teide.
Ein Segler sieht den Berg unter einem Höhenwinkel von 21,9°. Eine Seemeile weiter misst er nochmals und ermittelt einen Höhenwinkel von 26,7°.
Ermittle aus diesen Angaben die Höhe des Pico de Teide. Vergleiche anschließend mit der Angabe im Atlas. Womit kann man eventuelle Unterschiede erklären? Diskutiert darüber in der Klasse.

11 Berechne alle fehlenden Größen des gleichschenkligen Trapezes *ABCD*.

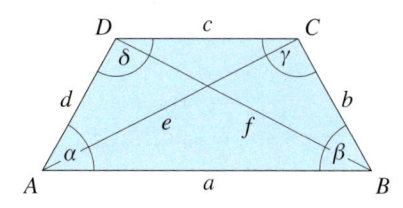

a) $a = 9{,}5$ cm, $b = 5{,}2$ cm, $\alpha = 71{,}4°$
b) $c = 4{,}5$ cm, $\gamma = 112°$, $f = 6{,}3$ cm
c) $b = 3{,}4$ m, $c = 3{,}8$ m, $\gamma = 98{,}8°$
d) $b = 0{,}6$ m, $c = 82$ cm, $\alpha = 63°$

12 Eine Balkonmarkise wird mit einem 1,20 m langen Stützarm gesichert. Der Stützarm ist im Abstand von 1,30 m zum oberen Balkon befestigt. 
Ist die Markise komplett ausgerollt, so bildet der Stützpfeiler mit dem senkrechten Pfeiler einen Winkel von 70°.
a) Wie weit lässt sich die Markise ausrollen?
b) Wie groß ist der Winkel zwischen dem Stützpfeiler und dem senkrechten Pfeiler, wenn 1 m der Markise ausgerollt sind?

13 Herr Schmidt baut sich einen neuen Schuppen mit unterschiedlichen Dachneigungen. Der Schuppen ist 7 m lang und 5,20 m breit.

Wie lang müssen die Dachsparren sein, wenn sie an beiden Seiten jeweils 60 cm überstehen?

HINWEIS
Eine Seemeile (sm) oder auch nautische Meile entspricht 1852 m.

Berechnungen an allgemeinen Dreiecken und Vielecken

14 Für eine Tür sollen vom Glaser Fensterscheiben angefertigt werden.

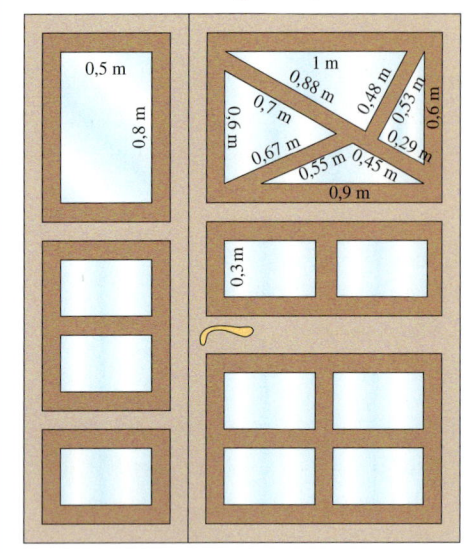

a) Benenne die Formen der einzelnen Glasflächen.
b) Der Glaser macht dem Fensterbauer einen Kostenvoranschlag. Pro m² zugeschnittenes Glas berechnet er 45,55 €.
Wie teuer wird das Glas für die Tür, wenn auch noch die Mehrwertsteuer in Höhe von 19 % berücksichtigt werden muss?

15 Ein bekannter Küchenhersteller verarbeitet in seinen Produkten 1,2 m lange Leisten mit dreieckigem Querschnitt.

a) Berechne das Volumen der Leiste. Beschreibe, wie du die Grundfläche der Leiste berechnest.
b) Der Küchenhersteller erhält vom Händler eine Ladung mit 1 500 Leisten.
Die Leisten bestehen aus Spanplatten mit einer Dichte von $\varrho \approx 0{,}65 \frac{g}{cm^3}$.
Wie schwer ist die gesamte Ladung?
c) Die beiden größeren Seitenflächen werden mit Furnier beklebt.
Wie viel m² Furnier wird für die 1 500 Leisten benötigt?

16 Berechne den Flächeninhalt des Drachens. Verwende dabei die Eigenschaften von Drachenvierecken.

17 Herr Winkler möchte in seinem neu erbauten Haus überprüfen, ob die Ecken seines Wohnzimmers tatsächlich rechtwinklig sind. Dafür hat er nur ein Maßband zur Verfügung
a) Versucht Möglichkeiten zu finden, wie Herr Winkler vorgehen könnte. Stellt eure Ergebnisse in der Klasse vor.
b) Überprüft selbst die Ecken eures Klassenraums auf rechte Winkel.

18 Der abgebildete Parkplatz soll bis zum Fluss hin erweitert werden.

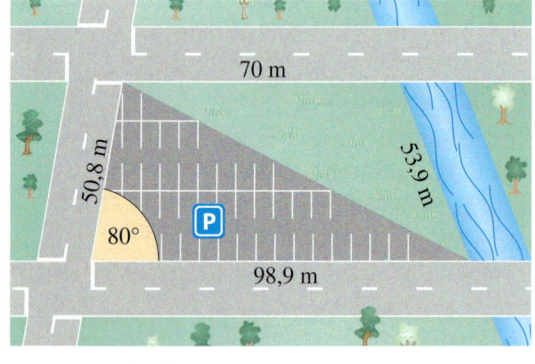

a) Wie viel m² umfasst die Parkfläche nach der Erweiterung?
b) Um wie viel % vergrößert sich die Parkfläche?
c) 58 % der gesamten Parkfläche steht für Pkw-Stellplätze zur Verfügung. Pro Pkw ist eine Stellfläche von 2,5 m × 5,0 m vorgesehen. Wie viele Pkw können auf dem neuen Parkplatz maximal parken?

HINWEIS
Überlege bei Prozentaufgaben genau, was als Grundwert eingesetzt wird.

ZUM WEITERARBEITEN
Was versteht man unter einer Mehrwertsteuer? Wie hoch ist sie in Deutschland und anderen Ländern? Nutze dazu das Internet.

TIPP
Die Leiste hat die Form eines dreiseitigen Prismas.

Teste dich!

a

1 Konstruiere das Dreieck *ABC* und miss die fehlenden Seitenlängen und Winkelgrößen. Kontrolliere mit Hilfe einer Rechnung.
a) $a = 6$ cm, $c = 8,5$ cm, $\beta = 61°$
b) $c = 5,5$ cm, $\alpha = 104°$, $\beta = 24°$

2 Berechne den Flächeninhalt des Parallelogramms *ABCD*.

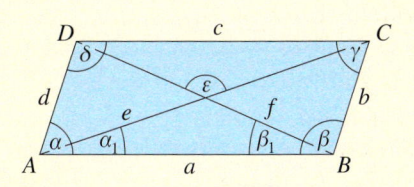

a) $b = 8,5$ cm, $c = 12$ cm, $\alpha = 39°$
b) $c = 18$ cm, $d = 9,8$ cm, $e = 24$ cm
c) $e = 11$ cm, $f = 5$ cm, $\varepsilon = 104°$

3 Berechne die fehlenden Seitenlängen, Winkelgrößen und den Flächeninhalt des Dreiecks *ABC*.
a) $a = 6$ cm, $b = 7$ cm, $\alpha = 28°$
b) $a = 7$ cm, $b = 5,5$ cm, $\beta = 41°$
c) $c = 28$ cm, $\beta = 38°$, $\gamma = 82°$
d) $a = 18$ cm, $b = 20$ cm, $c = 25$ cm

4 In der Zeichnung ist die Fassade eines Hauses zu sehen.
a) Wie groß sind die Neigungswinkel α und β des Daches?
b) Die Fassade soll neu gestrichen werden.
Pro m² Wandfläche werden 0,4 ℓ Farbe verbraucht.
Wie viel Farbe wird für die gesamte Fassade benötigt?

5 Der Besitzer eines Autohauses möchte ein dreieckiges Eckgrundstück als Ausstellungsfläche nutzen.
Der Mietpreis beträgt jährlich 5,75 € pro m².
Der Autohausbesitzer schließt zunächst einen Mietvertrag über $1\frac{1}{2}$ Jahre ab.
Wie viel Miete muss er für die $1\frac{1}{2}$ Jahre zahlen?

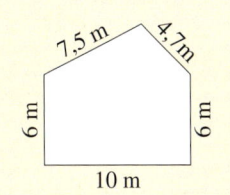

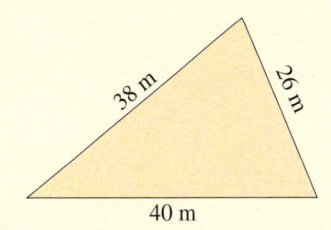

b

1 Konstruiere das Dreieck *ABC* und miss die fehlenden Seitenlängen und Winkelgrößen. Kontrolliere mit Hilfe einer Rechnung.
a) $a = 6,3$ cm, $\gamma = 53°$, $\beta = 76°$
b) $a = 5,4$ cm, $b = 7,8$ cm, $c = 4$ cm

2 Berechne den Flächeninhalt des Drachenvierecks *ABCD*.

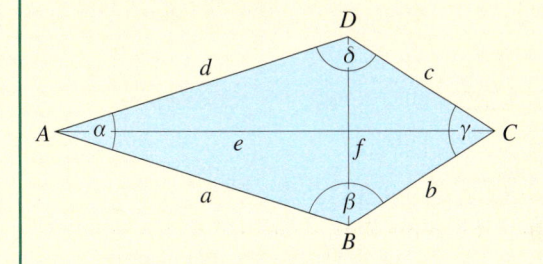

a) $c = 4,6$ cm, $e = 12,6$ cm, $\alpha = 42,6°$
b) $b = 2,4$ cm, $d = 5,2$ cm, $e = 6$ cm
c) $d = 0,3$ m, $c = 1,2$ dm, $\gamma = 112°$

3 Berechne die fehlenden Seitenlängen, Winkelgrößen und den Flächeninhalt des Dreiecks *ABC*.
a) $b = 13,4$ cm, $c = 8,3$ cm, $\beta = 76,5°$
b) $a = 0,6$ m, $c = 75$ cm, $\beta = 102,5°$
c) $a = 13$ cm, $b = 14,4$ cm, $c = 21,8$ cm
d) $A = 105,4$ cm², $a = 12,5$ cm, $\alpha = 28,6°$

HINWEIS
Brauchst du noch Hilfe, so findest du auf den angegebenen Seiten ein Beispiel oder eine Anregung zum Lösen der Aufgaben. Überprüfe deine Ergebnisse mit den Lösungen ab Seite 134.

Aufgabe	Seite
1	24
2	24
3	28
4	32
5	32

Berechnungen an allgemeinen Dreiecken und Vielecken

Zusammenfassung

Flächeninhalte von Dreiecken und Vielecken

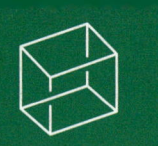

→ Seite 24

Ist die Höhe eines Dreiecks bekannt, so kann der Flächeninhalt des Dreiecks mit Hilfe folgender Formel berechnet werden:
$A = \frac{1}{2} c \cdot h_c$ (bzw. $A = \frac{1}{2} a \cdot h_a$; $A = \frac{1}{2} b \cdot h_b$).

Ist die Höhe des Dreiecks nicht bekannt, so kann diese über trigonometrische Beziehungen berechnet werden.
Somit kann der Flächeninhalt wie folgt bestimmt werden:
$A = \frac{1}{2} bc \cdot \sin \alpha$ oder
$A = \frac{1}{2} ac \cdot \sin \beta$ oder
$A = \frac{1}{2} ab \cdot \sin \gamma$

Der Flächeninhalt eines Parallelogramms ist das Produkt aus zwei benachbarten Seiten und dem Sinus eines der vier Winkel.
Es gilt z.B.: $A = a \cdot b \cdot \sin \beta$

Berechne den Flächeninhalt eines Dreiecks mit $b = 6{,}5$ cm und $h_b = 4$ cm.
$A = \frac{1}{2} b \cdot h_b = \frac{1}{2} \cdot 6{,}5\,\text{cm} \cdot 4\,\text{cm} = 13\,\text{cm}$
Der Flächeninhalt beträgt 13 cm².

Bestimme den Flächeninhalt eines Dreiecks mit $b = 20$ m, $c = 32$ m und $\alpha = 63°$.
$A = \frac{1}{2} bc \cdot \sin \alpha$
$= \frac{1}{2} \cdot 20\,\text{m} \cdot 32\,\text{m} \cdot \sin 63°$
$\approx 285{,}1\,\text{m}^2$
Der Flächeninhalt des Dreiecks beträgt ungefähr 285 m².

Der Flächeninhalt eines Parallelogramms mit $a = 32$ m, $b = 8$ m und $\beta = 80°$ ist gesucht.
$A = ab \cdot \sin \beta = 32\,\text{m} \cdot 8\,\text{m} \cdot \sin 80°$
$\approx 252{,}1\,\text{m}^2$
Der Flächeninhalt des Parallelogramms beträgt ungefähr 252 m².

Der Sinussatz

→ Seite 28

In jedem Dreieck sind die Quotienten aus einer Seite und dem Sinuswert des gegenüberliegenden Winkels gleich groß.
Es gilt:
$\frac{a}{\sin \alpha} = \frac{b}{\sin \beta} = \frac{c}{\sin \gamma}$

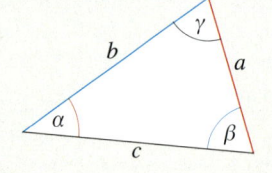

Ein Zimmermann berechnet die Sparrenlänge a einer Dachgaube mit dem Sinussatz.
gegeben: $b = 1{,}4$ m, $\alpha = 45°$, $\beta = 40°$
$\frac{a}{\sin \alpha} = \frac{b}{\sin \beta}$
$\frac{a}{\sin 45°} = \frac{1{,}40\,\text{m}}{\sin 40°}$ $\quad | \cdot \sin 45°$
$a = \frac{1{,}40\,\text{m} \cdot \sin 45°}{\sin 40°}$
$a \approx 1{,}54$ m
Die Sparrenlänge beträgt ungefähr 1,54 m.

Der Kosinussatz

→ Seite 32

In jedem Dreieck ABC gilt:
$a^2 = b^2 + c^2 - 2bc \cdot \cos \alpha$
$b^2 = a^2 + c^2 - 2ac \cdot \cos \beta$
$c^2 = a^2 + b^2 - 2ab \cdot \cos \gamma$

Berechne die Länge der Seite c des Dreiecks ABC mit $a = 4$ cm, $b = 6$ cm, $\gamma = 48°$.
$c^2 = a^2 + b^2 - 2ab \cdot \cos \gamma$
$c^2 = 4^2 + 6^2 - 2 \cdot 4 \cdot 6 \cdot \cos 48°$
$c^2 \approx 19{,}88$; also $c \approx 4{,}5$
Die Seite c ist ca. 4,5 cm lang.

Potenzen und Potenzfunktionen

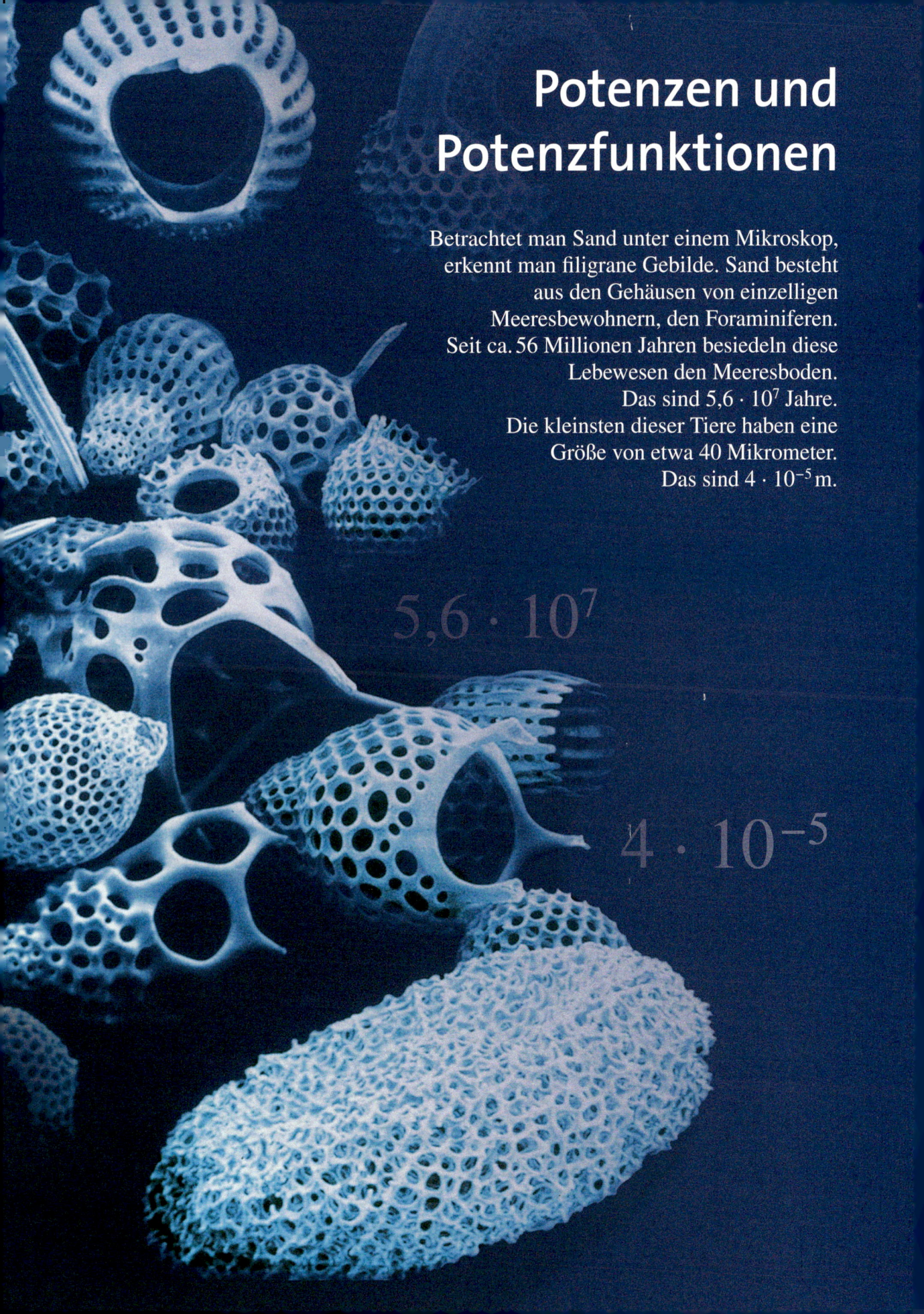

Betrachtet man Sand unter einem Mikroskop, erkennt man filigrane Gebilde. Sand besteht aus den Gehäusen von einzelligen Meeresbewohnern, den Foraminiferen. Seit ca. 56 Millionen Jahren besiedeln diese Lebewesen den Meeresboden.
Das sind $5{,}6 \cdot 10^7$ Jahre.
Die kleinsten dieser Tiere haben eine Größe von etwa 40 Mikrometer.
Das sind $4 \cdot 10^{-5}$ m.

Potenzen und Potenzfunktionen

Noch fit?

1 Zeichne das Schrägbild eines Würfels mit der Kantenlänge $a = 3$ cm.
a) Welche Zeichenvorschriften gelten beim Schrägbild? Notiere sie.
b) Berechne das Volumen des Würfels.
c) Wie lang sind alle Kanten zusammen?

2 Berechne geschickt ohne Taschenrechner.
a) $2 \cdot 47 \cdot 50 =$
b) $8 \cdot 40 \cdot 125 \cdot 25 =$
c) $250 \cdot 17 \cdot 40 \cdot 2 =$
d) $36 \cdot 25 : 9 =$
e) $625 \cdot 8 : 5 : 5 =$
f) $600 \cdot 15 : 12 =$

3 Vereinfache die Terme durch Ausklammern.
a) $ab + ac + a^2 + a^2bc$
b) $x^2y^2z + xyz^2$
c) $35xy + 7xz + 42xyz$
d) $7{,}5\,ab + 3\,ac - 9\,bc$
e) $\frac{1}{3}x^2y + \frac{2}{6}x^2y^2$
f) $144\,uv^2 - 12\,u^2v - 72\,uv^2$

4 Ergänze die Wertetabellen.

a)
x	0,1	1		2			12,5
$f(x) = x^2$			2,89		30,25	121	

b)
x	0,001	2,7			10,1	100,1	1000,01
$f(x) = 2{,}7x$			22,95	24,3027			

c)
x	1	5	6				
$f(x) = 2{,}5x^2$				140,625	250	1000	1210

d)
x	1	2				7,1	
$f(x) = 2{,}5x + 4$			11,5	15,25	18		29

5 Löse die folgenden quadratischen Gleichungen.
a) $x^2 + 0{,}4x = 5{,}25$
b) $x^2 + 5{,}2x = -2{,}35$
c) $2x^2 + 132x = -2\,178$

6 Subtrahiert man von einer Zahl x die Zahl 4 und multipliziert diese Differenz mit der Zahl x, so erhält man 12. Gib x an.

7 Addiert man zu einer Zahl x die Zahl 6 und multipliziert die Summe mit dem Vierfachen der Zahl, so erhält man 288. Wie lautet x?

8 Quadriert man eine Zahl und addiert dazu 3, erhält man 147. Welche Zahl ist gemeint?

Kurz und knapp

1. Bei Verdopplung der Seitenlänge eines Quadrates … sich der Flächeninhalt.
2. Das Kommutativgesetz ist gültig bei …
3. Das Distributivgesetz lautet …
4. Eine Zahl quadrieren heißt …
5. Bei einer Funktion wird einem Wert x …
6. Ein Tetraeder ist ein …

Potenzen und Wurzeln

Erforschen und Entdecken

1 Berechne die folgenden Ketten bis zum Ziel. Startzahl ist jeweils die 3.

① 3 →+2→ ☐ →+2→ ☐ →+2→ ☐
② 3 →·2→ ☐ →·2→ ☐ →·2→ ☐
③ 3 →( )²→ ☐ →( )²→ ☐ →( )²→ ☐

a) Betrachte die Verläufe der einzelnen Ketten und beschreibe sie im Vergleich zueinander.
b) Mit welcher Startzahl wird die 1 000 annähernd bzw. genau erreicht?
c) Kann bei allen drei Ketten genau die 1 erreicht werden? Wie sehen die Startzahlen aus?
d) Welches ist die jeweils kleinste Stufenzahl (1; 10; 100; 1 000 …) > 1, die bei den einzelnen Ketten genau erreichbar ist, wenn mit einer natürlichen Zahl gestartet werden muss?

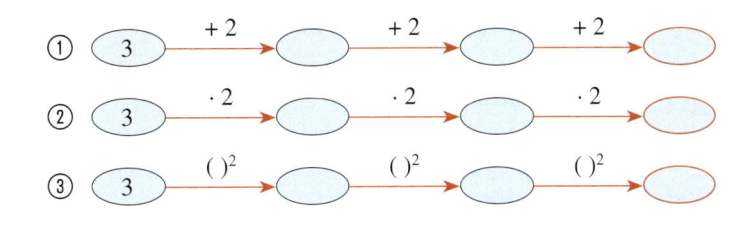

2 Bei einer Verdopplung der Kantenlänge eines Würfels verachtfacht sich das Volumen.
a) Überprüfe diese Aussage zeichnerisch mit Hilfe eines Schrägbildes.
b) Diese Aussage ist auch bei einem Quader gültig. Überprüfe auch das mit Hilfe eines Schrägbildes.
c) Wie verändert sich das Volumen eines Würfels oder Quaders, wenn die Kantenlänge verdreifacht wird? Stelle Vermutungen an und überprüfe diese anhand einer Zeichnung.
d) Welche Aussagen kann man nun über die Veränderung des Volumens bei einer Vervierfachung, Verfünffachung, …, Vervielfachung mit dem Faktor n treffen?
Notiere und begründe.

HINWEIS
In der Kavalier-Perspektive verkürzen sich die in die Tiefe verlaufenden Kanten bei einem Winkel von $\alpha = 45°$ um die Hälfte.

3 Ordne den Aussagen die gesuchten Zahlen zu.

Eine Zahl wird mit sich selbst 3-mal hintereinander multipliziert und das Ergebnis ist 216.	Eine Zahl wird mit sich selbst 4-mal hintereinander multipliziert und das Ergebnis ist 4 096.
Eine Zahl wird mit sich selbst 5-mal hintereinander multipliziert und das Ergebnis ist 1 024.	Eine Zahl wird mit sich selbst 8-mal hintereinander multipliziert und das Ergebnis ist 6 561.
Eine Zahl wird mit sich selbst multipliziert und das Ergebnis ist 49.	Eine Zahl wird mit sich selbst 6-mal hintereinander multipliziert und das Ergebnis ist 15 625.

Zahlen: 3, 4, 5, 6, 7, 8

4 Berechne 3 Mio. · 5 Mio. mit dem Taschenrechner und schriftlich bzw. im Kopf.
Der Rechner zeigt dir auf dem Display das Ergebnis folgendermaßen an: $1{,}5 \cdot 10^{13}$. Bei einigen Taschenrechnern wird das Ergebnis verkürzt dargestellt. Beachte das Bild in der Randspalte.
a) Begründe, weshalb die Anzeige so aussieht.
b) Erkläre, was die Anzeige aussagt. Vergleiche dazu die Anzeige mit deinem Ergebnis der schriftlichen Rechnung.

Potenzen und Potenzfunktionen

Lesen und Verstehen

Dieses würfelförmige Haus steht in der Stadt Graz in Österreich. Es hat ein Volumen von $V = 5832\,m^3$. Bevor es gebaut wurde, gab es ein Modell im Maßstab 1 : 10. Die Seitenlänge des Modells beträgt $a = 1,8\,m$, sein Volumen beträgt $V = 5,832\,m^3$.

Zur Berechnung des Volumens eines Würfels wird die Seitenlänge a 3-mal mit sich selbst multipliziert.
$V_{Modell} = 1,8\,m \cdot 1,8\,m \cdot 1,8\,m = 5,832\,m^3$
$V_{Original} = 18\,m \cdot 18\,m \cdot 18\,m = 5832\,m^3$

> Das mehrmalige Multiplizieren einer Zahl mit sich selbst nennt man Potenzieren. Als verkürzende Schreibweise wird die Potenzschreibweise benutzt:

SCHON GEWUSST?
a^n liest man „a hoch n".

$$\underbrace{a \cdot a \cdot \ldots \cdot a}_{n\ \text{Faktoren}} = a^n$$

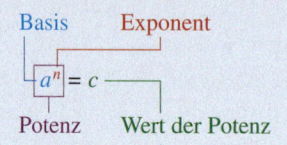

Basis — Exponent
$a^n = c$
Potenz — Wert der Potenz

BEISPIEL 1
$5 \cdot 5 = 5^2 = 25$
$3 \cdot 3 \cdot 3 \cdot 3 = 3^4 = 81$
$10 \cdot 10 \cdot 10 \cdot 10 \cdot 10 = 10^5 = 100\,000$
$(-7) \cdot (-7) \cdot (-7) \cdot (-7) = (-7)^4 = 2401$
$(\tfrac{2}{3}) \cdot (\tfrac{2}{3}) = (\tfrac{2}{3})^2 = \tfrac{2^2}{3^2} = \tfrac{4}{9}$
$2v \cdot 2v \cdot 2v = (2v)^3$
$\underbrace{2 \cdot 2 \cdot 2 \cdot 2 \cdot 2 \cdot 2 \cdot 2 \cdot 2}_{} = 2^8 = 256$
$\underbrace{4 \cdot 4 \cdot 4 \cdot 4}_{} = 4^4 = 256$

Die Basis a gibt den Faktor an, der Exponent die Anzahl der Faktoren.

> Umgekehrt kann über die jeweilige Wurzel die ursprüngliche Zahl ermittelt werden.

BEISPIEL 2
$x^4 = 81$ | 4. Wurzel ziehen
$\sqrt[4]{x^4} = \sqrt[4]{81}$ | umformen
$x = \sqrt[4]{81} = \pm 3$

$\sqrt[2]{25} = \pm 5$
$\sqrt[5]{100\,000} = 10$
$\sqrt[4]{2401} = \pm 7$
$\sqrt[3]{(2v)^3} = 2v$

BEACHTE
Das Wurzelziehen (Radizieren) ist die Umkehrung des Potenzierens.

$a^n = c$ | n-te Wurzel ziehen
$\sqrt[n]{a^n} = \sqrt[n]{c}$ | umformen
$a = \sqrt[n]{c}$

$\sqrt[n]{c}$ heißt n-te Wurzel aus c. Es gilt:
$$a^n = \underbrace{\sqrt[n]{c} \cdot \sqrt[n]{c} \cdot \sqrt[n]{c} \cdot \ldots \cdot \sqrt[n]{c}}_{n\ \text{Faktoren}} = c$$

BEACHTE
Nicht alle Taschenrechner haben die gleichen Symbole für das Wurzelziehen und Potenzieren. Lies in der Bedienungsanleitung nach.

Der Taschenrechner berechnet Potenzen und Wurzeln über die unten angegebenen Tastenkombinationen.

Aufgabe	Sprechweise	Tastenkombination	Ergebnis
$4^2 =$	vier Quadrat	4 x^2 =	16
$5^3 =$	fünf hoch drei	5 x^y 3 =	125
$7^5 =$	sieben hoch fünf	7 x^y 5 =	16 807
$(-3)^7 =$	minus drei hoch sieben	(− 3) x^y 7 =	−2 187
$\sqrt{169} =$	(Quadrat-)Wurzel aus 169	1 6 9 √ =	13
$\sqrt[3]{125} =$	dritte Wurzel aus 125	1 2 5 $x\sqrt{}$ 3 =	5
$\sqrt[8]{256} =$	achte Wurzel aus 256	2 5 6 $x\sqrt{}$ 8 =	2

Üben und Anwenden

1 Schreibe als Potenz.
a) $5 \cdot 5 \cdot 5 \cdot 5 \cdot 5 \cdot 5$
b) $\frac{1}{2} \cdot \frac{1}{2} \cdot \frac{1}{2} \cdot \frac{1}{2}$
c) $3 \cdot 3 \cdot 3 \cdot 3$
d) $x \cdot x \cdot x \cdot x \cdot x \cdot x \cdot x$
e) $4a \cdot 4a \cdot 4a \cdot 4a$
f) $0{,}1u \cdot 0{,}1u \cdot 0{,}1u$
g) $(-7) \cdot (-7) \cdot (-7) \cdot (-7)$
h) $(-4b) \cdot (-4b) \cdot (-4b)$

2 Schreibe die Potenzen als Produkt.
a) 4^3 b) $(-5)^4$ c) $(\frac{1}{3})^6$
d) b^7 e) $(-a)^3$ f) $(3v)^6$

3 Berechne den Wert der Potenzen.
a) a^3 für $a = 1; 2; \ldots; 10$
b) a^4 für $a = 1; 2; \ldots; 5$
c) 2^n für $n = 0; 1; \ldots; 10$
d) 3^n für $n = 0; 1; \ldots; 6$
e) a^3 für $a = -1; -2; \ldots; -10$

4 Berechne den Wert der Potenzen.
a) 4^4 b) 6^3 c) 5^4
d) 2^7 e) 17^2 f) 7^5
g) $3{,}2^3$ h) $0{,}1^5$ i) $0{,}65^6$

5 Einige Basen werden in Klammern geschrieben. Weshalb ist das so? Überprüfe deine Vermutung mit Hilfe des Taschenrechners. Die Klammern müssen auch eingegeben werden.
a) -3^4 und $(-3)^4$
b) $\frac{2}{3}^2$ und $(\frac{2}{3})^2$
c) $4 \cdot 5^3$ und $(4 \cdot 5)^3$

6 Schreibe die Potenzen als Produkt. Worin liegt der Unterschied? Beschreibe.
a) $4v^3$ und $(4v)^3$
b) $a5^2$ und $(a5)^2$
c) $-x^6$ und $(-x)^6$
d) $\frac{b^4}{3}$ und $(\frac{b}{3})^4$

7 Berechne den Wert der Potenzen.
a) $(\frac{3}{4})^4$ b) $(-2)^7$ c) $(-1{,}75)^7$
d) $(\frac{3}{8})^5$ e) $(-\frac{3}{5})^7$ f) $(-1)^{17}$
g) $(-\frac{5}{9})^6$ h) $(-\frac{3}{10})^5$ i) $(3{,}25)^4$

8 Ordne der Größe nach. Versuche zunächst eine Ordnung herzustellen, ohne die Werte zu berechnen. Überprüfe deine Ordnung mit Hilfe des Taschenrechners.

2^8 15^2 6^3 3^5 4^4

9 Schreibe die Zahl als Potenz entweder mit der Basis 2 oder mit der Basis 3.
a) 8 b) 27 c) 81
d) 256 e) 243 f) 128
g) 2 187 h) 256 i) 1 024

10 Schreibe die Zahl als Potenz entweder mit der Basis 4 oder mit der Basis 5.
a) 125 b) 64 c) 16
d) 256 e) 625 f) 3 125
g) 1 024 h) 4 096 i) 3 125

11 Schreibe als Potenz.
a) 1 000 b) 216 c) 196
d) $\frac{1}{81}$ e) $\frac{121}{144}$ f) 0,000 001
g) 0,0256 h) 729 i) 343

12 Berechne, indem du mit Hilfe des Taschenrechners die Quadratwurzel ziehst.
a) $\sqrt{484}$ b) $\sqrt{1\,296}$ c) $\sqrt{12{,}96}$
d) $\sqrt{1\,135{,}69}$ e) $\sqrt{2\,209}$ f) $\sqrt{44\,521}$

13 Die folgenden Potenzwerte sind Potenzen der Form a^3.
Berechne a, indem du mit Hilfe des Taschenrechners die dritte Wurzel ziehst.
a) $\sqrt[3]{1\,000\,000}$ b) $\sqrt[3]{27\,000}$ c) $\sqrt[3]{15\,625}$
d) $\sqrt[3]{35\,937}$ e) $\sqrt[3]{1\,953{,}125}$ f) $\sqrt[3]{9{,}261}$

14 ▶ Die folgenden Zahlen sind Werte von Potenzen der Form a^3. Welche Endziffer muss a haben? Überlege zunächst und begründe deine Annahme. Überprüfe dann mit Hilfe des Taschenrechners.
a) 4 913 b) 1 728 c) 2 197
d) 15 625 e) 6 859 f) 1 331
g) 39 304 h) 287 496 i) 21 952

NACHGEDACHT
Vergleiche die Werte der Potenzen. Woran erkennt man sofort, welche die Basis 2 und welche die Basis 3 haben?

ZUM WEITERARBEITEN
Berechne mit dem Taschenrechner den Wert der Potenzen 40^{62} und 40^{63}. Was fällt dir auf?

Potenzen und Potenzfunktionen

15 Eine Klasse mit 30 Schülern möchte für ein Therapiezentrum in Brasilien Spenden sammeln. Annika schlägt vor, einen Spendenaufruf per E-Mail zu verschicken. In der E-Mail soll die Bitte stehen, den Spendenaufruf an je zwei Bekannte weiterzuleiten. In der ersten Runde verschickt die Klasse also 60 E-Mails. Jeder Empfänger leitet den Aufruf an zwei Bekannte weiter …

a) Nach wie vielen Runden wäre theoretisch ein Ort mit 25 000 Internetanschlüssen informiert?
b) Wenn du davon ausgehst, dass jede Runde etwa 6 Stunden dauert, wie lange würde es theoretisch dauern, bis alle informiert sind?
c) Woran können die theoretischen Berechnungen scheitern? Gib mindestens zwei Hindernisse an.
d) Unglücklicherweise verbreitet ein Schüler der Klasse per E-Mail ein Virus. Wie viele Leute wären davon rein rechnerisch betroffen?
e) Wie schnell verbreitet sich der Aufruf, wenn er in jeder Runde an jeweils drei Bekannte gesendet wird?

NACHGEDACHT
Welche Möglichkeiten fallen dir ein, einen Spendenaufruf zu veröffentlichen, der möglichst viele Menschen erreicht?

16 Wie schnell wird 1 000 erreicht? Starte bei 2 (3, 4; …; 10) und multipliziere die Startzahl so oft mit sich selbst, bis das Ergebnis größer als 1 000 ist. Schreibe anschließend verkürzt als Potenz.

17 Die Entwicklung von Speichermedien wurde in den letzten Jahren sehr stark voran getrieben. Immer mehr Daten passen auf immer kleinere Geräte.

Vor einigen Jahren hatten USB-Sticks eine Kapazität von 128 MB. Auf neueren Sticks kann man 8 GB (eigentlich 8,192 GB) speichern. Wie oft hat sich die Speicherkapazität verdoppelt? Schreibe als Potenz.

18 Bei der Herstellung deines Mathematikbuchs wurden mehrere Buchseiten auf einem sehr großen Bogen Papier gedruckt. Anschließend wurde der Bogen insgesamt dreimal halbiert, bis die einzelnen Teile die Größe der Doppelseite 48/49 hatten.
a) Skizziere, wie solch ein großer Druckbogen geteilt wird. Schreibe als Potenz.
b) Wie groß ist solch ein Bogen Papier, der in der Druckerei benutzt wird? Miss dazu die Seitenlängen des Buches.

19 Bei durchschnittlicher Hygiene leben ca. 10^{10} Mikroorganismen in unserem Mund. Auf der gesamten Haut sind es etwa 100-mal so viele. 99 % aller mit dem Menschen zusammen lebenden Mikroorganismen befinden sich im Darm. Das entspricht ca. einer Zahl von 10^{14}.
Wie viele Mikroorganismen befinden sich auf der Haut? Wie viele Mikroorganismen leben insgesamt im und auf dem Menschen?

20 Ein Darstellen- &-Gestalten-Kurs lädt zu einer Aufführung ein. Damit möglichst viele Zuschauer kommen, sollen Flyer wie folgt verteilt werden: Alle Kursteilnehmer bekommen 200 Flyer. Die Flyer verteilen sie je zur Hälfte an zwei Bekannte, die wiederum ihre Flyer an zwei Bekannte aufteilen usw.
a) Wie viele Runden dauert es, bis alle Flyer verteilt sind? Beachte, dass immer eine ganze Anzahl an Flyern weitergegeben werden soll.
b) Wie viele Runden würde es dauern, wenn in jeder Runde die jeweiligen Stapel gedrittelt würden?
c) Wie soll eine ungerade Anzahl an Flyern aufgeteilt werden? Erläutere.
d) Schätze ab, wie viele Tage es dauert, bis alle Flyer verteilt sind. Hältst du dieses Prinzip für durchführbar? Begründe.

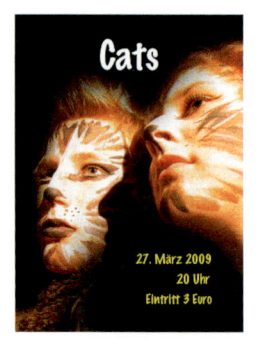

Potenzgesetze

Erforschen und Entdecken

1 Jeweils drei gelbe und zwei grüne Kärtchen lassen sich einander zuordnen.

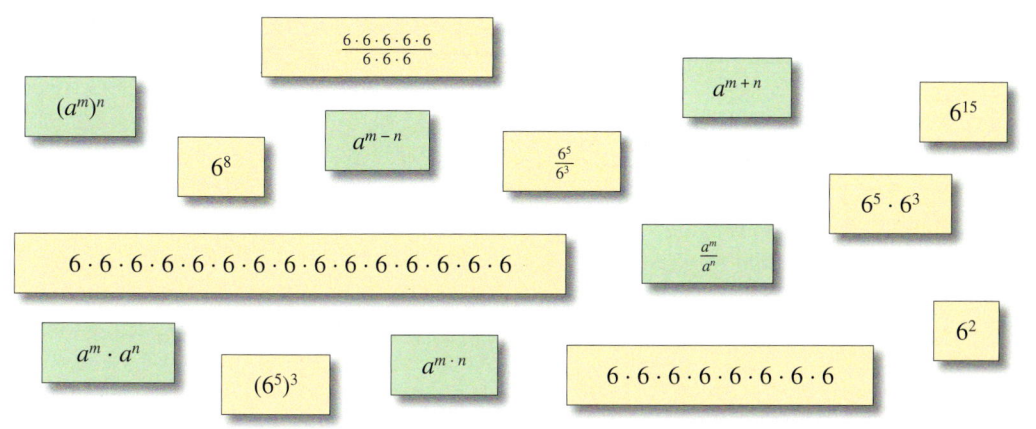

Grüne Kärtchen: $(a^m)^n$, a^{m-n}, a^{m+n}, $\frac{a^m}{a^n}$, $a^m \cdot a^n$, $a^{m \cdot n}$

Gelbe Kärtchen: $\frac{6 \cdot 6 \cdot 6 \cdot 6 \cdot 6}{6 \cdot 6 \cdot 6}$, 6^{15}, 6^8, $\frac{6^5}{6^3}$, $6^5 \cdot 6^3$, $6 \cdot 6 \cdot 6 \cdot 6 \cdot 6 \cdot 6 \cdot 6 \cdot 6 \cdot 6 \cdot 6 \cdot 6 \cdot 6 \cdot 6 \cdot 6 \cdot 6$, 6^2, $(6^5)^3$, $6 \cdot 6 \cdot 6 \cdot 6 \cdot 6 \cdot 6 \cdot 6 \cdot 6$

a) Findet die 5er-Gruppen. Vergleicht eure Zuordnungen untereinander und begründet eure Entscheidungen.
b) Hinter den drei Paaren mit Variablen stecken Gesetze. Versucht sie mit Hilfe der zugeordneten Beispiele zu erläutern und in eigene Worte zu fassen.

BEACHTE
Unter dem Webcode befindet sich ein AB mit den Kärtchen.

2 Berechne mit Hilfe des Taschenrechners. Überprüfe, ob ein „=" gesetzt werden kann.

① $4^3 \cdot 5^3$ ___ $4 \cdot 5^3$
② $6^4 \cdot 7^4$ ___ $(6 \cdot 7)^4$
③ $10^2 \cdot 10^3$ ___ 10^6
④ $2^5 \cdot 3^2$ ___ $(2 \cdot 3)^7$
⑤ $5^4 \cdot 2^4$ ___ $(5+2)^4$
⑥ $10^3 \cdot 10^5$ ___ 10^8

❶ $\frac{6^5}{3^2}$ ___ $(\frac{6}{3})^3$
❷ $\frac{5^2}{7^2}$ ___ $\frac{5}{7^2}$
❸ $\frac{10^4}{10}$ ___ $(\frac{10}{10})^3$
❹ $\frac{9^3}{6^3}$ ___ $(\frac{9}{6})^3$
❺ $\frac{8^2}{6^2}$ ___ $(8-6)^2$
❻ $\frac{10^5}{10^2}$ ___ 10^3

a) Überprüfe anhand weiterer Beispiele, ob Regeln vorliegen.
b) Erarbeite aus deinen Beobachtungen je eine Formel für die Multiplikation und die Division von Potenzen. Benutze in den Formeln die Variablen a und b.

BEACHTE
Summen, Differenzen, Produkte und Quotienten im Exponenten müssen bei der Eingabe in den Taschenrechner in Klammern gesetzt werden.
Bsp.: 10^{5+4} wird eingegeben als [1] [0] [x^y] [(] [5] [+] [4] [)].

3 Fülle die Wertetabellen aus und zeichne die zugehörigen Graphen. Berechne die Werte mit Hilfe des Taschenrechners. Was fällt dir auf?

n	1	2	3	4	5	6	7	8
2^{-n}	0,5							

n	1	2	3	4	5	6	7	8
$\frac{1}{2^n}$		0,25						

n	2	3	4	5	6	7	8	9
$\sqrt[n]{100}$								

n	2	3	4	5	6	7	8	9
$100^{\frac{1}{n}}$								

Lesen und Verstehen

Das Haar eines Menschen wird unter dem Mikroskop betrachtet. Der Durchmesser eines einzelnen Haares beträgt ca. 0,1 mm. Das entspricht einer Dicke von 10^{-4} m.
Für Rechnungen mit Potenzen gibt es ebenfalls Rechengesetze. Diese dienen zur Vereinfachung von Termen und zur geschickten Berechnung einzelner Werte.

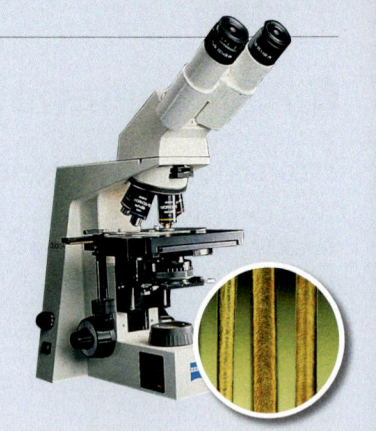

Gesetze für Potenzen mit gleicher Basis:

Potenzen mit gleicher Basis werden **multipliziert**, indem man die Exponenten addiert.
Es gilt $a^m \cdot a^n = a^{m+n}$.

BEISPIEL 1
$5^3 \cdot 5^4 = \underbrace{5 \cdot 5 \cdot 5}_{3 \text{ Faktoren}} \cdot \underbrace{5 \cdot 5 \cdot 5 \cdot 5}_{4 \text{ Faktoren}} = 5^{3+4} = 5^7$
$= 78\,125$

Potenzen mit gleicher Basis werden **dividiert**, indem man die Exponenten subtrahiert.
Es gilt $a^m : a^n = \frac{a^m}{a^n} = a^{m-n}$ für $a \neq 0$.

BEISPIEL 2
$8^5 : 8^3 = \frac{8 \cdot 8 \cdot 8 \cdot 8 \cdot 8}{8 \cdot 8 \cdot 8} = 8^{5-3} = 8^2$
$10^2 : 10^5 = 10^{2-5} = \mathbf{10^{-3}}$ ebenso gilt
$10^2 : 10^5 = \frac{\cancel{10} \cdot \cancel{10}}{10 \cdot 10 \cdot 10 \cdot \cancel{10} \cdot \cancel{10}}$
$= \frac{1}{10 \cdot 10 \cdot 10} = \mathbf{\frac{1}{10^3}} = 0{,}001$, also gilt
$10^{-3} = \frac{1}{10^3}$
$3^1 = 3,\ 4^0 = 1$

Daraus ergibt sich
$a^{-n} = \frac{1}{a^n}$,
$a^1 = a$ und $a^0 = 1$.

BEACHTE
$0^1 = 0$, aber 0^0 ist nicht definiert.

Potenzen werden **potenziert**, indem man die Basis mit dem Produkt der Exponenten potenziert. Es gilt $(a^m)^n = a^{m \cdot n}$.

BEISPIEL 3
$(5^2)^4 = 5^2 \cdot 5^2 \cdot 5^2 \cdot 5^2$ 2 Faktoren
$= \underbrace{(5 \cdot 5) \cdot (5 \cdot 5) \cdot (5 \cdot 5) \cdot \overbrace{(5 \cdot 5)}}_{4 \text{ Faktoren}}$
$= 5^{4 \cdot 2} = 5^{2 \cdot 4} = 5^8$
$\sqrt[3]{7^6} = 7^{\frac{6}{3}} = 7^2 = 49$
$\sqrt[3]{1\,000} = 1\,000^{\frac{1}{3}} = 10$

Jede Potenz lässt sich als Wurzel schreiben:
$\sqrt[n]{a^m} = a^{\frac{m}{n}}$ für $a \geq 0$ und $n \geq 2$
$\sqrt[n]{a} = a^{\frac{1}{n}}$ für $a \geq 0$ und $n \geq 2$

Gesetze für Potenzen mit gleichen Exponenten:

Potenzen mit gleichen Exponenten werden **multipliziert**, indem man die Basen multipliziert und das Produkt mit dem Exponenten potenziert.
Es gilt $a^m \cdot b^m = (a \cdot b)^m$.

BEISPIEL 4
$6^4 \cdot 7^4$
$= (6 \cdot 7)^4 = 42^4 = 3\,111\,696$

Potenzen mit gleichen Exponenten werden **dividiert**, indem man die Basen dividiert und den Quotienten mit dem Exponenten potenziert.
Es gilt $a^m : b^m = \frac{a^m}{b^m} = \left(\frac{a}{b}\right)^m$ für $b \neq 0$.

BEISPIEL 5
$6^7 : 3^7$
$= \frac{6^7}{3^7} = \left(\frac{6}{3}\right)^7 = 2^7 = 128$

Üben und Anwenden

1 Schreibe zunächst als Quotient und berechne den Wert der Potenz. Runde das Ergebnis an einer geeigneten Stelle.
a) 15^{-2} b) 9^{-3} c) 7^{-6}
d) 29^{-1} e) 36^{-2} f) 2^{-16}

2 Schreibe als Potenz mit negativem Exponenten. Überschlage den Wert der Potenz.
a) $\frac{1}{32}$ b) $\frac{1}{81}$ c) $\frac{1}{121}$
d) $\frac{1}{625}$ e) $\frac{1}{1\,000}$ f) $\frac{1}{1\,600}$
g) $\frac{1}{256}$ h) $\frac{1}{289}$ i) $\frac{1}{2\,025}$

3 Schreibe als Potenz. Überprüfe das Ergebnis, indem du den Wurzelausdruck und die Potenz mit dem Taschenrechner berechnest.
a) $\sqrt{324}$ b) $\sqrt[8]{256}$
c) $\sqrt[3]{4\,410{,}944}$ d) $\sqrt[4]{731{,}1616}$
e) $\sqrt[5]{371\,293}$ f) $\sqrt[6]{887{,}503\,681}$

4 Schreibe das Produkt als eine Potenz.
a) $4^5 \cdot 4^6$ b) $7^5 \cdot 7^2$
c) $(-3)^5 \cdot (-3)^2$ d) $(-2{,}5)^3 \cdot (-2{,}5)^8$
e) $a^2 \cdot a^5$ f) $u^3 \cdot u^{15}$
g) $(\frac{1}{3})^5 \cdot (\frac{1}{3})^2$ h) $(\frac{2}{x})^7 \cdot (\frac{2}{x})^5$

5 Überprüfe anhand der folgenden Beispiele, ob die Regel $a^m \cdot a^n = a^{m+n}$ auch für mehr als zwei Faktoren gilt. Setze ein „=" oder ein „≠" und erkläre anschließend das Ergebnis.
a) $3^2 \cdot 3^5 \cdot 3^3$ ___ 3^{10}
b) $2^4 \cdot 2^2 \cdot 2^5$ ___ 2^{11}
c) $4^1 \cdot 4^3 \cdot 4^2 \cdot 4^5$ ___ 4^{11}
d) $5^{10} \cdot 5^0 \cdot 5^4$ ___ 5^{14}

6 Schreibe als Produkt zweier Potenzen.
a) 3^{2+4} b) $(-7)^{5+2}$ c) a^{x+y}
d) 4^8 e) -2^6 f) $(-5)^9$
g) a^{3n+1} h) a^{4+x} i) a^{11}

7 Berechne den Wert der Potenz.
a) $2^3 \cdot 2^7$ b) $3^2 \cdot 3^3$ c) $5^4 \cdot 5^{-2}$
d) $10^4 \cdot 10^3$ e) $0{,}1^5 \cdot 0{,}1^3$ f) $6^3 \cdot 6^{-6}$

8 ▶ Ein Zentimeter ist der hundertste Teil eines Meters. Schreibe als Potenz.

9 Schreibe den Quotienten als Potenz.
a) $\frac{2^9}{2^5}$ b) $\frac{(-5)^4}{(-5)^2}$
c) $(\frac{2}{3})^7 : (\frac{2}{3})^4$ d) $\frac{8^x}{8^5}$
e) $2{,}3^u : 2{,}3^v$ f) $\frac{a^{47}}{a^{36}}$
g) $\frac{2^3}{2^{-5}}$ h) $\frac{x^y}{x^{-y}}$

10 Berechne den Wert der Potenz.
a) $\frac{3^5}{3^3}$ b) $\frac{7^4}{7^2}$
c) $0{,}1^7 : 0{,}1^4$ d) $4^2 : 4^{-3}$
e) $625 : 5^2$ f) $4^7 : 64$
g) $(\frac{1}{3})^4 : (\frac{1}{3})^2$ h) $5^3 : 5^5$

11 Berechne mit Hilfe des Potenzgesetzes. Überlege vorher, ob der Wert kleiner oder größer als 1 sein wird.
a) $(2^3)^2$ b) $-(2^4)^3$ c) $(5^2)^2$
d) $((-3)^4)^2$ e) $(4^2)^{-3}$ f) $(-2^3)^{-4}$
g) $((-2)^3)^{-4}$ h) $(0{,}1^{-3})^2$ i) $(2^{-3})^{-2}$

12 ▶ Berechne mit Hilfe der Potenzgesetze.
a) $7^2 \cdot 3^2$ b) $5^2 \cdot (-6)^2$
c) $(-5)^3 \cdot (\frac{1}{2})^3$ d) $0{,}1^3 \cdot 0{,}01^3$
e) $(2^3)^2 \cdot 3^6$ f) $7^2 \cdot 0{,}1^2$
g) $4^4 : 2^4$ h) $625 : 25^2$
i) $\frac{15^3}{5^3}$ j) $4^{-2} \cdot 2^{-2}$
k) $33^7 : 11^7$ l) $5^2 \cdot 4^{4-2}$
m) $3^5 \cdot 2^3 \cdot 2^2$ n) $16^4 : (4^8 : 4^4)$

13 ▶ Hat die Gleichung $a^4 = -81$ eine Lösung? Begründe.

14 ▶ Bringe die einzelnen Zeilen in die richtige Reihenfolge.
Zeige so, dass gilt: $a^{-n} = \frac{1}{a^n}$

a^{-n}

$= \frac{1}{a^n}$

$= a^{p-q}$

$= \frac{1}{\underbrace{a \cdot a \dots a}_{n\text{-mal}}}$

$= \frac{\overbrace{a \cdot a \dots a}^{p\text{-mal}}}{\underbrace{a \cdot a \dots a}_{q\text{-mal}}}$

$= a^p / a^q$

HINWEIS
Bei der Beweisführung gilt:
$p, q, n \in \mathbb{N}$ und $q > p$.
Wähle für p und q jeweils einen Wert geschickt.

Methode: Zahldarstellung mit Hilfe von Zehnerpotenzen

Die Darstellung von sehr großen, aber auch von sehr kleinen Dezimalzahlen wird schnell unübersichtlich. Für Zahlen wie z. B. 10 000 000 000 oder 0,000 000 000 1 reichen außerdem oftmals die Stellen im Display eines Taschenrechners nicht aus.
Mit Hilfe von Zehnerpotenzen können sehr große und sehr kleine Zahlen übersichtlich dargestellt werden. Dabei wird benutzt, dass die Stufenzahlen des Dezimalsystems auch als Zehnerpotenzen geschrieben werden können. Die Tabelle zeigt einen Ausschnitt einer Stellenwerttafel mit den unterschiedlichen Schreibweisen der Stufenzahlen.

HINWEIS
Der Exponent der Zehnerpotenz gibt an, um wie viele Stellen das Komma verschoben wird.
positiv → rechts
negativ → links

	T	H	Z	E	z	h	t
Potenzschreibweise	10^3	10^2	10^1	10^0	$10^{-1} = \frac{1}{10^1}$	$10^{-2} = \frac{1}{10^2}$	$10^{-3} = \frac{1}{10^3}$
Dezimalschreibweise	1 000	100	10	1	0,1	0,01	0,001

In der **wissenschaftlichen Schreibweise** wird eine Zahl in ein Produkt aus einem Faktor und einer Zehnerpotenz zerlegt. Dabei ist der erste Faktor größer oder gleich 1 und kleiner als 10:

BEISPIELE ① $86\,000\,000\,000 = 8{,}6 \cdot 10^{10}$ ② $0{,}000\,000\,000\,41\,2 = 4{,}12 \cdot 10^{-11}$

Dezimalschreibweise	wissenschaftliche Schreibweise
1 800 000	$1{,}8 \cdot 10^6$
18 000 000	$1{,}8 \cdot 10^7$
400 000 000	$4 \cdot 10^8$
705 000 000 000	$7{,}05 \cdot 10^{11}$
0,000 000 074	$7{,}4 \cdot 10^{-8}$
0,000 003 598	$3{,}598 \cdot 10^{-6}$
0,000 010 004 5	$1{,}0045 \cdot 10^{-5}$

BEACHTE
Bei Zahlen zwischen 0 und 1 ist der Exponent der Zehnerpotenz negativ.

Die Abbildung zeigt, wie der Taschenrechner die Zahl $8{,}6 \cdot 10^{10}$ anzeigt.
Bei einigen Taschenrechner kann über die Taste **EXP** der Exponent einer Zehnerpotenz eingetippt werden.

15 Schreibe die Dezimalzahlen in wissenschaftlicher Schreibweise.
a) 2 800 000 000 b) 45 000 000
c) 63 400 000 000 d) 897 600 000
e) 0,000 004 3 f) 0,000 000 112
g) 0,012 08 h) 0,000 000 084

16 Schreibe in Dezimalschreibweise.
a) $4{,}8 \cdot 10^7$ b) $9{,}76 \cdot 10^6$
c) $8{,}321 \cdot 10^{11}$ d) $5{,}001 \cdot 10^8$
e) $1{,}54 \cdot 10^{-4}$ f) $3 \cdot 10^{-6}$
g) $2{,}1045 \cdot 10^{-7}$ h) $4{,}00101 \cdot 10^{-3}$

17 Berechne und übersetze die Anzeige deines Taschenrechners in die Dezimalschreibweise. Runde gegebenenfalls an einer sinnvollen Stelle.
a) 22^8 b) 17^9 c) $0{,}3^{19}$

18 Berechne mit dem Taschenrechner. Ordne die Ergebnisse der Größe nach.
a) $2000 \cdot 12\,000 \cdot 40\,000$
b) $0{,}000\,21 \cdot 0{,}000\,006 \cdot 0{,}000\,01$
c) $300 \cdot 26\,000 \cdot 350\,000$
d) $47 \cdot 618\,000 \cdot 4\,000\,000$
e) $1200 \cdot 16\,000 \cdot 52\,000$

19 Um welche Zahl handelt es sich? Schreibe in Worten. Beachte die Randspalte.
a) $5 \cdot 10^{12}$ b) $1{,}2 \cdot 10^{10}$
c) $4{,}05 \cdot 10^7$ d) $6{,}7 \cdot 10^{13}$

HINWEIS
Million: 10^6
Milliarde: 10^9
Billion: 10^{12}
Billiarde: 10^{15}
Trillion: 10^{18}

20 Schreibe in wissenschaftlicher Schreibweise. Beachte die Randspalte.
a) 4 Trillionen b) 5,8 Billiarden
c) 46 Billionen d) 347 Milliarden
e) 6 Billionen 50 Milliarden

Potenzfunktionen

Erforschen und Entdecken

1 Im Koordinatensystem sind die Graphen der Funktionen
$f(x) = x^{-1}$, $g(x) = x^{-2}$, $h(x) = x^2$ und $i(x) = x^3$ eingezeichnet.
a) Ordne den Funktionsgraphen die zugehörigen Funktionsgleichungen zu. Begründe deine Entscheidung.
b) Ergänze die folgende Wertetabelle im Heft:

x	0	¼	$\frac{1}{2}$	$\frac{3}{4}$	1	2	3
$f(x) = x^{-1}$	–		2				
$g(x) = x^{-2}$	–						
$h(x) = x^2$							
$i(x) = x^3$							

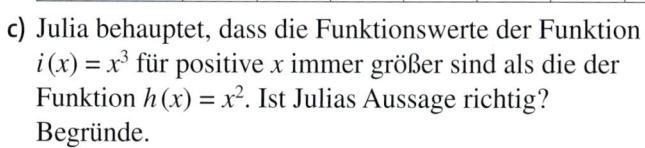

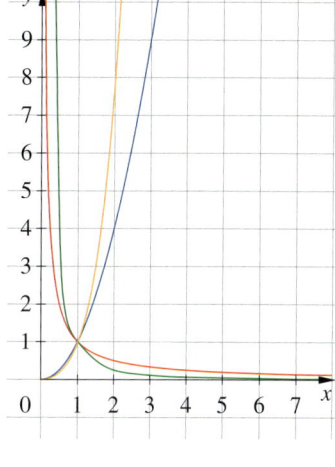

c) Julia behauptet, dass die Funktionswerte der Funktion $i(x) = x^3$ für positive x immer größer sind als die der Funktion $h(x) = x^2$. Ist Julias Aussage richtig? Begründe.
d) Zeichne die Graphen der Funktionen im Intervall [– 4|4] in dein Heft, ohne eine zusätzliche Wertetabelle für negative x zu erstellen.
Beschreibe den Verlauf der Graphen. Nenne Unterschiede und Gemeinsamkeiten.

2 Ein Quadrat mit einem Flächeninhalt von 64 cm² soll in ein flächengleiches Rechteck verwandelt werden.
a) Zeichne zwei verschiedene Rechtecke mit einem Flächeninhalt von 64 cm².
Vergleiche deine Lösungen mit denen deines Nachbarn.
Wie viele unterschiedliche Rechtecke gibt es insgesamt?
b) Gib die Funktionsvorschrift für die folgende Zuordnung an:
Länge der einen Rechteckseite → Länge der zweiten Rechteckseite
Fertige eine Wertetabelle an und zeichne den Graphen der Funktion.

3 Untersuche mit Hilfe eines Funktionenplotters den Einfluss der Faktoren a und b auf die Graphen der Funktionen $f(x) = a \cdot x^3$ und $g(x) = b \cdot x^{-2}$.
a) Beantworte die folgenden Fragen und formuliere Regeln.
 – Wie muss a gewählt werden, damit der Funktionsgraph durch den Punkt (1|3) [durch den Punkt (2|1)] verläuft?
 – Was geschieht, wenn für a eine negative Zahl eingesetzt wird?
 – Wie muss b gewählt werden, damit der Funktionsgraph durch den Punkt (2|1) verläuft?
 – Was geschieht, wenn für b ein negativer Wert eingesetzt wird?
b) Mit einem Funktionenplotter wurde die Grafik rechts gezeichnet.
Welche Funktionen wurden benutzt?
c) Denke dir ein eigenes Bild aus und zeichne es mit einem Funktionenplotter.

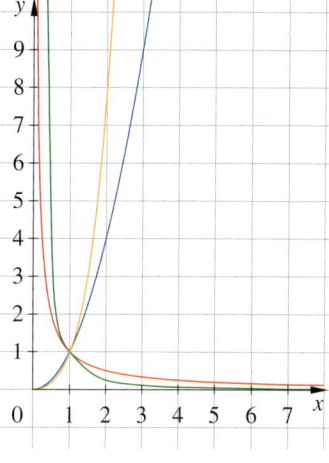

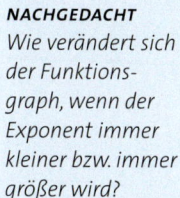

053-1
NACHGEDACHT
*Wie verändert sich der Funktionsgraph, wenn der Exponent immer kleiner bzw. immer größer wird? Untersuche dies mit Hilfe eines Funktionenplotters und teile die Graphen in Gruppen ein.
Eine entsprechende DGS-Datei findest du unter dem Webcode.*

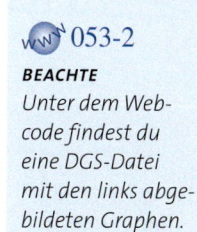

053-2
BEACHTE
Unter dem Webcode findest du eine DGS-Datei mit den links abgebildeten Graphen.

Potenzen und Potenzfunktionen

Lesen und Verstehen

054-1

BEACHTE
Unter dem Webcode findest du die Beispieldatei.

Mit einem Funktionenplotter kann beobachtet werden, wie sich der Verlauf des Graphen der Funktion $f(x) = a \cdot x^n$ ändert, wenn der Faktor a und der Exponent n geändert werden. Dabei fällt auf, dass es einige immer wiederkehrende Formen von Graphen gibt.
Bei sehr genauem Hinsehen lassen sich hier Regelmäßigkeiten entdecken.

> Funktionen der Form $f(x) = a \cdot x^n$ ($a \neq 0$) nennt man Potenzfunktionen. Dabei ist der Exponent n eine ganze Zahl und bestimmt den Verlauf des Funktionsgraphen.

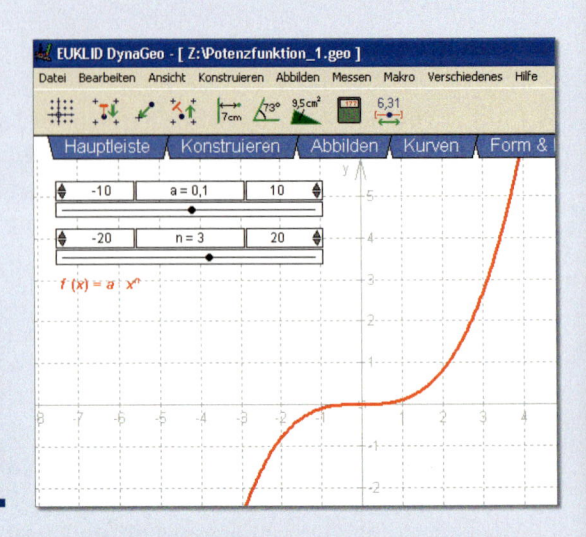

HINWEIS
Der Graph einer Potenzfunktion mit positivem Exponenten wird Parabel genannt, der Graph einer Potenzfunktion mit negativem Exponenten Hyperbel.

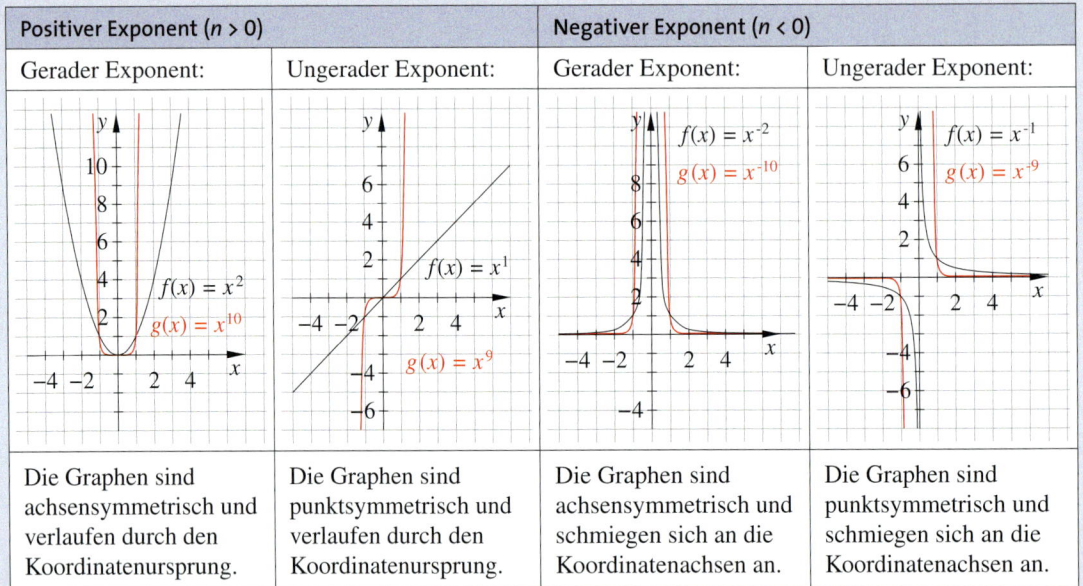

Positiver Exponent ($n > 0$)		Negativer Exponent ($n < 0$)	
Gerader Exponent:	Ungerader Exponent:	Gerader Exponent:	Ungerader Exponent:
$f(x) = x^2$ $g(x) = x^{10}$	$f(x) = x^1$ $g(x) = x^9$	$f(x) = x^{-2}$ $g(x) = x^{-10}$	$f(x) = x^{-1}$ $g(x) = x^{-9}$
Die Graphen sind achsensymmetrisch und verlaufen durch den Koordinatenursprung.	Die Graphen sind punktsymmetrisch und verlaufen durch den Koordinatenursprung.	Die Graphen sind achsensymmetrisch und schmiegen sich an die Koordinatenachsen an.	Die Graphen sind punktsymmetrisch und schmiegen sich an die Koordinatenachsen an.

> Je nach Eigenschaft des Faktors a ändern sich Form und Richtung des Funktionsgraphen.

HINWEIS
Verläuft der Funktionsgraph enger als der Graph der Funktion $y = x^n$, so ist er gestreckt, verläuft er weiter, so ist er gestaucht.

Für $|a| > 1$ ist der Funktionsgraph gegenüber dem Graphen der Funktion $y = x^n$ **gestreckt**, für $0 < |a| < 1$ ist er **gestaucht**.

Ist a negativ, so ist der Funktionsgraph zusätzlich an der x-Achse gespiegelt.

Der Faktor a wird **Streckungsfaktor** genannt.

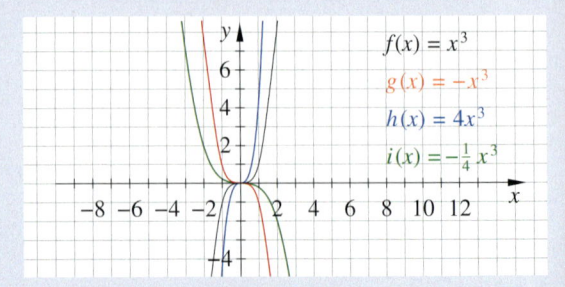

$f(x) = x^3$
$g(x) = -x^3$
$h(x) = 4x^3$
$i(x) = -\frac{1}{4}x^3$

Üben und Anwenden

1 Welche der folgenden Funktionen sind Potenzfunktionen? Gib gegebenenfalls den Streckungsfaktor an.
a) $f(x) = 7x^3$
b) $f(x) = \frac{1}{3}x^{-2}$
c) $f(x) = 4x^3 - 1$
d) $f(x) = x^{-1}$
e) $f(x) = \frac{1}{x}$
f) $f(x) = 8x - 9$
g) $f(x) = 2x$
h) $f(x) = \frac{1}{(4x^2)}$
i) $f(x) = \frac{-3}{x^2}$
j) $f(x) = x^2 + 4x - 1$
k) $f(x) = 2$
l) $f(x) = (2x)^3$
m) $f(x) = (4x)^{-1}$
n) $f(x) = (x-1)^2$

2 Gegeben sind die Faktoren a einer quadratischen Funktion $f(x) = a \cdot x^2$. Entstehen daraus gestauchte oder gestreckte Parabeln? In welche Richtung ist die Parabel geöffnet?
a) $a = 3$
b) $a = -2$
c) $a = \frac{1}{2}$
d) $a = 1{,}25$
e) $a = -0{,}75$
f) $a = -\frac{1}{2}$
g) $a = 1{,}02$
h) $a = -\frac{7}{6}$
i) $a = \frac{4}{5}$

3 ▶ Ordne den Funktionsgraphen jeweils die zugehörige Funktionsgleichung zu. Begründe deine Zuordnung.

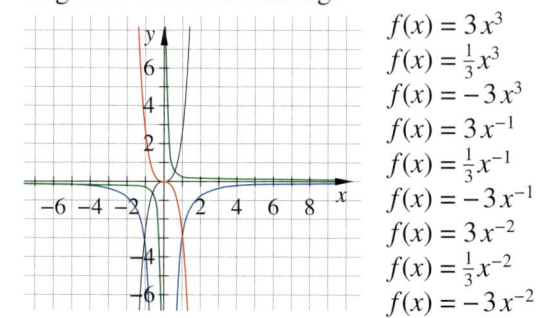

$f(x) = 3x^3$
$f(x) = \frac{1}{3}x^3$
$f(x) = -3x^3$
$f(x) = 3x^{-1}$
$f(x) = \frac{1}{3}x^{-1}$
$f(x) = -3x^{-1}$
$f(x) = 3x^{-2}$
$f(x) = \frac{1}{3}x^{-2}$
$f(x) = -3x^{-2}$

4 Ergänze die Wertetabelle im Heft und zeichne die zugehörigen Funktionsgraphen. Beschreibe die Graphen. Welche Unterschiede und Gemeinsamkeiten haben sie?

x	-3	-2	-1	0	1	2	3
$y = \frac{1}{2}x$							
$y = \frac{1}{2}x^2$							
$y = \frac{1}{2}x^3$							

5 Skizziere die Graphen der Potenzfunktionen $f(x) = \frac{1}{3}x^3$ und $g(x) = 3x^3$ in einem Koordinatensystem. Worauf musst du hierbei achten?

6 Untersuche die Eigenschaften der Potenzfunktionen $y = a \cdot x^{-1}$.
a) Ergänze die Wertetabelle im Heft.

x	-3	-2	-1	0	1	2	3
$y = -2x^{-1}$							
$y = -x^{-1}$							
$y = -\frac{1}{2}x^{-1}$							
$y = \frac{1}{2}x^{-1}$							
$y = x^{-1}$							
$y = 2x^{-1}$							

b) Zeichne die Graphen der Funktionen in ein gemeinsames Koordinatensystem.
c) Vergleiche die Graphen. Beschreibe Unterschiede und Gemeinsamkeiten.
d) Welche Aussagen kannst du nun über den Faktor a der Funktion $y = a \cdot x^{-1}$ machen?

7 ▶ Zeichne den Graphen der Funktion $y = 4x^{-2}$.
Verläuft der Funktionsgraph durch die Punkte $P(-2|1)$ und $Q(-0{,}2|0{,}16)$? Überprüfe auch durch Rechnung.

8 ▶ Welche Aussagen passen zu den Graphen der folgenden Funktionen.
a) $y = x$
b) $y = x^1$
c) $y = x^2$
d) $y = x^3$
e) $y = x^{-1}$
f) $y = x^{-2}$

I verläuft durch den Punkt $(1|1)$

II verläuft durch den Punkt $(0|0)$

III verläuft durch den Ursprung

IV verläuft durch den Punkt $(-1|1)$

V verläuft durch den Punkt $(1|-1)$

VI punktsymmetrisch zum Ursprung

VII achsensymmetrisch zur y-Achse

VIII schneidet keine Koordinatenachse

HINWEIS
Die Funktion $y = a \cdot x^{-1}$ entspricht der Funktion $y = a \cdot \frac{1}{x} = \frac{a}{x}$.

Potenzen und Potenzfunktionen

TIPP
Zu Nr. 12 a):
Wähle im Koordinatensystem für die Längeneinheit der x-Achse 5 cm für die der y-Achse 1 cm.

HINWEIS
Die Einheit der elektrischen Leistung lautet Kilowattstunde (kWh).

NACHGEDACHT
Wie lauten jeweils die Funktionsgleichungen der Graphen, die durch Punkt- bzw. Achsenspiegelung der Graphen aus Aufgabe 10 hervorgehen.

9 Windkraftanlagen nutzen Windenergie, um elektrische Energie zu erzeugen.

Messungen an einer Windkraftanlage haben ergeben, dass sich die Zuordnung *Windgeschwindigkeit → elektrische Leistung* annähernd durch die Funktionsgleichung $y = 0{,}067\,x^3$ beschreiben lässt, falls die Windgeschwindigkeit zwischen $2\,\tfrac{m}{s}$ und $10\,\tfrac{m}{s}$ liegt.
a) Berechne die Leistung einer Windkraftanlage bei einer Windgeschwindigkeit von $3\,\tfrac{m}{s}$ ($5\,\tfrac{m}{s}$; $6{,}5\,\tfrac{m}{s}$).
b) Zeichne den Graphen der Funktion im Intervall von 2 bis 10.
c) Die Leistung einer anderen Windkraftanlage kann mit Hilfe der Formel $y = 0{,}12\,x^3$ berechnet werden. Beschreibe, wie sich der Funktionsgraph von dem Graphen aus Aufgabenteil b) unterscheidet.

10 Zeichne die Funktionsgraphen der folgenden Funktionen jeweils im Intervall von −3 bis 3.
Gib an, ob die Graphen gestaucht oder gestreckt sind.
a) $y = \tfrac{1}{2}x^2$
b) $y = -\tfrac{1}{10}x^2$
c) $y = 2x^{-1}$
d) $y = -\tfrac{1}{5}x^3$
e) $y = 1{,}5\,x^{-2}$
f) $y = \tfrac{1}{80}x^4$
g) $y = -\tfrac{1}{100}x^5$
h) $y = 4\,x^1$

11 Zeichne den Graphen der Funktion $f(x) = x^{-2}$ in ein Koordinatensystem.
Skizziere, ohne eine Wertetabelle anzulegen, die Graphen der Funktionen $g(x) = 10\,x^{-2}$, $h(x) = 0{,}1\,x^{-2}$ und $j(x) = -x^{-2}$ in das gleiche Koordinatensystem.

12 Untersuche das Volumen einer Kugel mit dem Radius r und das Volumen eines Würfels mit der Kantenlänge $2r$.
a) Die Funktion $V = \tfrac{4}{3} \cdot \pi \cdot r^3$ beschreibt das Volumen einer Kugel in Abhängigkeit vom Radius.
Zeichne den Funktionsgraphen im Intervall von 0 bis 2 in ein Koordinatensystem.
b) Gib die Funktionsgleichung der Funktion an, die das Volumen des Würfels in Abhängigkeit vom Radius beschreibt.
Vervollständige dazu zunächst die folgende Wertetabelle in deinem Heft.

r (in cm)	0,25	0,5	0,75	1	1,5	2
2r						
V (in cm³)	0,125					

c) Zeichne den Graphen der in Aufgabenteil b) erarbeiteten Funktion in das Koordinatensystem aus Aufgabenteil a).
d) Vergleiche die Volumina bei gleichem r. Deute das Ergebnis anschaulich.

13 Ordne die Punkte den Funktionen zu, auf deren Graph sie liegen.
$f(x) = x^{-2}$ $\qquad g(x) = 4x^{-1} \qquad h(x) = \tfrac{1}{4}x^3$

$P(-2|-2)$ $\qquad Q(0|0) \qquad R(0{,}2|20)$

$S(2|2) \qquad T(-1|1) \qquad U(0{,}5|4)$

14 Welche Aussagen kannst du über den Faktor a und den Exponenten n der drei Funktionen machen?

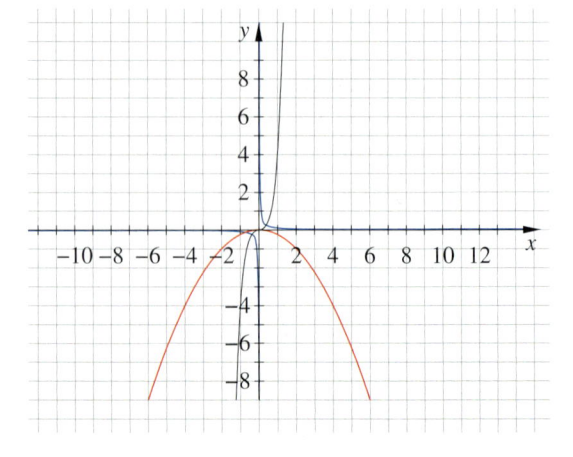

15 Untersuche die Funktion $y = x^n$ für natürliche, ungerade Exponenten n. Beachte den Hinweis in der Randspalte.
a) Ergänze die Wertetabelle im Heft.

x	-3	-2	-1	0	1	2	3
$y = x$							
$y = x^3$							
$y = x^5$							

b) Welche Punkte haben die drei Potenzfunktionen gemeinsam?
c) Welches Symmetrieverhalten weisen die drei Funktionen auf?
d) Welche Funktion hat in der Nähe des Ursprungs die größten Werte? Übertrage dazu die folgende Tabelle ins Heft und fülle sie aus.

x	$0{,}1$	$0{,}3$	$0{,}5$	$0{,}7$	$0{,}9$
$y = x$					
$y = x^3$					
$y = x^5$					

e) Zeichne die Graphen der drei Funktionen in ein gemeinsames Koordinatensystem.

16 Untersuche die Funktion $y = x^n$ für natürliche, gerade Exponenten n.
a) Ergänze die Wertetabelle im Heft.

x	-3	-2	-1	0	1	2	3
$y = x^2$							
$y = x^4$							
$y = x^6$							

b) Welche Punkte haben die drei Potenzfunktionen gemeinsam?
c) Welches Symmetrieverhalten weisen die drei Funktionen auf?
d) Welche Funktion hat in der Nähe des Ursprungs die größten Werte? Übertrage dazu die folgende Tabelle ins Heft und fülle sie aus.

x	$0{,}1$	$0{,}3$	$0{,}5$	$0{,}7$	$0{,}9$
$y = x^2$					
$y = x^4$					
$y = x^6$					

e) Zeichne die Graphen der drei Funktionen in ein gemeinsames Koordinatensystem.

17 Untersuche die Funktion $y = x^{-n}$ für natürliche Exponenten n.
a) Ergänze die Wertetabelle im Heft.

	-3	-2	-1	0	1	2	3
$y = x^{-1}$				$-$			
$y = x^{-3}$				$-$			
$y = x^{-2}$				$-$			
$y = x^{-4}$				$-$			

b) Begründe, warum man an der Stelle $x = 0$ keinen Funktionswert berechnen kann.
c) Gibt es gemeinsame Punkte? Beschreibe.
d) Welche Symmetrieverhalten gibt es?
e) Welche Funktion hat in der Nähe des Ursprungs die größeren Werte?
f) Zeichne die vier Funktionsgraphen in ein gemeinsames Koordinatensystem.
g) Stelle deine Ergebnisse zu den untersuchten Potenzfunktionen zusammenfassend in einer Übersicht dar.

18 Je größer der Exponent n einer Potenzfunktion $y = x^n$ ist, desto mehr nähert sich der Funktionsgraph dem Punkt $(1|0)$ an.

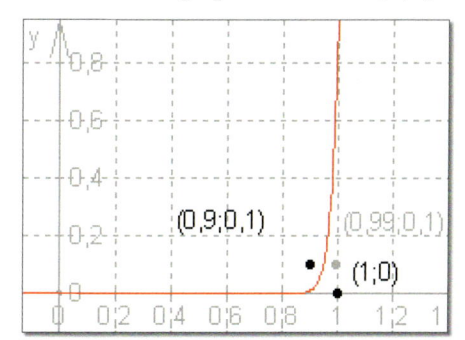

a) Wie muss n gewählt werden, damit der Graph der Funktion $y = x^n$ unterhalb des Punktes $(0{,}9|0{,}1)$ verläuft?
b) Findest du ein n, so dass der Graph der Funktion $y = x^n$ unterhalb des Punktes $(0{,}99|0{,}01)$ verläuft?

19 Paul behauptet: „Der Graph der quadratischen Funktion $y = 2x^2$ ist wegen des Streckungsfaktors 2 steiler als die Normalparabel. Also sieht er so ähnlich aus wie eine Parabel 4-ter Ordnung."
Skizziere beide Funktionsgraphen und nimm Stellung zu Pauls Behauptung.

HINWEIS
Die Aufgaben 15 und 16 können arbeitsteilig in Kleingruppen gelöst werden. Stellt eure Ergebnisse in der Klasse vor.
Welche Gemeinsamkeiten und Unterschiede fallen euch auf?

057-1

HINWEIS
Löse die Aufgabe 18, indem du mit Hilfe eines Funktionenplotters probierst und annäherst. Eine entsprechende Datei gibt es unter dem Webcode.

Mikrokosmos und Makrokosmos

Im Vergleich zum Weltall, dem Makrokosmos, ist die Welt des Menschen winzig. Vergleicht man sie dagegen mit dem Mikrokosmos der Kleinstlebewesen und der physikalischen Teilchen, ist die Welt des Menschen riesig.

Längen in unserem Universum	
Durchmesser der Milchstraße	10^{20} m
Entfernung Sonne – Pluto	$5,9 \cdot 10^{12}$ m
Sonnendurchmesser	$1,4 \cdot 10^{9}$ m
Erddurchmesser	$1,3 \cdot 10^{7}$ m
Durchmesser eines Regentropfens	10^{-3} m
Wellenlänge des sichtbaren Lichts	$4 \cdot 10^{-7}$ m bis $8 \cdot 10^{-7}$ m
Atomgröße	10^{-10} m

1 Überlege dir drei Daten, deren Längen größer als der Durchmesser eines Regentropfens und kleiner als der Erddurchmesser sind. Gib die Daten wie in der Tabelle in m an. Rechne die in der Tabelle angegebenen Größenangaben in km bzw. mm um.

Unser nächster Stern ist die Sonne. Sie ist ca. 150 Mio. km von der Erde entfernt. Unser nächstes Sonnensystem heißt Alpha Centauri. Der zentrale Stern Alpha Centauri C ist ca. 40 Billionen km von der Erde entfernt. Für solch große Entfernungsangaben wurde das **Lichtjahr** eingeführt. Ein Lichtjahr ist keine Zeiteinheit, sondern die Strecke, die das Licht in einem Jahr zurücklegt. Ein Lichtjahr misst etwa 9,46 Billionen km. Die Lichtgeschwindigkeit beträgt $c = 2,997\,924\,58 \cdot 10^{8}\,\frac{m}{s}$.

2 Gib einen gerundeten Wert in $\frac{km}{s}$ für die Lichtgeschwindigkeit an.

Eine andere Entfernungsangabe ist die Astronomische Einheit (AE). Die AE beträgt 149 597 870 691 m. Das entspricht fast genau dem mittleren Abstand zwischen dem Erdmittelpunkt und dem Zentrum der Sonne. Entfernungen innerhalb des Sonnensystems werden meist in AE angegeben.

3 Gib die AE in wissenschaftlicher Schreibweise an.

4 Wäre die Erde in einem Modell ein Ball mit 50 cm Durchmesser. Wie groß müssten dann in diesem Modell Merkur, Jupiter und die Sonne sein?

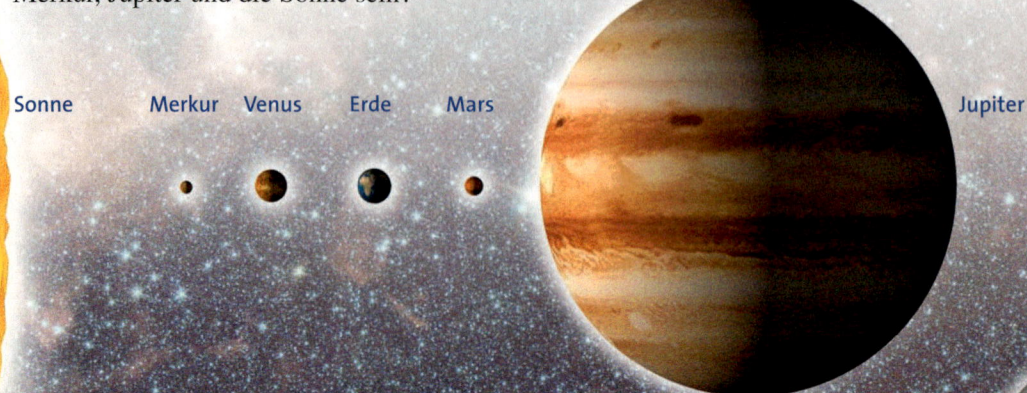

Sonne Merkur Venus Erde Mars Jupiter

5 Um eine Vorstellung für die Lichtgeschwindigkeit zu bekommen, kann man folgendes Gedankenexperiment durchführen. Stelle dir vor, dass sich ein Lichtstrahl um den Äquator der Erde wickelt.
Wie oft würde das Licht theoretisch in einer Sekunde den Äquator umkreisen?
Finde andere Vergleiche für unvorstellbare Größenangaben.

6 Im Jahr 2006 wurde entschieden, dass Pluto nicht mehr zu den Planeten gezählt wird. Recherchiere die Gründe.

Der Äquator hat eine Länge von 40 075,016 686 km.

Kugel- und Stabbakterien

Bakterien zählen zu den einzelligen Lebewesen. Sie haben verschiedene Formen. Es gibt zum Beispiel kugelförmige Bakterien, die einen mittleren Durchmesser von 0,15 µm haben. Es gibt auch stäbchenförmige Bakterien, die durchschnittlich 50 µm lang und 5 µm breit sind.
1000 µm (Mikrometer) = 1 mm.

7 Für sehr kleine und sehr große Einheiten werden Vorsilben wie Kilo (k) oder Mikro (µ) benutzt. Erstelle eine Übersicht über die Vorsilben für Maßeinheiten. Gib jeweils die zugehörige Zehnerpotenz an.

Viren werden nicht zu den Lebewesen gezählt, da sie sich nicht selbstständig reproduzieren können. Um Viren sichtbar zu machen, reicht ein Lichtmikroskop nicht mehr aus. Dazu müssen Elektronenmikroskope verwendet werden.

Viren

8 Viren sind um ein Vielfaches kleiner als Bakterien. Informiere dich über die Größe und rechne sie gegebenenfalls in mm um.
Recherchiere, wie sich Viren reproduzieren.

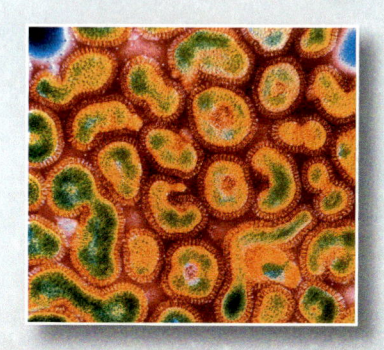

Saturn   Uranus   Neptun   Pluto

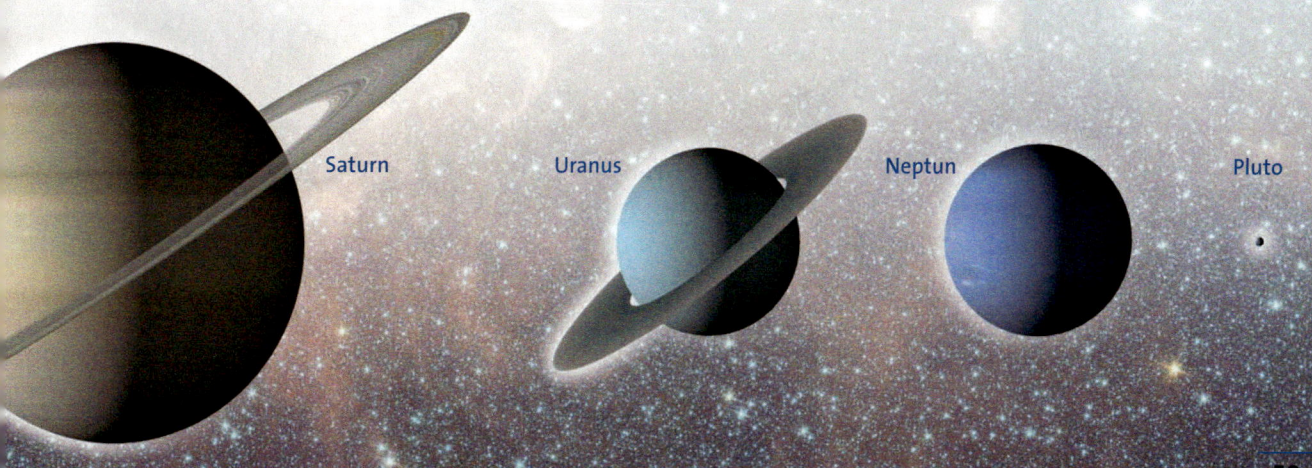

Vermischte Übungen

1 Berechne.
a) $8 \cdot 8 \cdot 8 \cdot 8$ b) 12^3 c) $\frac{1}{4} \cdot \frac{1}{4} \cdot \frac{1}{4}$
d) $(-6)^4$ e) 10^{10} f) 10^{-4}

2 Dem Erfinder des Schachspiels, einem gewissen Sessa Ibn Daher, soll der indische König Sheram für seine geniale Erfindung einen Wunsch gewährt haben. Der Erfinder wünschte sich für das erste Schachbrettfeld ein Reiskorn, für das zweite Feld zwei Reiskörner, für das dritte Feld vier Reiskörner, für das vierte Feld acht Reiskörner usw.
Er bat also für jedes Feld um doppelt so viele Reiskörner wie für das vorangehende.
Der König stimmte dieser scheinbar bescheidenen Bitte zu. Er ahnte nicht, dass diese Bitte für ihn unerfüllbar sein würde.

a) Wie viele Reiskörner lägen auf dem letzten, dem 64. Feld des Schachbretts?
b) Wie viele t Reis wären das, wenn 40 Körner ca. 1 g wiegen?
c) Insgesamt wurden im Jahr 2005 weltweit 618,4 Mio. t Reis geerntet. Berechne, wie viele Jahre geerntet werden müssten, um Sessa Ibn Daher bezahlen zu können.

3 Die Erde bewegt sich mit einer durchschnittlichen Geschwindigkeit von $3 \cdot 10^4 \frac{m}{s}$ um die Sonne. Wie viele Kilometer legt die Erde in 365 Tagen zurück?

4 In einem Bus sind sieben Kinder. Jedes Kind hat sieben Rucksäcke. In jedem Rucksack sind sieben große Katzen. Jede große Katze hat sieben kleine Katzen. Jede Katze hat vier Beine.
Wie viele Beine befinden sich im Bus?

HINWEIS
Das Schneeballprinzip ist eine beliebte Art, Gäste zum Tanzen aufzufordern. Ein Paar beginnt, teilt sich und sucht jeweils einen neuen Partner. Die neuen Paare trennen sich wieder, suchen neue Partner usw.

5 In einem Stammbaum sind alle Mitglieder einer Familie dargestellt. In diesem Beispiel hat jedes Elternpaar die gleiche Anzahl an Kindern wie das Elternpaar aus der ersten Generation.

a) Die erste Generation bekommt drei Kinder. Wie viele Kinder gibt es insgesamt in der fünften Generation?
b) Wie viele Kinder hat die dritte Generation, wenn die erste Generation fünf Kinder bekam?
c) Wie viele Kinder hat die sechste Generation, wenn die zweite Generation insgesamt 16 Kinder bekam?
d) Verfolgt eure Familie bis auf eure Urgroßeltern zurück. Erstellt euren eigenen Stammbaum. Wie viele Kinder leben mit euch in eurer Generation, die direkte Nachfahren dieses Paares sind?

6 Zum Wiener Opernball kommen jährlich etwa 12 000 Gäste. 
a) Wie oft muss der Partner gewechselt werden, würden alle Gäste mit dem Schneeballprinzip auf die Tanzfläche geholt? Beachte den Hinweis in der Randspalte.
b) Welche Zeit wird benötigt, wenn jeder 1,5 min mit einem Tanzpartner hätte?
c) Woran können diese theoretischen Berechnungen in der Praxis scheitern?

Vermischte Übungen

7 Ein Gletscher hat eine durchschnittliche Fließgeschwindigkeit von $6{,}4 \cdot 10^{-6}\,\frac{m}{s}$. Berechne die Zeit, die ein Gletscher benötigt, um sich 100 m weiterzubewegen.

8 Berechne und setze das richtige Zeichen (<; >; =) in die Lücke.
a) $5^3 \cdot 20^3$ ___ 10^4
b) $(2^{-3})^2$ ___ $(2^{-2})^3$
c) $4^{-3} \cdot 4^3$ ___ 20^0
d) 32^2 ___ 2^{11}
e) 100^{-3} ___ 10^2
f) $(4^2 \cdot 3^2)^3$ ___ 144^2
g) $24^2 : 6^2$ ___ $4^2 \cdot 2^0$
h) $-(2^4)^3$ ___ $((-2)^4)^{-3}$

9 Übersetze und berechne.
a) Potenziere die zweite Potenz von fünf mit drei.
b) Potenziere drei mit vier und teile das Ergebnis durch drei hoch fünf.
c) Multipliziere vier hoch vier mit dem Produkt aus Klammer auf zwei mal zwei Klammer zu hoch minus fünf.

10 Berechne mit Hilfe des Potenzgesetzes. Überlege vorher, ob der Wert kleiner oder größer als 1 sein wird.
a) $(5^3)^2$ b) $-(3^4)^3$ c) $(6^2)^2$
d) $((-2)^4)^2$ e) $(5^2)^{-3}$ f) $(-8^3)^{-4}$
g) $((-7)^3)^{-4}$ h) $(0{,}01^{-3})^2$ i) $(3^{-3})^{-2}$

11 Berechne mit Hilfe der Potenzgesetze.
a) $4^2 \cdot 3^2$
b) $4^2 \cdot (-3)^2$
c) $(-3)^3 \cdot (\frac{1}{2})^3$
d) $0{,}01^3 \cdot 0{,}001^3$
e) $(4^3)^2 \cdot 3^6$
f) $5^2 \cdot 0{,}1^2$
g) $6^4 : 3^4$
h) $3\,125 : 25^2$
i) $\frac{10^3}{5^3}$
j) $8^{-2} \cdot 4^{-2}$
j) $44^7 : 11^7$
k) $6^2 \cdot 4^{4-2}$
l) $4^5 \cdot 2^3 \cdot 2^2$
m) $16^5 : (4^{10} : 4^5)$

12 Schreibe als Potenz. Berechne die Werte mit dem Taschenrechner. Überprüfe die Ergebnisse mit den Werten in der Randspalte.
a) $\sqrt[3]{44^9}$ b) $\sqrt[9]{44^3}$ c) $\sqrt[5]{10^6}$
d) $\sqrt[6]{2^{-7}}$ e) $\sqrt{10^{10}}$ f) $\sqrt[8]{5^{-4}}$

13 Richtig oder falsch?
a) Wenn die Basis positiv ist, so ist jede Potenz wieder positiv.
b) Wenn der Exponent negativ ist, so ist die Potenz negativ.
c) Wenn der Exponent negativ ist, so ist die Potenz kleiner 1.
d) Wenn die Basis negativ ist, so ist die Potenz negativ.
e) Wenn die Basis negativ und der Exponent gerade sind, so ist die Potenz positiv.
f) Wenn die Basis negativ und der Exponent gerade sind, so ist die Potenz positiv.

14 Ist das möglich? Begründe.
a) $x^3 = -8$ b) $x^6 = -64$
c) $x^3 = \frac{1}{3}$ d) $x^3 = -\frac{1}{8}$
e) $x^3 = 0{,}01$ f) $x^4 = -0{,}0016$

15 Berechne mit Hilfe des Taschenrechners.
a) $3\,000 \cdot 12\,000 \cdot 50\,000$
b) $0{,}21 \cdot 0{,}000\,000\,4 \cdot 0{,}000\,02$
c) $500 \cdot 24\,000 \cdot 3\,050\,000$
d) $47 \cdot 627\,000 \cdot 2\,000\,000\,000$

16 Schreibe die Zahl in Worten.
a) $5 \cdot 10^{13}$ b) $1{,}76 \cdot 10^9$
c) $1{,}05 \cdot 10^6$ d) $5{,}7 \cdot 10^{11}$

17 Nutze die wissenschaftliche Schreibweise.
a) 4 Billionen   b) 368 Milliarden
c) 46 Millionen   d) 5,8 Trilliarden
e) 0,000 000 035 782
f) 9 783 400 000 000

18 Sonja betrachtet die Zahlenfolge $0^3 = 0;\ 0^2 = 0;\ 0^1 = 0$ und schlussfolgert, dass auch $0^0 = 0$ gilt.
Christoph ist anderer Meinung. Er betrachtet die Reihe $3^0 = 1;\ 2^0 = 1;\ 1^0 = 1$ und behauptet, dass $0^0 = 1$ sei.
a) Überprüfe mit dem Taschenrechner.
b) Erkläre, wie Sonja und Christoph auf ihre verschiedenen Ergebnisse kommen.
c) Begründe, warum 0^0 nicht definiert ist. Benutze hierfür das Potenzgesetz $a^m : a^n = \frac{a^m}{a^n} = a^{m-n}$.

HINWEIS
Die Ergebnisse von Aufgabe 9 findest du unter diesen Werten:
125
15 625
0,25
$\frac{1}{3}$
9

BEACHTE
Unter den folgenden Werten findest du die Lösungen zu Aufgabe 12:
100 000
15,848 931 92
0,445 449 359
1 000 000
85 184
3,530 348 335
0,447 213 595

Potenzen und Potenzfunktionen

19 Welche der Funktionen sind Potenzfunktionen?
a) $y = -3x^5$
b) $y = 2x^2 + 1$
c) $y = (x+3)^3$
d) $y = (3x)^{-1}$

NACHGEDACHT
Gib die Gleichung einer Funktion an, deren Graph punktsymmetrisch ist und die x-Achse im Koordinatenursprung schneidet.

20 Ordne jedem Graphen eine der angegebenen Funktionsgleichungen zu.

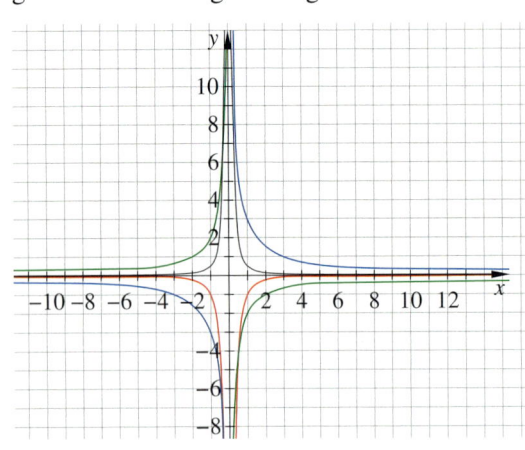

a) $f(x) = \frac{1}{2}x^{-2}$
b) $g(x) = -x^{-2}$
c) $h(x) = -2x^{-1}$
d) $k(x) = 3x^{-1}$

21 Ergänze die Wertetabellen im Heft und zeichne den Graphen.
Gib jeweils an, ob die Graphen gestaucht oder gestreckt sind.

a)
x	-2	-1	$-0{,}5$	$0{,}5$	1	2
$y = \frac{1}{4}x^2$						

b)
x	-2	-1	$-0{,}5$	$0{,}5$	1	$1{,}5$
$y = -\frac{1}{2}x^3$						

22 Finde jeweils die drei zusammengehörenden Kärtchen.

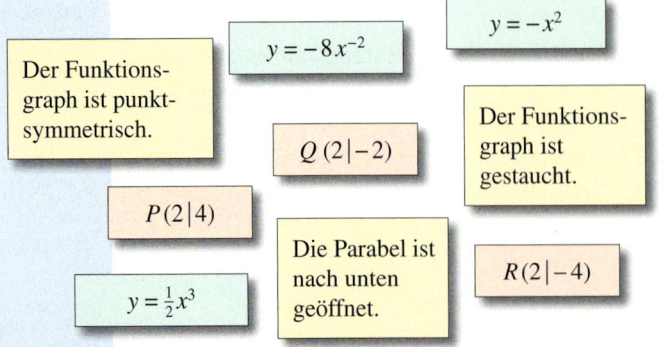

- Der Funktionsgraph ist punktsymmetrisch.
- $y = -8x^{-2}$
- $y = -x^2$
- $Q(2|-2)$
- Der Funktionsgraph ist gestaucht.
- $P(2|4)$
- Die Parabel ist nach unten geöffnet.
- $R(2|-4)$
- $y = \frac{1}{2}x^3$

23 Zeichne die Graphen der folgenden Funktionen im Intervall von −2 bis 2 in ein gemeinsames Koordinatensystem. Beschreibe, woran man erkennt, ob die Graphen gestaucht oder gestreckt sind. Gib jeweils den Streckungsfaktor an.
a) $y = 2x^1$
b) $y = -x^2$
c) $y = 0{,}5x^2$
d) $y = 1{,}5x^{-2}$
e) $y = \frac{1}{8}x^3$
f) $y = -\frac{1}{4}x^{-1}$

24 Zeichne den Graphen der Funktion $f(x) = x^2$ in ein Koordinatensystem. Skizziere, ohne eine Wertetabelle anzulegen, die Graphen der Funktionen $g(x) = -x^2$, $h(x) = \frac{1}{2}x^2$ und $k(x) = -2x^2$ in demselben Koordinatensystem.

25 Welche Aussagen kannst du über den Faktor a und den Exponenten n der drei Funktionen machen?

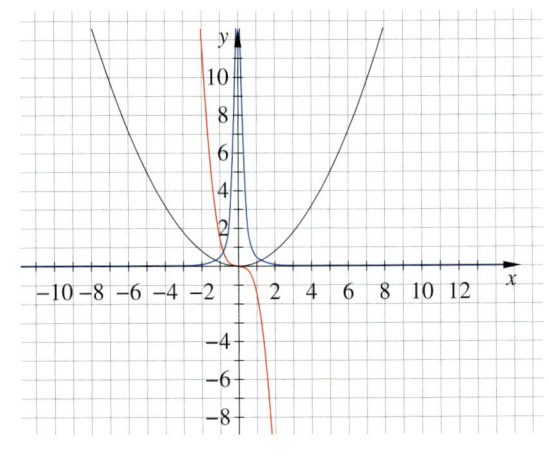

26 Für den elektrischen Widerstand R (in Ohm), die Stromstärke I (in Ampere) und eine Spannung 1 Volt gilt die Gleichung
1 Volt = $R \cdot I$.
Lege eine Wertetabelle mit möglichen Werten für R und I an. Wie hängen die Werte von I von den Werten von R ab?

27 Der Oberflächeninhalt einer Kugel lässt sich mit folgender Formel berechnen: $A_o = 4 \cdot \pi \cdot r^2$.
a) Ist durch die Gleichung eine Potenzfunktion bestimmt? Begründe deine Antwort.
b) Stelle die Funktion grafisch dar.

Teste dich!

a

1 Vereinfache den Term und berechne.
a) $3 \cdot 3 \cdot 3 \cdot 3 \cdot 3$
b) $2,5 \cdot 2,5 \cdot 2,5$
c) $(-1,8) \cdot (-1,8) \cdot (-1,8) \cdot (-1,8)$

2 Berechne den Wert der Potenzen.
a) 3^4
b) $4^{1,5}$
c) $1,5^5$
d) -2^3
e) 3^{-2}
f) $100^{\frac{1}{2}}$
g) $27^{\frac{1}{3}}$
h) $1024^{\frac{1}{2}}$

3 Schreibe die Zahlen als Potenz mit einer möglichst kleinen Basis.
a) 64
b) 125
c) 1024
d) 121
e) 1 000 000
f) 16
g) 625
h) 256
i) 729
j) −100 000
k) 196
l) −216

4 Um welche Zahlen handelt es sich? Schreibe in Dezimalschreibweise.
a) $4 \cdot 10^{11}$
b) $2,8 \cdot 10^8$
c) $1,286 \cdot 10^7$
d) $1,5 \cdot 10^{-6}$
e) $2,74 \cdot 10^{-5}$

5 Schreibe in wissenschaftlicher Schreibweise.
a) 9 Milliarden
b) 7 Milliarden 51 Tausend
c) 10,4 Billiarden

6 Eine Süßwarenfirma verkauft jährlich $2,19 \cdot 10^8$ Tüten ihrer Produkte.
a) Schreibe die Anzahl der verkauften Tüten in Dezimalschreibweise.
b) Wie viele Tüten sind das im Durchschnitt pro Tag?

7 Vervollständige die Potenzgesetze.
a) $a^m \cdot a^n =$ _____
b) _____ $= a^{m-n}$
c) $(a^m)^n =$ _____
d) _____ $= (a \cdot b)^m$
e) _____ $= \left(\frac{a}{b}\right)^m$
f) $\sqrt[n]{a^m} =$ _____

8 Ordne jedem Graphen eine der angegebenen Funktionsgleichungen zu.
$f(x) = 2x^2$
$g(x) = -3x^2$
$h(x) = \frac{1}{5}x^3$
$k(x) = -10x^3$

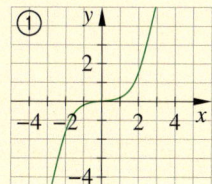

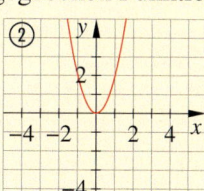

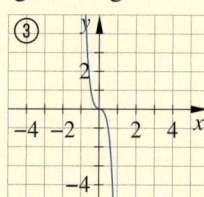

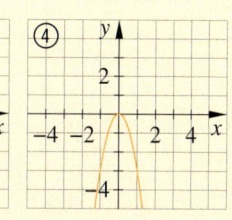

9 Fülle die Wertetabelle aus und zeichne die beiden Graphen.

x	−2	−1	−0,5	0	0,5	1	2
$y = x^3$							
$y = -x^3$							

b

1 Vereinfache und berechne, falls möglich.
a) $\frac{1}{3} \cdot \frac{1}{3} \cdot \frac{1}{3}$
b) $x \cdot x \cdot x \cdot x \cdot x \cdot x^{-1}$
c) $4v \cdot 6 \cdot 4v \cdot 6 \cdot 4v \cdot 6 \cdot 4v \cdot 6$

2 Berechne den Wert der Potenzen.
a) $2,8^4$
b) $-\frac{1}{3}^3$
c) $0,25^5$
d) -6^{-2}
e) $-5^{\frac{1}{3}}$
f) $8^{\frac{-1}{3}}$
g) $-\frac{1}{2}^2$
h) $0,1^5$

9 Zeichne die Graphen der Funktionen $y = \frac{1}{4}x^{-2}$ und $-\frac{1}{4}x^{-2}$ im Intervall von −2 bis 2 in ein Koordinatensystem.
Gib jeweils an, ob der Graph gestreckt oder gestaucht ist.

HINWEIS
Brauchst du noch Hilfe, so findest du auf den angegebenen Seiten ein Beispiel oder eine Anregung zum Lösen der Aufgaben. Überprüfe deine Ergebnisse mit den Lösungen ab Seite 134.

Aufgabe	Seite
1	46, 50
2	46, 50
3	46
4	52
5	52
6	46
7	50
8	54
9	54

Potenzen und Potenzfunktionen

Zusammenfassung

Potenzen und Wurzeln

→ Seite 46

Ein Produkt aus gleichen Faktoren schreibt man kürzer als Potenz.
Die Basis gibt den Faktor a an, der Exponent die Anzahl der Faktoren.
Die Umkehrung des Potenzierens ist das Wurzelziehen.

$$\underbrace{a \cdot a \cdot \ldots \cdot a}_{n \text{ Faktoren}} = a^n$$

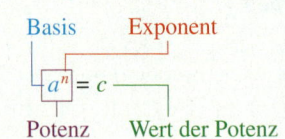

Basis — Exponent
$a^n = c$
Potenz — Wert der Potenz

$a^n = c$ | n-te Wurzel ziehen
$\sqrt[n]{a^n} = \sqrt[n]{c}$ | umformen
$a = \sqrt[n]{c}$

Potenzgesetze

→ Seite 50

1. Potenzen mit gleicher Basis werden
   - **multipliziert**, indem man die Exponenten addiert und die Basis beibehält.
   - **dividiert**, indem man die Exponenten subtrahiert.

   $a^m \cdot a^n = a^{m+n}$

   $a^m : a^n = \dfrac{a^m}{a^n} = a^{m-n}$ für $a \neq 0$

   Potenzen werden **potenziert**, indem man die Basis mit dem Produkt der Exponenten potenziert.
   Jede Wurzel lässt sich als Potenz schreiben.

   $(a^m)^n = a^{m \cdot n}$
   Für $a \neq 0$ gilt: $a^0 = 1$ und $a^{-n} = \dfrac{1}{a^n}$

   $\sqrt[n]{a} = a^{\frac{1}{n}}$ für $a \geq 0$ und $n \geq 2$

2. Potenzen mit gleichen Exponenten werden
   - **multipliziert**, indem man die Basen multipliziert und das Produkt mit dem Exponenten potenziert.

   $a^m \cdot b^m = (a \cdot b)^m$

   - **dividiert**, indem man die Basen dividiert und den Quotienten mit dem Exponenten potenziert.

   $a^m : b^m = \dfrac{a^m}{b^m} = \left(\dfrac{a}{b}\right)^m$ für $b \neq 0$

Potenzfunktionen

→ Seite 54

Funktionen der Form $y = a \cdot x^n$ ($a \neq 0$) nennt man **Potenzfunktionen**.
Dabei ist n eine ganze Zahl.
Je nach Eigenschaft des Exponenten n und des Faktors a ändert sich der Verlauf des Funktionsgraphen.

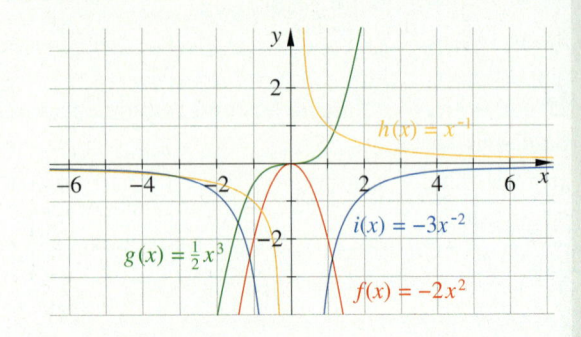

$h(x) = x^{-1}$
$i(x) = -3x^{-2}$
$g(x) = \frac{1}{2}x^3$
$f(x) = -2x^2$

Wachstum

Jedes Leben beginnt mit einer einzigen Zelle, die sich nach und nach immer wieder teilt. Beim Menschen beginnt die Zellteilung sofort nach der Befruchtung der Eizelle. Nach ca. 30 Stunden ist die ersten Teilung abgeschlossen. Aus den zwei Zellen entstehen vier, nach ca. 3 Tagen sind es bereits 16 Zellen. So wächst das neu entstanden Leben immer weiter …

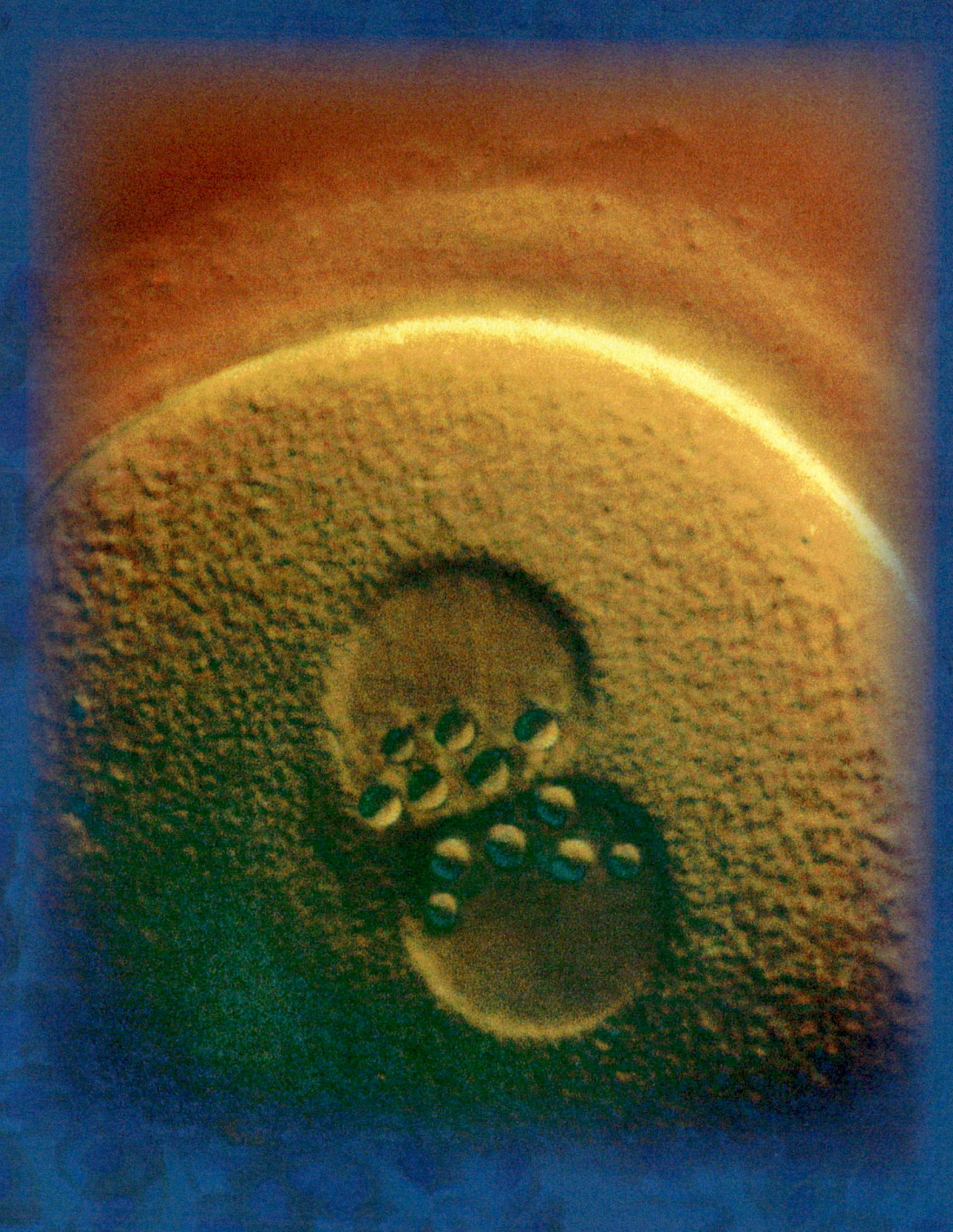

Wachstum

Noch fit?

1 Betrachte die einzelnen Graphen der linearen Funktionen.
a) Gib die allgemeine Form einer linearen Funktion an.
b) Notiere die Funktionsgleichungen zu den abgebildeten Graphen.
c) Welcher Graph hat die größte Steigung?
d) Woran ist die Steigung in der Gleichung ablesbar?
e) Welche Graphen haben eine negative Steigung? Wie ist das in der Zeichnung, woran in der Gleichung zu erkennen? Beschreibe.
f) Zeichne die Graphen zu folgenden Funktionsgleichungen in dein Heft.
① $f_1(x) = 2x + 5$ ② $f_2(x) = 1,5x - 3$ ③ $f_3(x) = -\frac{1}{2}x + 4,5$

2 Berechne den Wert der Potenzen.
a) 3^4 b) 5^3 c) 6^4 d) $3,7^3$ e) $0,01^5$ f) $0,35^6$

3 Schreibe in wissenschaftlicher Schreibweise.
a) 3 600 000 000   b) 460 000 000   c) 0,000 054   d) 0,000 000 52

4 Schreibe in kürzerer Form und berechne.
a) $5^2 \cdot 5^3$ b) $6^4 : 6^2$ c) $(2^3)^2$ d) $4^3 \cdot 5^3$ e) $4^2 : 8^2$

5 Einige Kleidungsstücke aus der Winterkollektion werden im Februar 30 % billiger angeboten. Berechne die reduzierten Preise. Die ursprünglichen Preise lauten:
a) Jacke: 98 €   b) Skianzug: 235 €   c) Pullover: 65 €
d) Mantel: 189 €   e) Handschuhe: 8 €   f) Schal: 12 €

6 Ein Automobilkonzern bietet 4 000 € Preisnachlass auf alle Modelle beim Kauf eines Neuwagens. Berechne den Preisnachlass in Prozent.
Die ursprünglichen Preise lauten:
a) Kombi: 28 500 €   b) Van: 32 400 €   c) Cabrio: 31 700 €

7 Rechne um in Dezimalbrüche.
a) $\frac{1}{3}$ b) $\frac{234}{1000}$ c) $\frac{2}{7}$ d) $1\frac{1}{6}$ e) $\frac{26}{125}$

Kurz und knapp

1. Berechne die Quadrate der Zahlen 11 bis 20.
2. Die mittlere Entfernung von der Erde zum Mond beträgt $3,84401 \cdot 10^8$ m = _____ km.
3. Das Volumen einer Kugel berechnet man nach der folgenden Formel: _____
4. Berechne den Wert der Funktion $f(x) = 3x^2 + 5$ für $x = 3$ und $x = -2$.

Absolutes und prozentuales Wachstum

Erforschen und Entdecken

1 Informiere dich im Internet und im Lexikon über den Begriff „Wachstum".
a) In welchen Bereichen trifft man auf diesen Begriff?
b) Welche Arten von Wachstum gibt es? Beschreibe die Arten mit eigenen Worten.
c) Welche Wachstumsarten würdest du dem mathematischen Bereich zuordnen? Begründe deine Auswahl.
d) Welches Wachstum ist dir bereits aus dem vorangegangen Mathematikunterricht, aber unter einem anderen Begriff, bekannt? Beschreibe.
e) Tragt eure Ergebnisse aus dem mathematischen Bereich zusammen und erstellt eine Übersicht (z. B. ein Plakat). Notiert dazu jeweils eine Situation, zu der ihr eine zugehörige Kurve angebt.

2 In der rechten Grafik ist die Entwicklung der Mobilfunkanschlüsse in Deutschland in den Jahren 1998 bis 2008 dargestellt.
a) In welchem Jahr liegt der zahlenmäßig größte Zuwachs vor?
b) Wann war der zahlenmäßig geringste Zuwachs zu verzeichnen?
c) Betrachte die Zuwächse von 1998 bis 1999 und von 2006 bis 2007. Vergleiche die Angaben in Prozent mit den absoluten Zahlen. Was fällt dir auf?
Welche Angaben hältst du für aussagekräftiger? Diskutiere mit deinen Mitschülerinnen und Mitschülern und begründe deine Meinung.

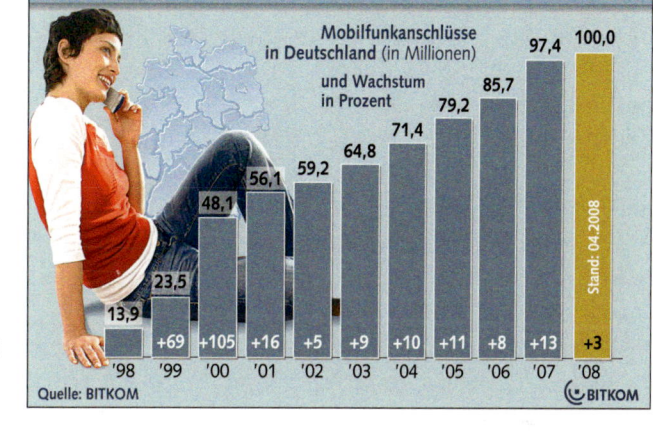

3 Ein Süßwarenhersteller erhöht den Inhalt seiner Verpackungen um 14,3 %.
a) Die alte Verpackung enthielt 175 g. Wie viel g enthält die neue Verpackung?
b) Maya hat folgendermaßen gerechnet:

   175 g · 1,143 = 200,025 g

   Erkläre ihre Überlegungen und ihren Rechenweg. Eine Berechnung über den Dreisatz siehst du in der Randspalte. Wie hängen die beiden Lösungen zusammen?
c) Erläutere, wo man bei Mayas Rechnung die Prozentzahl erkennt?
d) Eine Schachtel Pralinen kostete bisher 3,99 €. Der Preis für Kakao ist gesunken. Deshalb kann der Süßwarenhersteller seine Pralinen günstiger anbieten. Jede Schachtel wird nun mit einem Preisnachlass von 11 % verkauft. Der neue Preis lässt sich auch hier in einem Rechenschritt ermitteln. Wie viel kostet eine reduzierte Schachtel. Mit welchem Faktor muss der ursprüngliche Preis multipliziert werden?
e) Wie ist bei einem Nachlass die Prozentzahl im Faktor sichtbar? Beschreibe.

ERINNERE DICH
Beim Dreisatz werden auf beiden Seiten die gleichen Rechenoperationen ausgeführt: Division durch 100 und Multiplikation mit 114,3.

Anteil	Masse
100 %	175 g
1 %	1,75
114,3 %	200,03 g

Wachstum

Lesen und Verstehen

Eine Firma stellt ihre Jahresumsätze in einem Diagramm dar. Sie interessiert, wann sie Zuwächse, also positives Wachstum, und wann sie Abnahmen, also negatives Wachstum zu verzeichnen hatte. Im Diagramm wurden die absoluten Umsätze und damit das absolute Wachstum dargestellt. Das prozentuale Wachstum kann in diesem Fall aus den absoluten Werten berechnet werden.

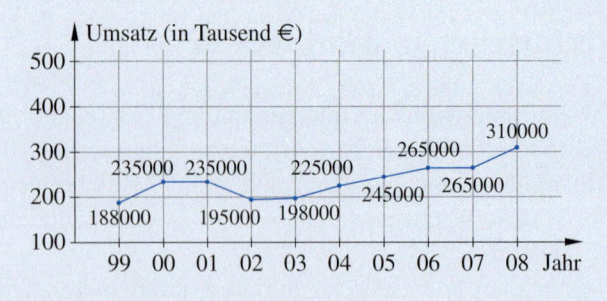

BEISPIEL
Von 1999 bis 2000 verzeichnete die Firma mit 47 000 € ein positives Wachstum.
Von 2001 bis 2002 liegt negatives Wachstum mit einem Verlust von 40 000 € vor.

Bei **positivem Wachstum,** also der Zunahme einer Größe, ist in gleichen Zeitspannen der jeweils folgende Wert größer als der vorherige. Es gilt: $x_1 < x_2$ und $f(x_1) < f(x_2)$

Bei **negativem Wachstum**, also der Abnahme einer Größe, ist in gleichen Zeitspannen der jeweils folgende Wert kleiner als der vorherige. Es gilt: $x_1 < x_2$ und $f(x_1) > f(x_2)$

Beim **absoluten Wachstum** werden Zu- oder Abnahme in **absoluten Zahlen** angegeben.

Positives lineares Wachstum (lineare Zunahme) liegt vor, wenn in gleichen Zeitspannen der jeweils nachfolgende Wert um immer den gleichen Betrag $d > 0$ zunimmt. Ist $d < 0$, handelt es sich um **negatives lineares Wachstum** (lineare Abnahme).

ZUR INFORMATION
Lineares Wachstum lässt sich auch wie gewohnt mit der Formel $f(x) = m \cdot x + n$ beschreiben.

> **Lineares Wachstum** lässt sich durch eine Funktion der Form $f(x) = m \cdot x + w_0$ beschreiben. Dabei ist w_0 der Wert zu Beginn eines Wachstumsprozesses.

BEISPIEL 1
Von 2004 bis 2006 liegt lineares Wachstum vor. Der Umsatz der Firma stieg pro Jahr um $d = 20\,000$ €.
2004 wird hier als Startpunkt festgesetzt, somit ist $w_0 = 225\,000$ €.

$f(x) = \quad m \quad \cdot x + \quad w_0$
$f(0) = 20\,000\,€ \cdot 0 + 225\,000\,€ = 225\,000\,€$
$f(1) = 20\,000\,€ \cdot 1 + 225\,000\,€ = 245\,000\,€$
$f(2) = 20\,000\,€ \cdot 2 + 225\,000\,€ = 265\,000\,€$

Beim **prozentualen Wachstum** werden die Zu- oder Abnahmen **in Prozent** angegeben.

HINWEIS
Von 2000 auf 2001 erfolgt keine Änderung, $p = 0$ und $q = 1$.

Positives oder negatives prozentuales Wachstum wird mit positiver oder negativer **Wachstumsrate $p\,\%$** ausgedrückt.

Aus der Wachstumsrate ergibt sich der **Wachstumsfaktor q** mit $q = 1 + p\,\%$.

HINWEIS
Man kann auch erst $p\,\%$ und dann q berechnen: 2002 sank der Umsatz um 40 000 €.
$\frac{-40\,000\,€}{235\,000\,€} \approx -17\,\%$.
$q = 1 - 0{,}17 = 0{,}83$

Bei positivem Wachstum ist $q > 1$, bei negativem Wachstum gilt $0 < q < 1$.
Für die Berechnung des nachfolgenden Wertes w_1 ergibt sich die Gleichung: $w_1 = w_0 \cdot q$, durch Umstellen lässt sich q berechnen.

BEISPIEL 2
2009 erwartet die Firma 8 % mehr Umsatz:
$q = 1 + 8\,\% = 1 + 0{,}08 = 1{,}08$, für w_{09} folgt
$w_{09} = w_{08} \cdot q = 310\,000\,€ \cdot 1{,}08 = 334\,800\,€$.
Es wird ein Umsatz von 334 800 € erwartet.

Der Umsatz für 2001 betrug 235 000 €, für 2002 betrug er 195 000 €.
$q = \frac{195\,000\,€}{235\,000\,€} \approx 0{,}83 = 1 - 0{,}17 = 1 - 17\,\%$
$p\,\% = -17\,\%$

Der Wachstumsfaktor betrug $q = 0{,}83$, die Wachstumsrate betrug $p\,\% = -17\,\%$.

Üben und Anwenden

1 Stelle folgende Daten in einem geeigneten Diagramm dar. Wo liegt positives, wo negatives Wachstum vor?

x	1	2	3	4	5	6
y	1,5	4	6,5	6	4	2

2 In der Tabelle wurde die Anzahl der Schulen, der Schülerinnen und Schüler und der Lehrkräfte an Gesamtschulen in NRW zusammengestellt.

Jahrgang	Schulen	Schüler	Lehrer
98/99	215	207 039	15 682
99/00	215	211 179	16 128
00/01	215	214 025	16 153
01/02	216	217 721	16 271
02/03	216	221 991	16 390
03/04	217	226 540	16 542
04/05	216	230 326	16 680
05/06	217	233 348	16 939
06/07	217	232 928	17 066
07/08	218	232 198	17 201

Quelle: Landesamt für Datenverarbeitung und Statistik NRW

a) Berechne die absoluten Zunahmen und Abnahmen der Schülerinnen und Schüler von den Jahrgängen 03/04 bis 07/08.
b) Runde die Anzahl der Lehrerinnen und Lehrer auf Hunderter. Wo liegt dann in dieser Rubrik lineares Wachstum vor?
c) Stelle die Anzahl der Schülerinnen und Schüler pro Jahrgang in einem Diagramm dar.
Runde die Werte vorher auf Tausender.
d) Ist in diesem Diagramm lineares Wachstum ablesbar? Wenn ja, in welchen Zeiträumen?

3 ⬛ Überlege dir ein Thema, das dich interessiert. Suche dazu Daten im Internet, die über einen längeren Zeitraum erhoben wurden, wie z. B. die Anzahl der Internetnutzer oder Ausbildungsbetriebe in deiner Stadt. Nutze den Tipp in der Randspalte. Übertrage diese Daten in ein Diagramm und beschreibe den Verlauf.
Stelle deine Daten in der Klasse vor.

4 Betrachte die abgebildeten Diagramme.

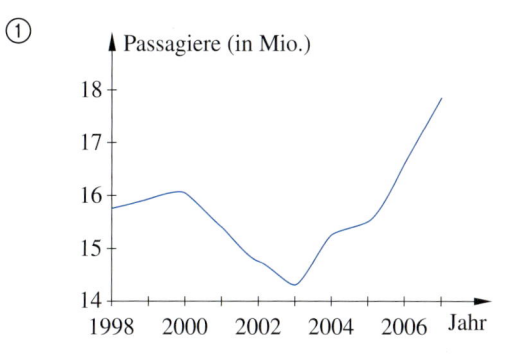

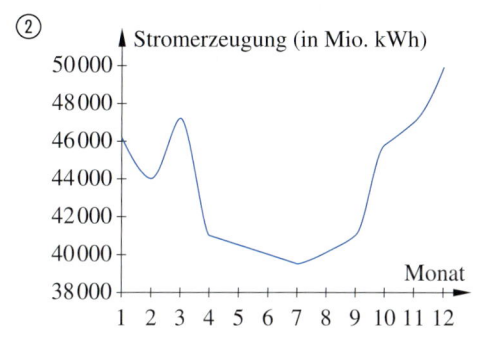

a) In welchen Zeiträumen lag negatives Wachstum bei ① vor? Wo erkennst du negatives Wachstum bei ②?
b) Prüfe, ob in Teilbereichen beider Diagramme lineares Wachstum vorliegt.
c) Finde Ursachen für den Anstieg bzw. die Abnahme der Stromerzeugung. Gibt es eine Erklärung für den Rückgang der Passagierzahlen und den erneuten Anstieg? Stelle Vermutungen an.

5 Eine Gruppe von Jugendlichen trinkt in einem Café Kiba für 2 € pro Getränk. Sie trinken unterschiedlich viel.
a) Gib die zugehörige Funktionsgleichung an, die die Kosten beschreibt. Um was für eine Funktion handelt es sich?
b) Zeichne ein Säulendiagramm zu dieser Gleichung für $x = 0; 1; \ldots; 10$.
c) Gib den Zuwachs der Säulen jeweils in Prozent an. Was fällt dir auf?

069-1

TIPP
Viele Daten findet man auf der Webpage des Statistischen Bundesamts.

SCHON GEWUSST?
Kiba ist ein Mixgetränk aus Kirsch- und Bananensaft.

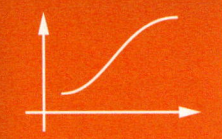

6 Laut Angabe der „Deutschen Stiftung Weltbevölkerung" lebten 2008 ca. 6,67 Mrd. Menschen auf der Erde. Die Zuwachsrate wird mit p % = 1,2 % pro Jahr angegeben.
a) Gib den Wachstumsfaktor q an.
b) Berechne die Weltbevölkerung für 2009.
c) Überprüfe die errechnete Weltbevölkerung mit Hilfe des Internets.

7 In der abgebildeten Tabelle sind Daten über die Bevölkerungszahl einzelner Länder im Jahr 2008 und die jährliche Wachstumsrate angegeben.

Land	Bevölkerung in Mio.	Wachstumsrate
Brasilien	195,1	1,3 %
China	1 324,7	0,5 %
Deutschland	82,2	−0,2 %
Frankreich	62,0	0,4 %
Guatemala	13,7	2,8 %
Indien	1 149,3	1,6 %
Kenia	38,0	2,8 %
Litauen	3,4	−0,4 %
USA	304,5	0,6 %
Quelle: Deutsche Stiftung Weltbevölkerung		

a) Berechne die Bevölkerungszahlen der einzelnen Länder für das kommende Jahr.
b) In welchem Land gab es das größte absolute Bevölkerungswachstum? In welchem Land gab es das kleinste?
c) Informiere dich, wie eine solche Wachstumsrate ermittelt wird.

8 2009 lebten in Afghanistan 33,55 Mio. Menschen. 2008 waren es erst 32,7 Mio. Menschen.
a) Welcher Wachstumsfaktor ergibt sich aus dem Bevölkerungszuwachs?
b) Wie hoch ist die Wachstumsrate in %? Beschreibe, wie man p % berechnet.

9 Forme die Gleichung $w_1 = w_0 \cdot q$ um.
a) Stelle nach w_0 um.
b) Löse nach q auf.
c) Welche Werte kann q annehmen, wenn w_0 größer ist als w_1? Sowohl w_0 als auch w_1 sollen positiv sein.

10 Eine Firma stellte einen großen Teil ihres Schriftverkehrs auf E-Mail um. Daraufhin sank die Anzahl der Briefe von 12 500 auf 9 600 Briefe pro Monat.
a) Bestimme den Wachstumsfaktor q.
b) Um wie viel Prozent sank die Anzahl der mit der Post versendeten Briefe?

11 Von 2006 bis 2007 sind die Anmeldezahlen für Gesamtschulen von 44 017 auf 46 925 gestiegen. Im Jahr 2008 wurden 44 435 Schülerinnen und Schüler angemeldet.
a) Berechne die Zuwachsrate p von 2006 auf 2007 in Prozent.
b) Gib den Wachstumsfaktor q für das Jahr 2008 an. Wie hoch ist die Abnahme der Anmeldezahlen in Prozent?

12 Eine Gesamtschule feiert alle 5 Jahre ein großes Fest und lädt alle Einwohner aus der Stadt dazu ein. Der Erlös des Schulfestes geht an eine Partnerschule in Südamerika. Um den Erlös zu erhöhen, wollen die Schülerinnen und Schüler auf Plakaten Werbung machen. Diesen Tipp bekamen sie von einem Unternehmensberater. Er geht davon aus, dass sich so die Einnahmen um ca. 30 % erhöhen. Der Aufwand kostet allerdings etwa 100 € bis 200 €.
a) Der Erlös aus dem letzten Fest betrug 5 480 €. Mit welchem Erlös rechnet der Berater in diesem Jahr?
b) Lohnt sich ein Werbespot im Radio, wenn 30 s Sendezeit 138 € kosten und sich der Erlös dann noch einmal erhöht? Schätze ab.

13 Ein Kleingärtnerverein hatte im Jahr 2000 genau 300 Mitglieder. Bis zum Jahr 2008 nahmen die Mitgliederzahlen jährlich um durchschnittlich 10 % ab.
a) Wie viele Mitglieder hatte der Verein im Jahr 2008? Stelle den jährlichen Mitgliederschwund in einer Tabelle dar. Runde sinnvoll.
b) Liegt ein positives oder negatives Wachstum vor?
c) Handelt es sich um ein lineares Wachstum? Begründe.

Exponentielles Wachstum

Erforschen und Entdecken

1 Übertrage die drei Tabellen in dein Heft. Berechne die fehlenden Werte im Kopf oder mit Hilfe des Taschenrechners und notiere die Ergebnisse.

①
$2 \cdot 0$	$2 \cdot 1$	$2 \cdot 2$	$2 \cdot 3$	$2 \cdot 4$	$2 \cdot 5$	$2 \cdot 6$	$2 \cdot 7$

②
0^2	1^2	2^2	3^2	4^2	5^2	6^2	7^2

③
2^0	2^1	2^2	2^3	2^4	2^5	2^6	2^7

NACHGEDACHT
Welche Funktionsgleichung passt zu welcher Tabelle?
$f(x) = 2^x$
$f(x) = 2 \cdot x$
$f(x) = x^2$
Nenne Beispiele, die durch die Gleichungen beschrieben werden.

a) Ordne den Tabellen die verschiedenen Funktionsvorschriften aus der Randspalte zu und zeichne die Kurven in ein gemeinsames Koordinatensystem.
b) Beschreibe den Verlauf der einzelnen Kurven im Vergleich zueinander.
c) Ist der Verlauf in den Funktionsvorschriften schon erkennbar? Begründe!

2 Bei einer Stiftung wird Geld zu einem bestimmten Zinssatz angelegt. Damit das Kapital erhalten bleibt, werden nur die Zinserträge für gemeinnützige Zwecke ausgegeben. Einer Schulstiftung stehen 50 000 € zur Verfügung. Das Geld soll zu einem Zinssatz von 4,5 % p.a. für fünf Jahre angelegt werden. Die Zinsen können jährlich ausgezahlt werden (①) oder erst nach Ablauf der fünf Jahre (②). Übertrage die Tabelle in dein Heft und fülle sie für beide Anlagemodelle aus.

Laufzeit (in a)	① Kapital (in €)	② Kapital (in €)
0	50 000	50 000
1	52 250	52 250
2	...	...
3		
4		
5		
10		
Zinsgewinn nach 5 a		
Zinsgewinn nach 10 a		

HINWEIS
p.a. steht für „per anno" und bedeutet „pro Jahr".

a) Welcher Zinsgewinn steht der Stiftung nach fünf Jahren bei den beiden Anlagemodellen zur Verfügung?
b) Wie groß ist der Unterschied nach 10 Jahren?
c) Wie sollte man mit diesem Geld nun verfahren? Diskutiert darüber in der Klasse und begründet eure Meinung.

3 Bei Fieber oder akuten Schmerzen, z. B. nach einer Zahnoperation, hilft das Medikament Paracetamol. Der Wirkstoff aus einer Tablette gelangt über den Verdauungstrakt in das Blut. Von dort wird er nach und nach in die einzelnen Zellen abgegeben. Somit sinkt die Konzentration des Wirkstoffs im Blut nach der Einnahme langsam ab. Messungen haben ergeben, dass nach jeweils 1 Stunde die Konzentration auf 84 % des vorherigen Wertes sinkt.
a) Stelle die Wirkstoffkonzentration im Blut in einem Koordinatensystem dar.
b) Was hast du für eine Rechnung an der Stelle $x = 4$ Stunden durchgeführt? Notiere und verkürze die Schreibweise, wenn du kannst. Überprüfe dein Ergebnis, indem du den Wert ermittelst und mit dem eingetragenen y-Wert vergleichst.
Ermittle den y-Wert für $x = 7$ Stunden auf die gleiche Weise und überprüfe wieder.
c) Versuche eine allgemeine Form für diese Rechnung zu finden, die ausdrückt, wie der Wert für die n-te Stelle berechnet werden muss.
d) Die Konzentration im Blut beträgt 30 %. Wie hoch war die Konzentration vor 1 Stunde?

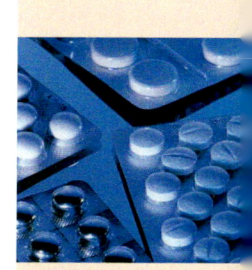

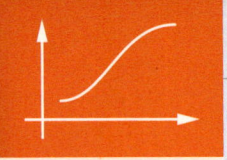

Wachstum

072-1

BEACHTE
Unter dem Webcode findest du einen Link zur Weltbevölkerungsuhr.

Lesen und Verstehen

Wissenschaftler erstellen jährlich Prognosen zur Entwicklung der Weltbevölkerung. Dazu liegen ihnen Daten aus vergangenen Jahren vor, auf die sie ihre Prognosen stützen.
Zurzeit wächst die Anzahl der Menschen jedes Jahr um 1,2 %. Für die Zukunft wird diese Anzahl also pro Jahr mit dem Wachstumsfaktor $q = 1{,}012$ multipliziert. Im Internet gibt es eine Weltbevölkerungsuhr, die nach dieser Rechnung die aktuelle Bevölkerungszahl anzeigt.

> Ändert sich eine Größe in gleich bleibenden Zeitspannen um einen konstanten Wachstumsfaktor q, so sprechen wir von **exponentiellem Wachstum**.

BEISPIEL 1
Exponentielle Zunahme weltweit:

Jahr	2008	2009	2010
Weltbevölkerung (in Mrd.)	6,70	6,78	6,86

$\cdot\,1{,}012 \quad \cdot\,1{,}012$

Gilt für den Wachstumsfaktor **$q > 1$**, liegt **exponentielle Zunahme** vor.

Gilt für den Wachstumsfaktor **$0 < q < 1$**, liegt **exponentielle Abnahme** vor.
Bei $q = 1$ erfolgt keine Änderung.

Exponentielle Abnahme in Deutschland:

Jahr	2008	2009	2010
Bevölkerung Deutschlands (in Mio.)	82,20	82,03	81,87

$\cdot\,0{,}998 \quad \cdot\,0{,}998$

SCHON GEWUSST?
Die Weltbevölkerung wächst jährlich um 1,2 % an. Die Einwohnerzahl von Deutschland nimmt jährlich um 0,2 % ab.

> Bei einem konstanten Wachstumsfaktor q wächst bzw. sinkt eine Größe w_0 nach x gleichen Zeitspannen auf die Größe $f(x)$, wobei gilt: $f(x) = w_0 \cdot q^x$

Diese Funktion nennt man **Exponentialfunktion**, da die Variable x im Exponenten steht.

BEISPIEL 2
Bei dem Wachstumsfaktor $q = 1{,}012$ ergibt sich folgende Gleichung zur Berechnung der Weltbevölkerung im Jahr 2018:
$f(10) = 6{,}70\text{ Mrd.} \cdot 1{,}012^{10} = 7{,}55\text{ Mrd.}$
Entsprechend wird die Bevölkerung Deutschlands für das Jahr 2018 berechnet:
$f(10) = 82{,}20\text{ Mio.} \cdot 0{,}998^{10} = 80{,}57\text{ Mio.}$

HINWEIS
Der Exponent x zur Basis q gibt die Anzahl der gleichen Zeitspannen an.

> Kennt man den Wachstumsfaktor q und war dieser über die Jahre unverändert, so lassen sich auch Werte aus der Vergangenheit ermitteln.

BEISPIEL 3
Ausgehend von der Bevölkerungszahl aus dem Jahr 2009 lassen sich die Werte sowohl für die Zukunft als auch für die Vergangenheit berechnen. Voraussetzung ist die Gültigkeit der Wachstumsrate mit $p\,\% = 1{,}2\,\%$ mit dem dazugehörigen Wachstumsfaktor $q = 1{,}012$.

Jahr	2005	2006	2007	2008	2009	2010
Bevölkerung in Mrd.	$f(-4) = 6{,}44$	$f(-3) = 6{,}51$	$f(-2) = 6{,}59$	$f(-1) = 6{,}67$	$f(0) = 6{,}75$	$f(1) = 6{,}83$
Term zur Berechnung	$w_0 \cdot q^{-4}$	$w_0 \cdot q^{-3}$	$w_0 \cdot q^{-2}$	$w_0 \cdot q^{-1}$	$w_0 \cdot q^0$	$w_0 \cdot q^1$

HINWEIS
Für alle Werte q gilt $q^0 = 1$ und $q^{-x} = \frac{1}{q^x}$.

Exponentielles Wachstum

Üben und Anwenden

1 Wird ein Kapital zu einem festen Zinssatz angelegt und wird zwischendurch kein Geld abgehoben, so wächst das Kapital immer weiter an.
a) Begründe, warum das Kapital exponentiell und nicht linear anwächst.
b) Ein Kapital wird 10 Jahre lang bei einem Zinssatz von 5,5 % p. a. angelegt. Berechne die Zinsen nach 10 Jahren.

2 Genauso wie ein Kapital kann auch ein Schuldenberg schnell anwachsen.
Auf Kredit wurde für 2 500 € eine Stereoanlage gekauft. Bisher wurde noch keine Rückzahlung geleistet.
a) Wie hoch ist der Schuldenberg nach drei Jahren, bei jährlich 11 % Zinsen?
b) Welche Summe muss nach fünf Jahren zurückgezahlt werden?
c) Berechne den prozentualen Anteil der Zinsen am Wert der Stereoanlage nach drei Jahren. Wie hoch ist der prozentuale Anteil nach fünf Jahren?

3 Im Jahr 2008 verdiente ein Unternehmen 368 000 €. Dann gingen die Gewinne um 2 % pro Jahr zurück.
a) Berechne den voraussichtlichen Gewinn für das Jahr 2018, falls q unverändert bleibt.
b) Stelle den Umsatz des Unternehmens grafisch dar.

4 Die Tabelle zeigt die Bevölkerungszahlen der Länder USA, Italien und Japan aus dem Jahr 2008 und eine Prognose für das Jahr 2050.
Welcher Wachstumsfaktor q liegt den Berechnungen für das Jahr 2050 jeweils zu Grunde? Schätze zunächst ab. Überprüfe durch eine Rechnung und erläutere deinen Lösungsweg.

	USA	Italien	Japan
Bevölkerung 2008	305 Mio.	60 Mio.	128 Mio.
Bevölkerung 2050	438 Mio.	62 Mio.	95 Mio.

Quelle: Population Reference Bureau

5 Löse die Gleichung $w_x = w_0 \cdot q^x$ nach dem Wachstumsfaktor q auf.
Beschreibe dein Vorgehen.

6 Überprüfe, ob bei der unten abgebildeten Kurve exponentielles Wachstum vorliegt.

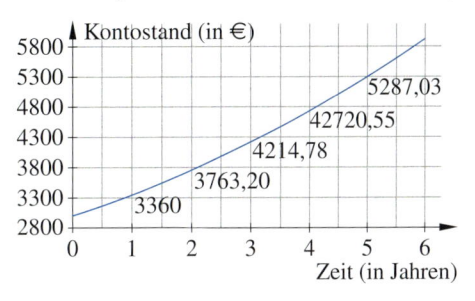

Kontostand (in €): 3360; 3763,20; 4214,78; 4720,55; 5287,03
Zeit (in Jahren): 0 bis 6

a) Wie gehst du dabei vor? Beschreibe und begründe.
b) Woran ist exponentielles Wachstum erkennbar?

7 Die Elfenbeinwilderei hat Elefanten in vielen Ländern bereits ausgerottet. Der Bestand in Afrika sank von 1,2 Mio. Tieren im Jahr 1981 auf nur noch 472 000 bis maximal 689 000 Tiere im Jahr 2008.
Berechne für den oberen und unteren Schätzwert von 2008 den jeweils zugehörigen Wachstumsfaktor q.

8 Entscheide, ob in den Wertetabellen exponentielles Wachstum vorliegt.

a)
x	0	1	2	3
y	200	150	100	50

b)
x	−1	0	1	4
y	10 000	12 000	14 400	20 736

c)
x	−1	0	1	2
y	128	160	200	250

073-1

BEACHTE
Unter dem Webcode findest du eine Linkliste zum Thema Schulden.

Wachstum

HINWEIS
Unter dem Webcode findest du eine Linkliste mit Tipps zum Thema Lernen.

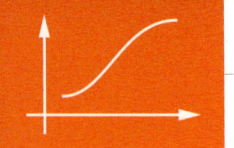

074-1

HINWEIS
Aktuelle Wirtschaftsdaten findest du in der Tagespresse. Darüber hinaus wird über die allgemeine Wirtschaftslage fast täglich in den Nachrichten informiert.

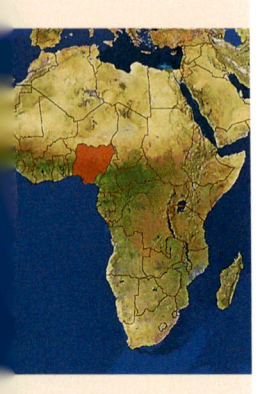

ZUM WEITERARBEITEN
Überprüfe deine Prognosen für 2010 mit Hilfe des Internets.

9 Wissenschaftler untersuchten den Einfluss der Zeit nach dem Schulabschluss auf das Vergessen von erworbenen Fertigkeiten und Fähigkeiten. An einem Versuch dazu haben insgesamt 1 743 Freiwillige teilgenommen, von denen nur ein Teil in Mathematik einen Leistungskurs (LK) belegt hatte. Es stellte sich heraus, dass Personen mit LK Mathematik im Durchschnitt jährlich ca. 0,45 % ihres Schulwissens vergessen. Personen ohne LK vergessen sogar 2,38 % pro Jahr.
Die Tabelle zeigt, über welchen prozentualen Anteil ihres Schulwissens die Personen in den Jahren nach dem Schulabschluss noch verfügen.

Jahre	0	10	20	30	40	50
mit LK	100 %	95,6 %				
ohne LK	100 %	78,6 %				

a) Vervollständige die Tabelle im Heft. Runde auf eine Nachkommastelle.
b) Zeichne beide Vergessens-Kurven in ein gemeinsames Koordinatensystem.

10 Im Jahr 1999 lag die Wachstumsrate in Nigeria bei 2,5 %. Auf dieser Grundlage lässt sich die Bevölkerung für das Jahr 2009 berechnen. Beachte die Angaben in der Tabelle.

Jahr	1999	2009
Bevölkerung (in Mio.)	108,945	139,459

a) Wie berechnet sich die Bevölkerungszahl für das Jahr 2009?
b) Wie wird der Wert für 1999, ausgehend vom Wert für 2009, berechnet? Gib eine entsprechende Funktionsgleichung an.
c) Wie unterscheidet sich die Gleichung aus Aufgabenteil b) von einer Gleichung, die eine exponentielle Abnahme berechnet?
d) Tatsächlich lag die Bevölkerungszahl 2008 schon bei 148,071 Mio. Wie muss die korrigierte Wachstumsrate p % von Nigeria lauten? Welche außermathematischen Gründe könnte es für die Erhöhung der Wachstumsrate geben?

11 Im Jahr 2009 lebten ca. 6,75 Mrd. Menschen auf der Erde. Die Zuwachsrate beträgt 1,2 % pro Jahr.
a) Wie viele Menschen werden voraussichtlich 2020 auf der Erde leben?
b) In welchem Jahr wird die 7-Mrd.-Marke überschritten? Schätze ab und erläutere deinen Lösungsweg.
c) Wie hoch war die Weltbevölkerung rein rechnerisch 20 Jahre bevor die 7-Mrd.-Grenze überschritten wurde?

12 Ein Stahlblock wird zur Bearbeitung auf eine Temperatur von 950° C erhitzt. Stündlich kühlt er um etwa 18 % ab.
Welche Temperatur besitzt der Stahlblock acht Stunden nach Bearbeitungsbeginn?

13 Oftmals wird in den Medien vom Exportweltmeister Deutschland gesprochen. Die Tabelle zeigt, in welchem Wert die zehn exportstärksten Länder der Welt in den Jahren 1980, 1990 und 2000 Waren exportierten. Alle Werte sind in Mrd. US-$ angegeben.

Land	1980	1990	2000
Deutschland	192,860	421,100	551,818
USA	225,566	393,592	781,125
VR China	18,099	62,091	249,203
Japan	130,441	287,581	479,249
Frankreich	116,030	216,588	327,616
Niederlande	73,960	131,775	233,133
Großbritannien	110,134	185,172	285,429
Italien	78,104	170,304	240,521
Kanada	67,734	127,629	276,635
Belgien	54,289	114,155	188,374

a) Erstelle für die ersten drei Länder eine Wachstumsprognose für die Jahre 2010 und 2020. Begründe deine Prognose anhand der vorliegenden Zahlen und anhand der wirtschaftlichen Entwicklung, falls dir dazu aktuelle Daten bekannt sind.
b) Stelle die Exportentwicklung von drei weiteren Ländern deiner Wahl in einer Kurve dar. Führe die Kurven jeweils bis 2010 als Prognose fort. Lies den Wert für 2010 ab und berechne daraus deine prognostizierte Wachstumsrate.

Bakterienwachstum und radioaktiver Zerfall

Erforschen und Entdecken

1 Ordne die Kärtchen in zwei Gruppen an.

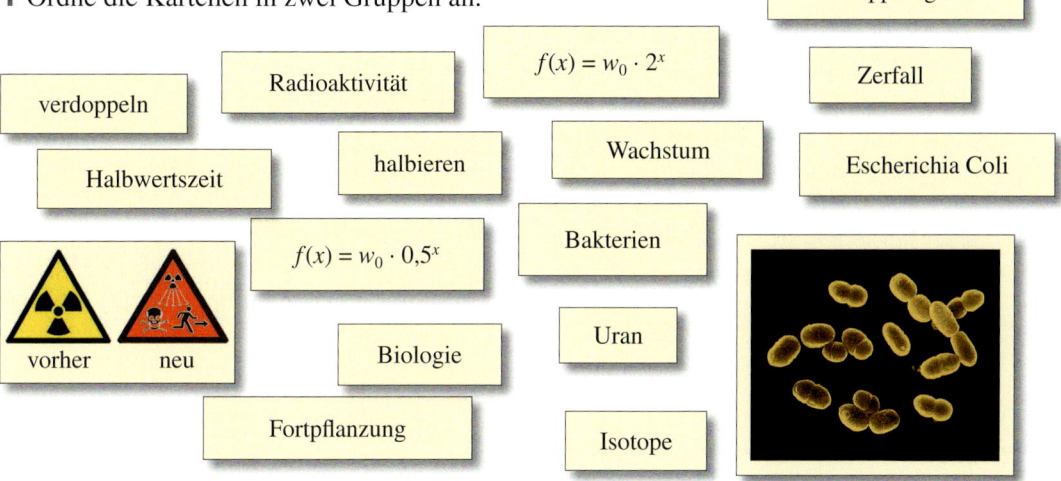

- Verdopplungszeit
- Radioaktivität
- $f(x) = w_0 \cdot 2^x$
- Zerfall
- verdoppeln
- halbieren
- Wachstum
- Escherichia Coli
- Halbwertszeit
- $f(x) = w_0 \cdot 0{,}5^x$
- Bakterien
- vorher neu
- Biologie
- Uran
- Fortpflanzung
- Isotope

075-1

BEACHTE
Unter dem Webcode findest du die Kärtchen auf einem AB zum Ausschneiden.

a) Schlage diejenigen Begriffe nach, die dir unbekannt sind.
b) Beschreibe die beiden Gruppen, die du gebildet hast. Versuche, die Zusammenhänge innerhalb der beiden Gruppen zu erklären.
c) Beschreibe, was die jeweilige Funktionsgleichung aussagt.

2 Rätselfrage: Auf einem See wachsen Seerosen, die ihre Anzahl jährlich verdoppeln. Nach acht Jahren ist der halbe See zugewachsen. Wie lange dauert es noch, bis der ganze See damit bedeckt ist?
Die meisten Leuten beantworten die Frage folgendermaßen: „In weiteren acht Jahren ist der See zugewachsen."
a) Wie lautet die richtige Antwort?
b) Wo ist der Denkfehler bei der oben genannten Antwort?
c) Gib eine Funktionsgleichung an, mit der dieses Phänomen berechnet werden kann.
d) Zu welchem Teil war der See nach drei Jahren bedeckt? Erläutere deinen Lösungsweg.
e) Zeichne ein Modell des Sees nach sechs Jahren. Das Modell soll die Fläche eines Kreises mit dem Radius $r = 5$ cm haben. Wie groß ist der Mittelpunktswinkel der bewachsenen Fläche?

3 Untersuche die beiden Funktionen $f(x) = 2x$ und $g(x) = 0{,}5x$.
a) Lege für $f(x)$ und $g(x)$ jeweils eine Wertetabelle an.
b) Zeichne die zugehörigen Funktionsgraphen in ein gemeinsames Koordinatensystem. Vergleiche den Verlauf der beiden Graphen miteinander.
c) Überprüfe deine Zeichnung mit Hilfe eines Funktionenplotters. Informiere dich vorher, wie ein Exponent am Computer eingetippt wird. Beachte den Tipp in der Randspalte.

TIPP
Lies im Kapitel zu quadratischen Funktionen nach.

Wachstum

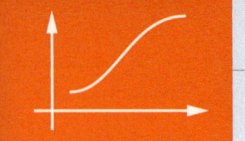

Lesen und Verstehen

In der Natur können verschiedene Wachstums- und Zerfallsprozesse beobachtet werden. Bakterienwachstum und radioaktiver Zerfall lassen sich durch spezielle Exponentialfunktionen beschreiben. Diese Exponentialfunktionen zeichnen sich durch ihren Wachstumsfaktor q aus.

SCHON GEWUSST?
Salmonellen sind Bakterien. Sie kommen z. B. in rohen Eiern oder abgestandenem Wasser vor und können Krankheiten hervorrufen.

Viele Bakterien bestehen aus nur einer Zelle. Bei der Vermehrung teilt sie sich in zwei Zellen. Teilung und Zellwachstum dauern je nach Bakterienart eine bestimmte Zeit. Diese Zeitspanne nennt man Verdopplungszeit.

BEISPIEL 1
Salmonellen verdoppeln sich ca. alle 20 min. Ihre Anzahl nimmt exponentiell zu.

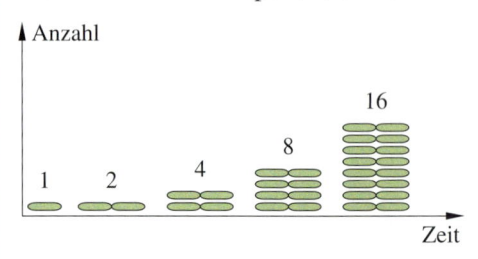

> Nach jeder Verdopplungszeit hat sich die Anzahl der Bakterien verdoppelt.
> Die zugehörige Funktionsgleichung lautet:
> $f(x) = w_0 \cdot 2^x$. Der Wachstumsfaktor ist $q = 2$. Der Exponent x gibt die Anzahl der Verdopplungszeiten an.

BEACHTE
Wird x um 1 erhöht, so verdoppelt sich $f(x)$.

In einer Speiseprobe wurden zu Beginn einer Untersuchung 120 Salmonellen gefunden. Die Tabelle zeigt, wie die Salmonellenanzahl zu einer bestimmten Zeit berechnet werden kann.

Zeit (in min)	−40	−20	0	20	40	50
Anzahl der Verdopplungszeiten x	−2	−1	0	1	2	2,5
Bakterienzahl $f(x)$	$f(-2) = 30$	$f(-1) = 60$	$f(0) = 120$	$f(1) = 240$	$f(2) = 480$	$f(2,5) = 679$
Term	$120 \cdot 2^{-2}$	$120 \cdot 2^{-1}$	$120 \cdot 2^0$	$120 \cdot 2^1$	$120 \cdot 2^2$	$120 \cdot 2^{2,5}$

SCHON GEWUSST?
^{13}N (lies: N 13) ist ein Isotop des Stickstoffs. Sein Kern enthält 1 Neutron weniger als nicht radioaktiver Stickstoff.

Radioaktive Stoffe wandeln sich in andere Stoffe um. Dabei zerfallen ihre Atomkerne durch Strahlung nach einer bestimmten Zeit. Diese Zeitspanne nennt man Halbwertszeit.

BEISPIEL 2
Atomkerne von ^{13}N zerfallen nach 10 min. Ihre Anzahl nimmt exponentiell ab.

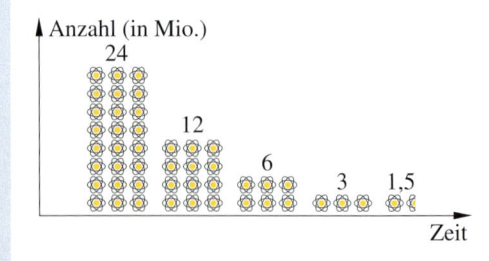

> Nach jeder Halbwertszeit hat sich die Anzahl der radioaktiven Atomkerne halbiert. Die zugehörige Funktionsgleichung lautet: $f(x) = w_0 \cdot 0,5^x$.
> Der Wachstumsfaktor ist 0,5.
> x gibt die Anzahl der Halbwertszeiten an.

BEACHTE
Wird x um 1 erhöht, so halbiert sich $f(x)$.

Zu Beginn einer Messung liegt 6 g radioaktiver Stickstoff 13N vor. Die Atomkerne von 13N zerfallen. Somit nimmt die Masse des radioaktiven Stickstoffs laut der Tabelle ab.

Zeit (in min)	−20	−10	0	10	20	25
Anzahl der Halbwertszeiten x	−2	−1	0	1	2	2,5
Masse (in g)	$f(-2) = 24$	$f(-1) = 12$	$f(0) = 6$	$f(1) = 3$	$f(2) = 1,5$	$f(2,5) \approx 1,1$
Term	$6 \cdot 2^{-2}$	$6 \cdot 2^{-1}$	$6 \cdot 2^0$	$6 \cdot 2^1$	$6 \cdot 2^2$	$6 \cdot 2^{2,5}$

Üben und Anwenden

1 Das radioaktive Element Protactinium hat eine Halbwertszeit von ca. 1 min.
a) Stelle die Anzahl der radioaktiven Atomkerne in einem Diagramm dar. Beginne bei 1 000 Atomkernen.
b) Wie groß ist die Wachstumsrate q pro min?

2 In Schul-Mensen werden täglich Proben der gekochten Speisen eingefroren. Im Fall einer Erkrankung mehrerer Schüler kann anhand dieser Proben festgestellt werden, ob das Essen z. B. Salmonellen enthielt. Bei der Untersuchung eines Hähnchens werden 90 Salmonellen in einer Probe gefunden. Die Anzahl der Bakterien verdoppelt sich im Labor alle 20 min.
a) Stelle das Anwachsen der Salmonellenzahl bis 5 Verdopplungszeiten nach Untersuchungsbeginn in einer Tabelle und in einem Diagramm dar.
b) Wie viele Salmonellen enthielt die Hähnchenprobe 3 Verdopplungszeiten vor Untersuchungsbeginn?
c) Berechne die Salmonellenzahl $2\frac{1}{2}$ Stunden nach Untersuchungsbeginn.

3 Eines der am besten erforschten Lebewesen ist das Bakterium *Escherichia coli* (E. coli). E. coli ist ein natürlicher Darmbewohner, kann aber auch Erkrankungen hervorrufen. E. coli verdoppelt sich nach 20 min.
Eine Probe mit E.-coli-Bakterien wird im Labor untersucht. Nach 3 Stunden befinden sich 768 000 Bakterien in der Probe.
a) Wie viele Bakterien waren es zu Untersuchungsbeginn?
b) Wie viele waren es $1\frac{1}{2}$ Stunden vor Untersuchungsbeginn.
c) Wie viele Bakterien enthält die Probe 24 Stunden nach Untersuchungsbeginn. Gehe davon aus, dass genügend Nährstoffe für die Bakterien vorhanden sind.
d) Wie viel Zeit ist ungefähr vergangen, wenn die Bakterienzahl 10 000 überschreitet? Schätze ab.

4 Milchsäurebakterien sind in Milchprodukten wie z. B. Joghurt oder Käse zu finden. Sie bewirken, dass die Milch sauer wird. Je nach Temperatur liegen ihre Verdopplungszeiten zwischen 20 min und 60 min.
a) Wie viele Bakterien sind nach zwölf Stunden aus einem einzigen Bakterium entstanden? Berechne die Anzahl der Bakterien für die Verdopplungszeiten 60 min (30 min, 20 min).
b) Wie hoch ist die Bakterienzahl nach 40 min (50 min)? Beschreibe, wie du den Exponenten ermittelst.

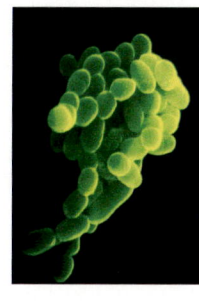

5 Der Erreger *Mycobacterium tuberculosis* kann beim Menschen, aber auch bei Tieren die Lungenkrankheit Tuberkulose hervorrufen. Die Vermehrung dauert bei dieser Bakterienart relativ lange. Die Verdopplungszeit beträgt 18 Stunden.
a) In einer Probe wurden 44 Erreger gezählt. Lege eine Tabelle an und trage die Anzahl der Bakterien nach den ersten drei Verdopplungszeiten ein.
b) Wie viele Erreger enthielt die Probe zwei Verdopplungszeiten (fünf Verdopplungszeiten) vor Beginn der Messung?
c) Informiere dich über die Krankheit und ihre Verbreitung. In welchen Ländern tritt sie noch auf? Was wird getan, um eine Ausbreitung zu verhindern?

6 Zu Beginn einer Messung liegt 5 g radioaktives Francium ^{223}Fr vor. Die Halbwertszeit von ^{223}F beträgt ca. 22 min.
a) Wie viel g radioaktives Francium enthält die vorliegende Probe nach 110 min?
b) Auf wie viel g hat sich die Masse nach fünf Stunden reduziert? Schreibe die zugehörige Funktionsgleichung auf.
c) Schätze ab, wann die Probe nur noch 1 g radioaktives Francium enthält. Wie bist du dabei vorgegangen?

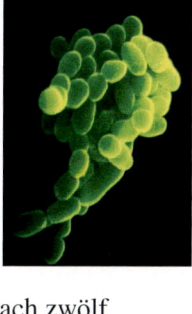

077-1
BEACHTE
Unter dem Webcode findest du eine Linkliste zum Thema Tuberkulose.

NACHGEDACHT
Wann hast du eine Glatze, wenn dir dein Friseur jeden Tag die Haare um die Hälfte kürzt?

Altersbestimmung mit Hilfe der Radiocarbon-Methode

Die älteste bekannte Höhlenmalerei befindet sich in der Grotte Chauvet im Vallon Pont d'Arc in Südfrankreich.

Die Eigenschaften von radioaktivem Kohlenstoff werden in der Archäologie zur Altersbestimmung genutzt. Mit Hilfe der sogenannten Radiocarbon-Methode (lat. radio für „strahlen", carboneum für „Kohlenstoff") kann das Alter von Fundstücken berechnet werden. Z. B. lies sich das Alter der Höhlenmalerei im Hintergrund auf 31 500 Jahre berechnen.

Die Radiocarbon-Methode basiert auf den folgenden vier Voraussetzungen:

1. Kohlenstoff (C) liegt in verschiedenen Formen vor

Jedes C-Atom enthält im Kern sechs positiv geladene Teilchen, die Protonen. Zusätzlich gibt es neutrale Teilchen, die Neutronen. Fast 99 % der C-Atome besitzen sechs Neutronen, es gibt aber auch C-Atome mit z. B. acht Neutronen.
Atomkerne, die sich durch die Anzahl ihrer Neutronen voneinander unterscheiden, nennt man **Isotope**. Sie werden nach der Anzahl ihrer Kernteilchen benannt. Es gibt z. B. ^{12}C und ^{14}C.
^{14}C ist radioaktiv. Seine Atomkerne zerfallen und senden dabei Strahlung aus.

2. ^{12}C und ^{14}C stehen in einem konstanten Verhältnis zueinander

Radioaktives ^{14}C wird in der Atmosphäre ständig neu gebildet. Es entsteht bei der Reaktion von Luftstickstoff mit Neutronen, die durch kosmische Strahlung freigesetzt werden. Andererseits zerfallen ständig radioaktive ^{14}C-Kerne. Neubildung und Zerfall gleichen sich aus. Daher ist der Anteil von ^{14}C in der Atmosphäre konstant.
Das Verhältnis von ^{14}C und ^{12}C beträgt ca. $1 : 10^{12}$. Auf ein radioaktives ^{14}C-Atom kommen also ca. 1 Billion ^{12}C-Atome. Ein g Kohlenstoff eines Lebewesens enthält ca. $5 \cdot 10^{10}$ ^{14}C-Atome.

3. Radioaktives ^{14}C ist in allen Kohlenstoffverbindungen enthalten

^{14}C ist auch ein Bestandteil von Kohlenstoffdioxid (CO_2). Grüne Pflanzen nehmen CO_2 bei der Fotosynthese aus der Luft auf. Somit enthalten Pflanzen radioaktives ^{14}C. Über die Nahrungskette wird ^{14}C auch von Menschen und Tieren aufgenommen. Aber nicht nur Lebewesen enthalten ^{14}C, sondern auch alle pflanzlichen und tierischen Produkte.

4. Die Kohlenstoff-Stoppuhr wird aktiviert

In einem lebenden Organismus entspricht das Verhältnis zwischen ^{14}C und ^{12}C genau dem der Atmosphäre. Stirbt das Lebewesen, so wird kein neues ^{14}C mehr aufgenommen und die „^{14}C-Stoppuhr" beginnt zu laufen. Durch den radioaktiven Zerfall nimmt der Anteil des ^{14}C mit der Zeit immer weiter ab. Somit ist der Anteil des ^{14}C am gesamten Kohlenstoff des Lebewesens ein Maß für den Zeitpunkt des Sterbens.
Die Halbwertszeit von ^{14}C beträgt ca. 5 730 Jahre. Mit der Tabelle kann das Alter von Fundstücken bestimmt werden.

Zeit (in a)	0	5 730	11 460	30 000
Anzahl x der Halbwertszeiten	0	1	2	$\frac{30000}{5730} \approx 5{,}24$
Aktivität: $f(x) = 100 \cdot 0{,}5^x$ (in %)	100	50	25	2,65

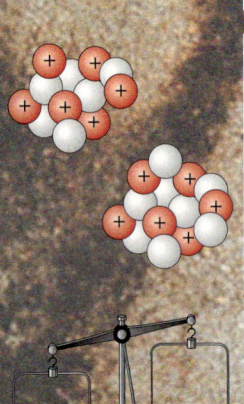

1 Das Turiner Grabtuch halten gläubige Katholiken für das Tuch, in dem Jesus nach der Kreuzigung begraben wurde. Mit Hilfe der ^{14}C-Analyse untersuchten 1988 drei unabhängige Institute aus Zürich, Oxford und Arizona die Echtheit des Tuches. 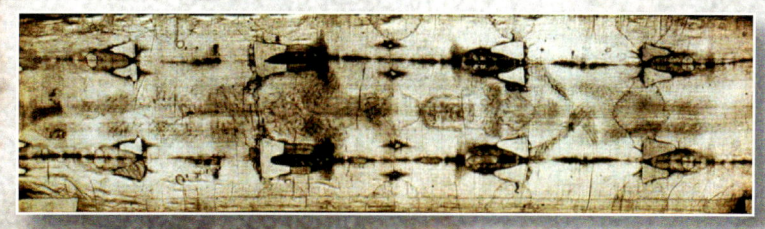
a) Wie hoch hätte die Aktivität des ^{14}C in Prozent sein müssen, damit das Tuch tatsächlich ein Grabtuch Jesu hätte sein können?
b) Die drei Institute stellten Aktivitäten von 91,6 %, 93 % und 92,3 % der üblichen Aktivität fest. In welchem Jahrhundert muss der Stoff gewebt worden sein?
c) Die erste gesicherte Erwähnung des Grabtuches fällt in das Jahr 1357. Passt dies mit den Untersuchungsergebnissen zusammen?

2 Nahe der nordrhein-westfälischen Stadt Erkelenz wurde im Jahr 1991 der älteste erhaltene Brunnen der Welt freigelegt. Zum Bau des Brunnens wurde Eichenholz verwendet.
Wissenschaftler ermittelten im Eichenholz mit Hilfe der Radiocarbon-Methode eine Aktivität von 42 % eines noch lebenden Baums.
a) Ermittle durch Probieren, wie viele Halbwertzeiten vergangen sind, seit die Eichen gefällt wurden?
b) In welchem Jahrhundert wurde der Brunnen ungefähr errichtet?

3 Im Jahr 1991 haben Wanderer in den Ötztaler Alpen eine Gletscherleiche gefunden. Der Fundort brachte der Leiche sehr schnell den Namen Ötzi.
Mit Hilfe der Radiocarbon-Methode wurde das Alter von Ötzi bestimmt. Demnach war der Fund ca. 5 200 Jahre alt. 
a) Wie viele ^{14}C-Atome lagen in einem g Kohlenstoff dieses Leichnams noch vor?
b) Wie viele Atome werden noch nach 10 000 Jahren vorliegen?
c) Wie alt ist ein Organismus ungefähr, wenn noch 25 % der ursprünglichen ^{14}C-Atome vorliegen? Erläutere deinen Lösungsweg.

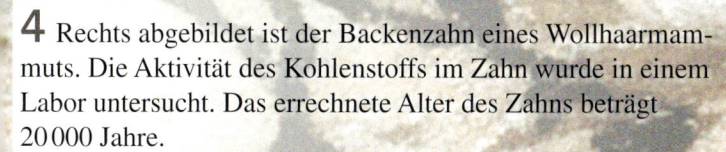

4 Rechts abgebildet ist der Backenzahn eines Wollhaarmammuts. Die Aktivität des Kohlenstoffs im Zahn wurde in einem Labor untersucht. Das errechnete Alter des Zahns beträgt 20 000 Jahre. 
a) Wie hoch war die Aktivität des Kohlenstoffs im Backenzahn im Vergleich zu einem lebenden Zahn?
b) Bestimme die Anzahl der ^{14}C-Atome, die in 1 g Kohlenstoff, entnommen aus diesem Zahn, noch vorhanden sind.
c) In welchem Erdzeitalter haben Mammuts gelebt? Informiere dich z. B. im Internet und überprüfe so deine Rechnung.

Vermischte Übungen

1 In asiatischen und afrikanischen Ländern ist die Bevölkerungszunahme meist größer als in westlichen Industrieländern.

In dem südasiatischen Staat Bangladesh betrug 2008 die Wachstumsrate 1,7 % bei einer Bevölkerung von 147,3 Mio. Berechne nach diesen Vorgaben die voraussichtliche Bevölkerungszahl Bangladeshs für das Jahr 2020.

2 In China waren Mehr-Kind-Familien seit Jahrhunderten Tradition, und es galt das Motto: „Viele Kinder, großes Glück". Dies führte zu einer explosionsartigen Zunahme der Bevölkerung. Der Staat griff regulierend ein. Jede Familie durfte nur noch ein Kind haben. Beim zweiten Kind wurden schon hohe Geldstrafen verhängt und Sozialleistungen gestrichen. Durch diese Maßnahmen sank die Wachstumsrate auf nur noch 0,5 %.

a) Gib den Wachstumsfaktor an.
b) 2008 lebten in China etwa 1,324 Mrd. Menschen. Berechne die Bevölkerungszahl für die Jahre 2009 bis 2020 bei einer unveränderten Wachstumsrate.
c) Stelle das Bevölkerungswachstum in einem Balkendiagramm dar.

3 Der folgende Artikel wurde 2008 im Internet veröffentlicht.
Lies den Artikel und bearbeite die Aufträge.

Das magere Autojahr

Im Gesamtjahr 2007 fiel die Nachfrage nach Neuwagen dem Verband [der Automobilindustrie] zufolge in Deutschland um 9 % auf 3,149 Mio. Fahrzeuge. Als Ursachen gelten neben der Mehrwertsteuererhöhung auch die Klimadebatte und die allgemeine Teuerung, speziell die hohen Benzinpreise.

Die Autoindustrie erreichte beim Export und der Produktion dagegen neue Rekordwerte. Drei von vier Autos gehen inzwischen ins Ausland. Im Dezember ging jedoch auch der Export zurück und lag mit 284 900 Pkw 2 % unter Vorjahresniveau.

Quelle: manager-magazin.de

a) Suche aus dem Text alle Werte zur Berechnung der Vorjahreszahlen heraus. Ordne ihnen die entsprechenden Fachbegriffe aus diesem Kapitel zu.
b) Berechne anhand der Angaben die Zahlen für das Jahr 2006.
c) Welche weiteren Faktoren können das Wachstum einer Branche hemmen oder fördern?

4 In einer Thermoskanne befindet sich heißes Wasser mit einer Temperatur von 85 °C. Stündlich nimmt die Temperatur des Wassers in der Kanne um etwa 5 % ab.
a) Bestimme den Wachstumsfaktor q. Stelle eine passende Funktionsgleichung zur Berechnung der Temperatur auf.
b) Welche Temperatur hat das Wasser nach vier Stunden?
c) Bestimme grafisch, wann das Wasser bis auf Raumtemperatur abgekühlt ist. Zeichne dazu den Funktionsgraphen z. B. mit Hilfe eines Funktionenplotters und lies ab.

HINWEIS
Raumtemperatur beträgt ca. 22 °C.

Vermischte Übungen

5 Wie lautet die Funktionsgleichung zur Temperaturabnahme der Flüssigkeit?

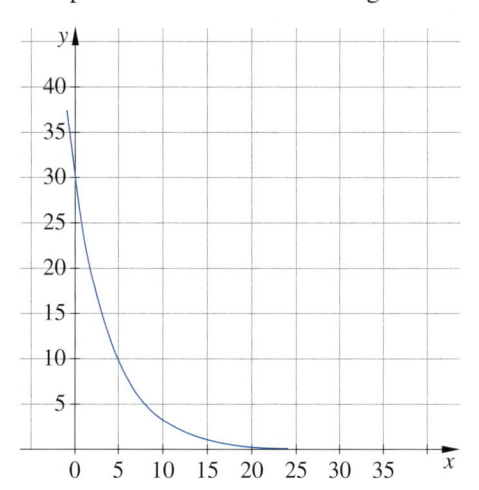

6 Zu Beginn einer Messung liegt 24 g radioaktives Kupfer ^{64}Cu vor. Übertrage die Tabelle in dein Heft und fülle die entsprechenden Felder aus.

Zeit (in h)	−26	−13	0	13	26	45
Anzahl der Halbwertszeiten		−1	0			
Masse (in g)			24	12		

7 Eine kleine Tasse Espresso (30 ml) enthält ungefähr 40 mg Koffein. Nach dem Trinken dauert es etwa 45 min, bis die gesamte Koffeinmenge in der Blutbahn aufgenommen ist. Das Koffein wird dann in Stoffwechselprozessen abgebaut. Die biologische Halbwertszeit von Koffein liegt bei gesunden Erwachsenen zwischen 2,5 Stunden und 4,5 Stunden. 
a) Berechne die mittlere Halbwertszeit von Koffein im Blutkreislauf. Diese soll für die weiteren Berechnungen zu Grunde gelegt werden.
b) Wie viel mg Koffein ist im Körper nach fünf Stunden noch enthalten?
c) Bis zu welcher Uhrzeit kann Espresso getrunken werden, wenn um 22:00 Uhr nur noch 10 mg (15 mg) Koffein im Blut enthalten sein sollen.

8 ▶ Führt den Versuch in Dreiergruppen durch.
Versuchsmaterial:
– eine Sorte alkoholfreies Bier
– ein Bierglas mit zylindrischer Form
– ein langes Lineal
– ein Stoppuhr
– Stift und Papier
Versuchsdurchführung:
Verteilt untereinander die Aufgaben „Höhe messen", „Zeit messen" und „Messdaten notieren". Ihr benötigt die folgende Tabelle für eure Messdaten.

Zeit (in s)	0	10	20	30	40	...
Höhe (in cm)						

Wenn ihr soweit vorbereitet seid, gießt das Bier in das Glas. Messt sofort die Höhe der Schaumkrone und wiederholt die Messung in einem Rhythmus von 10 s, bis der Schaum nicht mehr oder fast nicht mehr da ist.
a) Übertragt eure Werte in ein Koordinatensystem. Zeichnet daraus eine Kurve.
b) Findet eine Funktionsgleichung, die dem Kurvenverlauf annähernd entspricht. Beschreibt euer Vorgehen. Wie seid ihr mit eventuellen Schwierigkeiten umgegangen?
c) Ermittelt den Wachstumsfaktor q bezogen auf 10 s für eure Biersorte. Vergleicht euren Wert mit den Werten der anderen Gruppen.

9 Im Jahr 1986 ereignete sich in einem Kernkraftwerk in der Ukraine eine der größten Umweltkatastrophen. Im Reaktor nahe der Stadt Tschernobyl gab es eine Explosion. Dabei wurde z. B. das radioaktive Cäsium ^{137}Cä freigesetzt. Die Halbwertszeit von ^{137}Cä beträgt ca. 30,2 Jahre.
a) Wie viele Halbwertszeiten sind seit der Katastrophe vergangen?
b) Um wie viel Prozent ist die Radioaktivität des Cäsiums seitdem gesunken?
c) Wie lange wird es ungefähr dauern, bis die Aktivität unter 1 % liegt?

SCHON GEWUSST?
Die Schaumkrone besteht aus vielen kleinen Bläschen, die Kohlenstoffdioxid (CO_2) enthalten.

HINWEIS
Aufgabe 9 c kann grafisch gelöst werden.

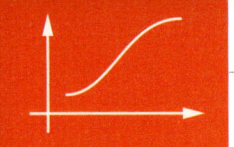

Wachstum

HINWEIS
Kreditsicherheiten, wie z. B. Bürgschaften, Grundpfandrechte oder Mobilien, sind eine Garantie für die Rückzahlung eines Krediter.

SCHON GEWUSST?
Man spricht von **Wucher**, wenn der effektive Jahreszins um mehr als 91% über dem üblichen Zinssatz liegt und die Notlage des Kreditnehmers ausgenutzt wird.

082-1
BEACHTE
Unter dem Webcode findest du Informationen zu Geldanlagemöglichkeiten.

10 Der effektive Jahreszinssatz für einen Privatkredit über 10 000 € bei einer Laufzeit von fünf Jahren lag 2008 bei verschiedenen Banken bei etwa 7,9 %. Diese Banken benötigen Sicherheiten. Wer diese Sicherheiten nicht bieten kann, kann bei einem unseriösen Kreditinstitut zu einem Zinssatz von 16 % Geld aufnehmen.
a) Wie hoch sind die Schulden jeweils für beide Zinssätze nach zwei Jahren (drei Jahren, fünf Jahren)? Gehe bei der Berechnung davon aus, dass es für den Schuldner nicht möglich ist, auch nur eine einzige Rate zu bezahlen.
b) Welche Gründe gibt es, die Menschen dazu veranlasst einen Kredit zu so ungünstigen Konditionen aufzunehmen.

11 Ein Möbelhaus bietet seinen Kunden an, dass eine Küche über 72 Monate in Raten abbezahlt werden kann.
Die Küche kostet 14 200 € bei Barzahlung.
Die Monatsraten betragen 243,85 €.
a) Wie hoch ist der effektive Jahreszinssatz, der hinter diesem Ratenangebot steht?
b) Warum ist der Kredit des Möbelhauses deutlich günstiger als der Privatkredit einer Bank? Überlege dir Gründe dafür. Berücksichtige dabei die Interessen der verschiedenen Kreditgeber.
c) Informiere dich über Ratenkreditangebote. Das Internet und die Werbung bieten dir dazu Möglichkeiten.

12 Ein Tagesgeldkonto ist ein verzinstes Konto. Es gibt keine Kündigungsfrist, der Kontoinhaber kann also täglich über sein Guthaben verfügen.
Es werden 60 000 € von einer Erbengemeinschaft auf einem Tagesgeldkonto angelegt.
Der Zinssatz beträgt 3,6 % p. a.
a) Wie hoch sind die Zinsen, wenn das Geld für drei Jahre (fünf Jahre) auf dem Tagesgeldkonto bleibt?
b) Das Geld wird nach zehn Monate abgehoben. Berechne die Zinsen.
c) Informiere dich über eine sichere Anlagemöglichkeit für weitere 5 Jahre.

13 Im Jahr 2005 wurden weltweit Waren im Wert von über 10 Billionen US-$ exportiert. Die Tabelle zeigt weitere Daten.

Jahr	Export (in Mrd. US-$)
1950	62,040
1955	94,520
1960	130,460
1965	190,060
1970	316,920
1975	876,900
1980	2 034,137
1985	1 953,753
1990	3 448,747
1995	5 161,652
2000	6 446,210
2005	10 431,000

a) In welchem 5-Jahres-Zeitraum gab es die höchste Wachstumsrate?
b) Wie hoch ist die durchschnittliche Wachstumsrate für den gesamten Zeitraum? Wie wird sie berechnet?
c) Entspricht der Durchschnittswert der einzelnen Wachstumsraten dem Wachstum, das du mit Hilfe der beiden Werte von 1950 und 2005 direkt berechnest? Prüfe nach und erkläre deine Beobachtung.
d) Zeichne mit Hilfe eines Tabellenkalkulationsprogramms eine Kurve zu den angegeben Werten. Zeichne eine weitere Kurve in das gleiche Koordinatensystem zu folgender Funktionsvorschrift:
$f(x) = 62{,}04 \cdot 1{,}09766^x$. Diese entspricht dem Wachstum von 1950 bis 2005. Vergleiche beide Kurven miteinander.
e) In welchem Jahr würden die Waren-Exporte 20 000 Mrd. US-$ übersteigen, wenn man von einer gleich bleibenden Wachstumsrate von 9,766 % ausgeht? Erläutere deinen Lösungsweg.
f) Verfasse einen Text für ein Wirtschaftsmagazin, der einen Überblick über die Entwicklung des Welthandels von 1950 bis 2005 gibt.

Teste dich!

a | b

1 Beim Bergsteigen stellt man fest, dass der Luftdruck mit zunehmender Höhe um ca. 12 % pro km abnimmt. Beim Tauchen dagegen steigt der Wasserdruck alle 10 m um ca. 1 bar. Welche Art von Wachstum bzw. Abnahme liegt beim Luft- und Wasserdruck vor?

2 Ein Unternehmen hat eine Wachstumsrate von jährlich 3,75 % bezogen auf den Umsatz.
a) Gib den zugehörigen Wachstumsfaktor q an.
b) Im Jahr 2009 betrug der Umsatz des Unternehmens 3,5 Mio. €. Berechne den Umsatz für das Jahr 2010? Wie hoch wird er bei gleich bleibender Entwicklung 2020 sein? Notiere die zugehörige Funktionsgleichung.

a

3 Die Wachstumsrate von Äthiopien beträgt 2,5 % pro Jahr.
a) 2008 lebten dort 79,1 Mio. Menschen. Wie viele werden es auf dieser Grundlage im Jahr 2018 sein?
b) Wie viele Menschen lebten dort 1998?
c) Gib jeweils die zugehörige Funktionsgleichung an.

4 2008 lebten in Frankreich 62 Mio. Menschen. 2050 werden es nach heutigen Schätzungen 72 Mio. Menschen sein. Stelle die zugehörige Gleichung nach dem Wachstumsfaktor q um und berechne.

5 Von 1990 bis 2000 ist der Waren-Export der Niederlande von 131,775 Mrd. US-$ auf 233,133 Mrd. US-$ gestiegen.
a) Wie hoch ist die Wachstumsrate p % bezogen auf diesen Zeitraum?
b) Welche Exportzahlen werden für 2010 und 2020 erwartet?

b

3 Die Wachstumsrate der Russischen Föderation beträgt −0,3 % pro Jahr.
a) 2008 lebten dort 141,9 Mio. Menschen. Wie viele werden es auf dieser Grundlage im Jahr 2018 sein?
b) Wie viele Menschen lebten dort 1998?
c) Gib jeweils die zugehörige Funktionsgleichung an.

4 Forme die Gleichung $w_x = w_0 \cdot q^x$ um.
a) Löse nach w_0 auf.
b) Stelle nach q um.

5 Von 1990 bis 2000 ist der Waren-Export der Niederlande von 131,775 Mrd. US-$ auf 233,133 Mrd. US-$ gestiegen.
a) Wie hoch ist die Wachstumsrate p % bezogen auf diesen Zeitraum?
b) In welchem Jahrzehnt wird die Grenze von 1 Billion US-$ überschritten?

6 Die Verdopplungszeit des Bakteriums *Treponema pallidum*, lässt sich nur sehr ungenau angeben. Die Verdopplungszeit reicht je nach den äußeren Faktoren von 4 bis 18 Stunden. Zu Beginn der Messung liegen 23 Erreger vor.
Berechne die Anzahl der Bakterien nach einem Tag (zwei Tagen, drei Tagen) jeweils mit dem oberen und dem unteren Wert.

HINWEIS
Brauchst du noch Hilfe, so findest du auf den angegebenen Seiten ein Beispiel oder eine Anregung zum Lösen der Aufgaben. Überprüfe deine Ergebnisse mit den Lösungen ab Seite 134.

Aufgabe	Seite
1	68, 72
2	68, 72
3	72
4	72
5	68, 72
6	76

Zusammenfassung

Absolutes und prozentuales Wachstum

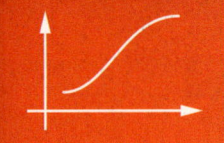

→ Seite 68

Lineares Wachstum lässt sich durch eine Funktion der Form $f(x) = mx + w_0$ beschreiben. Dabei ist w_0 der Wert zu Beginn der Beobachtung.

In einem Tierheim leben 135 Tiere. Jährlich kommen insgesamt 10 dazu.
$f(0) = 10 \cdot 0 + 135 = 135$
$f(1) = 10 \cdot 1 + 135 = 145$
$f(7) = 10 \cdot 7 + 135 = 205$

Exponentielles Wachstum

→ Seite 72

Ändert sich eine Größe in gleich bleibenden Zeitspannen um einen konstanten Wachstumsfaktor q, so sprechen wir von **exponentiellem Wachstum**.

Die Weltbevölkerung wächst exponentiell an. 2008 lebten 6,7 Mrd. Menschen auf der Erde. 2009 waren es 6,78 Mrd. Menschen, 2010 waren es 6,86 Mrd.

Zwischen der Wachstumsrate $p\,\%$ und dem Wachstumsfaktor q besteht der folgende Zusammenhang:
$q = 1 + p\,\% = 1 + \frac{p}{100}$

Der Wachstumsfaktor für den Zuwachs der Weltbevölkerung beträgt pro Jahr
$q = 1 + 1{,}2\,\% = 1{,}012$.

Mit einem konstanten Wachstumsfaktor q wächst (für $q > 1$) oder sinkt (für $0 < q < 1$) eine Größe w_0 nach x Zeitspannen auf die Größe $f(x)$: $\boldsymbol{f(x) = w_0 \cdot q^x}$.

Mit dem Wachstumsfaktor $q = 1{,}012$ ergibt sich die folgende Funktionsgleichung für die Berechnung der Weltbevölkerung in zehn Jahren:
$f(10) = 6{,}7\text{ Mrd.} \cdot 1{,}012^{10} = 7{,}55\text{ Mrd.}$

Bakterienwachstum und radioaktiver Zerfall

→ Seite 76

Bakterienwachstum und radioaktiver Zerfall zeichnen sich durch besondere Wachstumsfaktoren aus.

Beim Bakterienwachstum verdoppelt sich die Anzahl der Bakterien nach einer **Verdopplungszeit**. Mit $q = 2$ ergibt sich die Exponentialgleichung: $\boldsymbol{f(x) = w_0 \cdot 2^x}$.

Salmonellen haben eine Verdopplungszeit von ca. 20 min. In dieser Zeit verdoppelt sich ihre Anzahl. Bei guten Bedingungen enthält eine Probe mit 60 Salmonellen nach 80 min bereits 960 Bakterien:
$f(4) = 60 \cdot 2^4 = 960$.

Beim radioaktiven Zerfall halbiert sich die Anzahl der radioaktiven Atomkerne nach einer **Halbwertszeit**. Mit $q = 0{,}5$ ergibt sich die Exponentialgleichung: $\boldsymbol{f(x) = w_0 \cdot 0{,}5^x}$.

Die Halbwertszeit des Elements Cäsium liegt bei etwa 30 Jahren. Liegen zu Beginn 2 g dieses Stoffes vor, so sind es nach 90 Jahren nur noch 0,25 g: $f(3) = 2\text{ g} \cdot 0{,}5^3 = 0{,}25\text{ g}$.

Zufallsgrößen und Erwartungswerte

Ein Gemüseverkäufer hat jedes Wochenende auf dem Markt einen Stand. Um möglichst großen Gewinn zu machen, muss er z. B. genau abschätzen, wie viele Tomaten er einkauft und wie viele er wahrscheinlich verkaufen wird. Dabei kann ihm die Ermittlung des Erwartungswertes helfen. Wenn er weiß, wie viele Kilogramm Tomaten er erwartungsgemäß verkaufen wird, kann er mit seinen Ausgaben besser haushalten.

Zufallsgrößen und Erwartungswerte

Noch fit?

1 Auf dem Tisch liegen verdeckt sieben Spielkarten mit Hauptstädten aus drei Kontinenten (siehe rechts). Nacheinander werden zwei Karten gezogen, wobei die zuerst gezogene Karte vor der Ziehung der zweiten wieder zurückgelegt wird. Nach jedem Zug werden die Karten neu gemischt. Entscheidend ist, auf welchem Kontinent die jeweils gezogene Hauptstadt liegt.

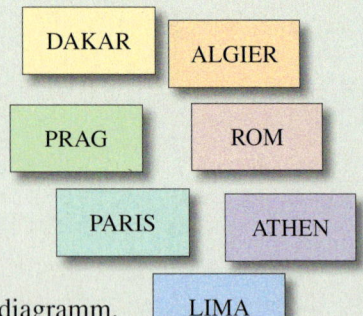

DAKAR, ALGIER, PRAG, ROM, PARIS, ATHEN, LIMA

a) Zeichne zu diesem zweistufigen Zufallsexperiment ein Baumdiagramm.
b) Welche Wahrscheinlichkeit hat das Ergebnis (Afrika; Südamerika)?
c) Berechne für die folgenden Ereignisse E_1 und E_2 die zugehörigen Wahrscheinlichkeiten.
   E_1 – beide Erdteile sind gleich; E_2 – nur die erste Hauptstadt liegt in Europa

2 Tabea hat sich für eine Präsentation in Geografie die Klimatabelle von Kairo herausgesucht.

	Jan	Feb	Mär	Apr	Mai	Jun	Jul	Aug	Sep	Okt	Nov	Dez
Durchschnittliche Höchsttemperatur (°C)	18,9	20,4	23,5	28,3	32,0	33,9	34,7	34,2	32,6	29,2	24,8	20,3
Durchschnittlicher Niederschlag (mm)	5,0	3,8	3,8	1,1	0,5	0,1	0	0	0	0,7	3,8	5,9
Durchschnittliche Regentage	3,5	2,7	1,9	0,9	0,5	0,1	0	0	0	0,5	1,3	2,8

Sie möchte Maximum, Minimum, Spannweite und das arithmetische Mittel der angegebenen Datenreihen darstellen. Ermittle diese Maße. Bewerte ihre Aussagekraft z. B. für die Planung eines Urlaubs.

ERINNERE DICH
Die Wahrscheinlichkeiten für Ergebnisse und Ereignisse in mehrstufigen Zufallsexperimenten können mit den Pfadregeln berechnet werden. Erläutere diese Berechnungen an einem Beispiel.

3 In einem Tabellenkalkulationsprogramm werden für verschiedene Anwendungen Zufallszahlen benötigt.
a) Übertrage die folgende Tabelle in dein Heft. Fülle sie aus, indem du die Werte für „ZUFALLSZAHL()" einsetzt.

Funktion		ZUFALLSZAHL()			
		0,886 407 5	0,100 238 9	0,978 222 0	0,556 681 2
A	= GANZZAHL(2*ZUFALLSZAHL())				
B	= GANZZAHL(10*ZUFALLSZAHL())				
C	= 1+GANZZAHL(6*ZUFALLSZAHL())				

b) Welche Sachverhalte könnten mit A, B oder C simuliert werden?

KURZ UND KNAPP

1. Das arithmetische Mittel von 3, 5, x und 12 beträgt 7. Ermittle x.
2. Was ist ein Zufallsgenerator?
3. Die Ergebnismenge eines Zufallsexperiments ist $S = \{1; 2; 3; 4\}$. Gib alle Teilmengen (Ereignisse) aus S an, die wenigstens drei Elemente enthalten.
4. Berechne den Wert des Terms: $1{,}8 - \sqrt{\frac{1}{4}} + 0{,}1 - (\frac{3}{8} + 0{,}025)$
5. Gib Definitionsbereich und Wertebereich der Funktion $y = x^2 + 3$ an.
6. 35 % der 12 500 Zuschauer sind unter 30 Jahre alt. Wie viele sind das?

Zufallsgrößen

Erforschen und Entdecken

1 Bei einem Tennisturnier müssen für einen Sieg drei Sätze gewonnen werden. Jedes Spiel endet somit nach 3, 4 oder 5 Sätzen. Beim Spiel Antje (A) gegen Brit (B) treffen zwei gleichstarke Spielerinnen aufeinander. Bei Dennis (D) gegen Elias (E) wird angenommen, dass Dennis eine Siegwahrscheinlichkeit von 60 % hat.

a) Überlegt euch in Partnerarbeit ein Zufallsgerät, mit dem das Spiel Antje gegen Brit simuliert werden kann sowie ein Zufallsgerät für das Spiel Dennis gegen Elias. Simuliert mit dem gewählten Zufallsgerät jedes Spiel 50-mal. Fertigt im Heft für jede Spielerpaarung die folgende Tabelle an, in der ihr die 50 Spielergebnisse eintragt.

Wer gegen wen?		Zufallsgerät	Wahrscheinlichkeit für Satzgewinn von „Spieler 1"	Wahrscheinlichkeit für Satzgewinn von „Spieler 2"
Spieler 1	Spieler 2			

Nummer der Spielsimulation	Satzgewinne im Spiel	Gewinner des Spiels	Anzahl der Sätze
Beispiel	A A B A	A	4
1			
2			
…			
50			

b) Ermittelt die relativen Häufigkeiten für die Anzahl der Sätze, die zu einem Sieg nötig sind.
c) Äußert Vermutungen darüber, wie groß die Wahrscheinlichkeit sein könnte, dass das Spiel nach drei, vier oder fünf Sätzen endet?

2 Für die Bearbeitung der Aufgabe wird folgendes Material benötigt:
– Spielwürfel A–E aus der Randspalte
– 150 flache, stapelbare Spielsteine (auch Cent-Stücke)
– dreimal folgenden Spielplan:

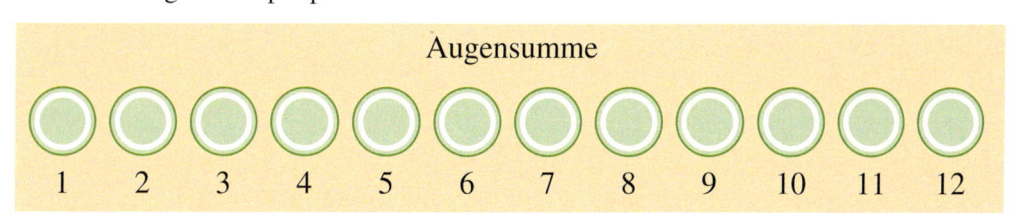

Augensumme: 1 2 3 4 5 6 7 8 9 10 11 12

Führt nacheinander die Zufallsexperimente ① bis ③ durch:
① 50-mal Werfen der Würfel A und B, Augensumme berechnen
② 50-mal Werfen der Würfel A und C, Augensumme berechnen
③ 50-mal Werfen der Würfel D und E, Augensumme berechnen
Nutzt für jedes Zufallsexperiment einen eigenen Spielplan. Setzt für die geworfene Augensumme jedes Mal einen Spielstein auf das entsprechende Feld des Spielplans. Vergleicht anschließend die sich ergebenen „Spielsteintürme" der drei Zufallsexperimente miteinander. Bezieht auch Spielergebnisse anderer Gruppen mit ein. Formuliert Aussagen zu den Eintrittschancen der jeweiligen Augensummen. Sucht auch nach Begründungen.

ERINNERE DICH
Zufallsgeräte sind Münzen, Würfel, Glücksräder, Kartenspiele, Lostöpfe, Urnen mit Kugeln etc.

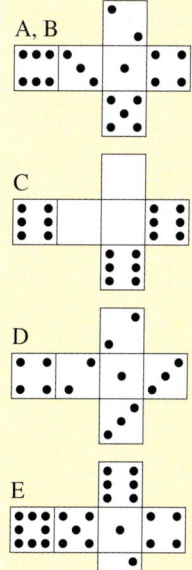

BEACHTE
Würfelnetze

A, B

C

D

E

Zufallsgrößen und Erwartungswerte

Lesen und Verstehen

Max hat ein elektronisches Glücksspiel gebaut. Es besteht aus Leuchtband 1 und Leuchtband 2 mit je 10 farbigen Glühlampen. Jeder Spieler spielt zuerst an Band 1 und dann an Band 2. Auf Knopfdruck blitzen die Lampen des Leuchtbandes in zufälliger Reihenfolge auf, bis der Stoppknopf gedrückt wird. Es leuchtet die zuletzt aktive Lampe.

Leuchtband 1

Leuchtband 2

Entscheidend ist, wie viele rote Lampen im Ergebnis des Zufallsversuchs sind. Einen Gewinn erhält man bei zwei roten Lampen, einen Trostpreis bei einer roten Lampe. Welche Gewinnwahrscheinlichkeiten bestehen für die Gewinne?

Das Spiel ist ein zweistufiges Zufallsexperiment und kann durch ein Baumdiagramm veranschaulicht werden.
Jedem Spielergebnis wird genau eine Zahl zugeordnet, nämlich die Anzahl der roten Lampen.

> Wird jedem Ergebnis eines Zufallsexperiments genau eine reelle Zahl zugeordnet, dann heißt diese Zuordnung **Zufallsgröße**. Zufallsgrößen werden mit Großbuchstaben $X, Y, \ldots$ bezeichnet.
> Die zugeordneten Zahlen $x_1, x_2, \ldots, x_n$ heißen **Werte der Zufallsgröße**.

BEISPIEL

Band 1   Band 2   Ergebnisse   Anzahl Rot

Bezogen auf die Leuchtbänder ordnet die Zufallsgröße X jedem Spielergebnis die Anzahl der roten Lampen zu:
X … Anzahl der roten Lampen
Die Zufallsgröße X kann die Werte 0, 1 oder 2 annehmen.

Preis	Wert von X	Wahrscheinlichkeit des Wertes von X
kein Gewinn	0	$\frac{6}{10} \cdot \frac{3}{10} + \frac{6}{10} \cdot \frac{5}{10} = 0{,}48$
Trostpreis	1	$\frac{4}{10} \cdot \frac{3}{10} + \frac{4}{10} \cdot \frac{5}{10} + \frac{6}{10} \cdot \frac{2}{10} = 0{,}44$
Gewinn	2	$\frac{4}{10} \cdot \frac{2}{10} = 0{,}08$

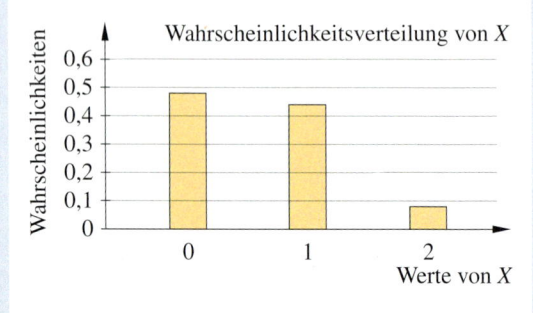

HINWEIS
Die Wahrscheinlichkeit für den Wert x_1 der Zufallsgröße X kann man auch folgendermaßen notieren:
$P(X = x_1) = 0{,}48$

Durch jeden Wert der Zufallsgröße wird ein Ereignis des Glücksspiels beschrieben, dessen Wahrscheinlichkeit mit den Pfadregeln berechnet werden kann.
Damit tritt jeder Wert der Zufallsgröße mit einer bestimmten Wahrscheinlichkeit auf.

Die Wahrscheinlichkeiten für die Werte der Zufallsgröße X können auch in einem Diagramm veranschaulicht werden.

Wahrscheinlichkeitsverteilung von X

Üben und Anwenden

1 Bei einem Skatspiel haben die 32 Karten folgende Werte:

Karte	Ass	10	König	Dame	Bube	7–9
Wert	11	10	4	3	2	0

Es werden nacheinander zwei Karten in den Skat gelegt. Ordne der gegebenen Zufallsgröße ihre entsprechenden Werte zu.

Zufallsgröße
X … Summe der Kartenwerte
Y … niedrigster Wert beider Karten
Z … Produkt beider Werte

Werte der Zufallsgröße
① {0, 4, 6, 8, 9, 12, 16, 20, 22, 30, 33, 40, 44, 100, 110, 121}
② {0, 2, 3, 4, 5, 6, 7, 8, 10, 11, 12, 13, 14, 15, 20, 21, 22}
③ {0, 2, 3, 4, 10, 11}

2 Ein schwarzer und ein weißer Spielwürfel werden nacheinander geworfen. Die Augenzahlen werden notiert.
Ermittle für die folgenden Zufallsgrößen die zugehörigen Werte.
a) X … Summe der Augenzahlen
b) Y … Differenz zwischen großer und kleiner Augenzahl
c) Z … Produkt der Augenzahlen
d) U … Maximum von beiden Augenzahlen

3 Auf einem Parkfest können zum Sammeln von Gewinnpunkten zwei rot-blaue Glücksräder nacheinander gedreht werden.

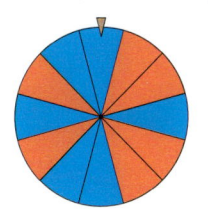

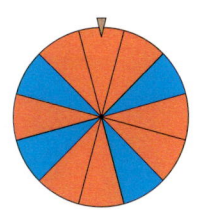

Die Zufallsgröße X beschreibt, wie oft die Farbe Rot auftritt. Die Anzahl der Gewinnpunkte ergibt sich durch den jeweiligen Wert der Zufallsgröße X. Berechne die Wahrscheinlichkeiten für alle möglichen Gewinnpunkte und stelle sie in einem Diagramm dar.

4 Bei einem Test sind drei Fragen zu beantworten. Bei jeder Frage sind drei Antworten vorgegeben, von denen nur eine richtig ist.
Eine Teilnehmerin ist mit ihren Gedanken woanders und rät alle Antworten.
Die Zufallsgröße X beschreibt die Anzahl der richtigen Antworten des vorliegenden Zufallsexperiments.
Gib für die folgenden Werte von X das zugehörige Ereignis aus der Ergebnismenge des Zufallsexperiments an.
a) $X = 2$ b) $X = 0$
c) $X > 0$ d) $X \geq 0$

5 Eine 1-€-Münze wird dreimal geworfen.
a) Welche Werte hat die Zufallsgröße X, die die Anzahl der Einsen bestimmt?
b) Berechne die Wahrscheinlichkeiten für jeden Wert von X und stelle sie in einem Diagramm dar.

6 Familien mit drei Kindern werden nach dem Geschlecht ihrer Kinder befragt.
a) Es interessiert, welches Geschlecht das jüngste, das mittlere und das älteste Kind haben. Gib die Ergebnismenge an.
b) Die Zufallsgröße X beschreibt die Anzahl der Jungen. Ermittle die Werte von X und berechne die zugehörigen Wahrscheinlichkeiten. Die Wahrscheinlichkeit für eine Jungengeburt liegt bei 0,514.

7 Beim Skatspiel erhält jeder der drei Mitspieler zehn Karten und zwei werden in den Skat gelegt. Berechne die Wahrscheinlichkeiten für die möglichen Werte der Zufallsgröße X, wenn X die Anzahl der Buben im Skat beschreibt.

8 Gegeben sind die Werte einer Zufallsgröße. Erfinde passend zu ihnen ein Zufallsexperiment mit entsprechender Zufallsgröße, die die angegebenen Werte besitzt.
a) 0, 1, 2, 3
b) 1, 2, 3, 4, 5

Zufallsgrößen und Erwartungswerte

ZUR INFORMATION
Angekreuzter Tippschein:

	A	B	C
1			
2	X		X
3		X	

Gewinnfelder des Zufallsgenerators:

	A	B	C
1			
2			
3			

BEACHTE
Dualzahlen

...	2^3	2^2	2^1	2^0
	8	4	2	1
		0	1	1
	1	1	0	1

$[011]_2 = 1 + 2 = 3$
$[1101]_2$
$= 1 + 4 + 8 = 13$

9 Für eine Spielrunde muss ein Spieler in jeder Spalte A bis C ein Zahlenfeld auf dem Tippschein ankreuzen (siehe Randspalte). Ein Zufallsgenerator bestimmt dann, welches Feld in jeder Spalte das Gewinnfeld ist. Zum Beispiel gelten in einer Spielrunde die abgebildeten Gewinnfelder der Randspalte.
a) Zeichne ein Baumdiagramm, das für jede Spalte angibt, ob der Spieler einen Treffer gelandet hat oder nicht. Trage alle Teilwahrscheinlichkeiten für Treffer und Nichttreffer ein.
b) Die Zufallsgröße X ordnet jedem Ergebnis des Zufallsexperiments die Anzahl der Treffer zu. Gib die Werte der Zufallsgröße X an.
c) Berechne für die Werte von X die zugehörigen Wahrscheinlichkeiten.

10 Ein Würfel wird zweimal geworfen. Die Zufallsgröße X ordnet dem Ergebnis die niedrigere der beiden Augenzahlen zu. Berechne die Wahrscheinlichkeiten für die entsprechenden Werte von X.

11 Ein Chip hat auf der Oberseite eine „1" und auf der Rückseite eine „0".

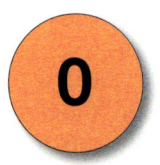

Für ein Zufallsexperiment wird der Chip dreimal geworfen und die jeweils oben liegende Ziffer wird notiert. Jedes Ergebnis stellt eine Zahl aus dem Dualsystem dar, z. B. ergibt 0 / 1 / 1 die Dualzahl 011. Die Zufallsgröße X ordnet jedem Ergebnis die Zahl aus dem Dezimalsystem zu. Gib alle Werte der Zufallsgröße X an.
a) Welche Zahlenkombination muss man werfen, um den Wert 6 zu erhalten?
b) Wie hoch ist die Wahrscheinlichkeit, dass der Wert der Zufallgröße durch drei teilbar ist?
c) Berechne die Wahrscheinlichkeit dafür, dass der Wert der Zufallgröße durch vier teilbar ist.

12 In einer Spielshow soll ein Fußballprofi auf eine Torwand schießen, um genau einmal zu treffen. Er hat dazu maximal drei Versuche. Seine Trefferwahrscheinlichkeit wird mit 0,6 angenommen.
Berechne die Wahrscheinlichkeiten für alle Werte der Zufallsgrößen X und Y.
X beschreibt die Anzahl der Versuche und Y die Anzahl der Treffer.

13 Marlene muss auf ihrem Schulweg mit dem Fahrrad drei Ampeln passieren, die weit voneinander entfernt sind. Marlene behauptet: „Fast immer muss ich auf meinem Schulweg an 2 oder 3 Ampeln warten."

Gib eine Zufallsgröße X an, die zur Lösung des Sachverhaltes geeignet ist.
Überprüfe Marlenes Behauptung, wenn für die Ampelphasen die folgenden Angaben bekannt sind.

1. Ampel	2. Ampel	3. Ampel
30 s grün,	45 s grün,	90 s grün,
60 s rot	45 s rot	30 s rot

14 In einem Gefäß befinden sich vier Kugeln, die mit den Zahlen 1, 1, 2 und 3 beschriftet sind.

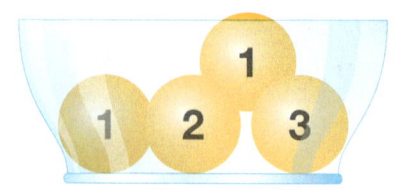

Aus dem Gefäß werden „blind" nacheinander drei Kugeln entnommen. Die Zufallsgröße X ordnet jedem Ergebnis die kleinste Zahl zu, die aus den drei Ziffern gebildet werden kann. Gib alle Werte der Zufallsgröße mit ihren Wahrscheinlichkeiten an.

Erwartungswert einer Zufallsgröße

Erforschen und Entdecken

1 Die Abschlussprüfung ergab in zwei zehnten Klassen die folgenden Noten.
10a: 2 3 3 3 2 4 5 1 2 3 4 6 5 2 1 1 5 4 3 2 6 2 3 6 2
10b: 3 4 4 5 2 5 2 1 3 3 3 4 5 2 3 6 4 3 2 5
a) Fertige je Klasse eine Tabelle mit den absoluten und relativen Häufigkeiten der Noten an.
b) Berechne das arithmetische Mittel der Noten für jede Klasse.
c) Veranschauliche die Notenanteile für beide Klassen getrennt in Kreisdiagrammen.
d) Wie weichen die einzelnen Notenwerte vom arithmetischen Mittel ab? Welche Klasse würdest du als besser einstufen? Begründe.

2 Im Spieljahr 2007/08 wurden in der Fußball-Bundesliga an 34 Spieltagen mehr als 850 Tore erzielt.

Anzahl der Tore je Spiel	0	1	2	3	4	5	6	7	8	9
Anzahl der Spiele mit gegebener Toranzahl	19	53	69	71	46	29	11	5	1	2

a) Wie viele Tore wurden an den 34 Spieltagen genau erzielt?
b) Berechne die relativen Häufigkeiten für die Anzahl der Tore in einem Spiel. Gib die Anteile in Bruchschreibweise und in Prozent an. Runde dabei auf eine Dezimalstelle.
c) Wie viele Tore wurden im Mittel pro Spiel erzielt?
Überlege dir, wie dieser Mittelwert mit den in b) erhaltenen Brüchen berechnet werden kann.
Tipp: Denke daran, wie man auf die Anzahl der Tore insgesamt kommt.

3 Aus drei verschiedenfarbigen Würfeln mit unterschiedlich zugeordneten Punktwerten wird einer ausgewählt. Mit diesem wird pro Spielrunde einmal gewürfelt. Die Tabelle gibt an, wie viele Punkte man für die gewürfelte Zahl erhält.

Würfel	Punkte je gewürfelter Augenzahl					
	1	2	3	4	5	6
1. Würfel (z. B. rot)	+ 30	– 50	+ 30	– 50	– 50	+ 85
2. Würfel (z. B. grün)	+ 50	+ 50	+ 15	– 100	+ 50	– 100
3. Würfel (z. B. schwarz)	+ 30	+ 30	– 70	+ 30	– 5	+ 20

a) Welchen Würfel würdest du zum Punktesammeln auf lange Sicht wählen? Begründe deine Vermutung?
b) Probiert die Würfel zu dritt aus. Ihr benötigt drei verschiedenfarbige Würfel. Legt fest, welcher Würfel der erste, welcher der zweite und welcher der dritte ist. Teilt die Würfel untereinander auf. Nun würfelt jeder mit seinem Würfel 50-mal und schreibt sich die geworfenen Punkte auf. Wie viele Punkte hat jeder am Ende?
c) Berechnet für jeden Würfel das arithmetische Mittel der gewürfelten Punkte und vergleicht die Ergebnisse mit euren ermittelten Werten aus b) sowie der in a) geäußerten Vermutung.

www 091-1

HINWEIS
Unter diesem Webcode findest du die aktuellen Ergebnisse der Fußball-Bundesliga.

HINWEIS
Man kann die Seiten der drei Würfel auch mit der entsprechenden Punktzahl bekleben. So sieht man den gewürfelten Wert schneller.

Zufallsgrößen und Erwartungswerte

Lesen und Verstehen

Ein Schausteller möchte auf einem Volksfest ein neues Glücksspiel anbieten, bei dem er auf Dauer Gewinn macht. Er wählt ein Gefäß mit zwei roten und sechs schwarzen Kugeln. Daraus sollen nacheinander zwei Kugeln ohne Zurücklegen gezogen werden. Der Spieleinsatz beträgt 1 € pro Spiel. Die Zufallsgröße X gibt den Gewinn an. Gewinnplan:

Spiel-ergebnis	2 rote Kugeln	1 rote und 1 schwarze Kugel	2 schwarze Kugeln
Gewinn für den Spieler	Einsatz zurück und 2 € Gewinn → 2 €	Einsatz zurück und 1 € Gewinn → 1 €	Spieler verliert seinen Einsatz → −1 €

Bringt dieses Glücksspiel für einen Spieler auf lange Sicht einen Verlust und dem Schausteller einen Gewinn?

ERINNERE DICH
Zieht man aus einem Gefäß zweimal hintereinander ohne Zurücklegen eine Kugel, so sind die Wahrscheinlichkeiten beim zweiten Ziehen abhängig vom Ergebnis des ersten Ziehens.

Um das zu ermitteln, interessiert das arithmetische Mittel der Werte der Zufallsgröße X, das bei großer Versuchsanzahl zu erwarten ist. Diesen Mittelwert nennt man Erwartungswert einer Zufallsgröße.
Die Zufallsgröße X ordnet jedem Spielergebnis den Gewinn des Spielers zu. Die Werte der Zufallsgröße sind 2 €, 1 € und −1 €. Nun werden ihre Wahrscheinlichkeiten ermittelt.

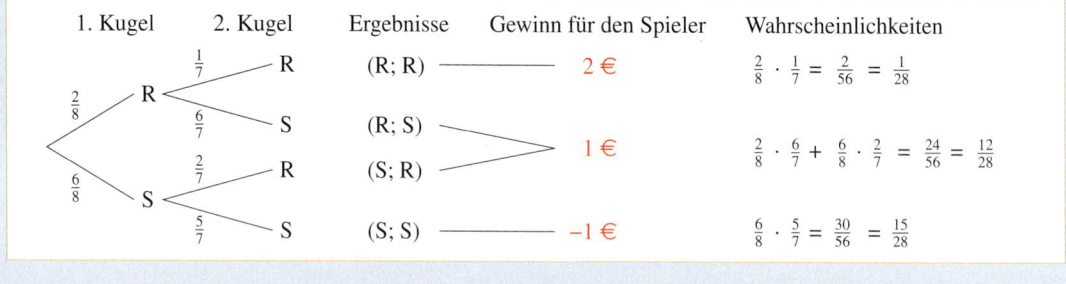

1. Kugel	2. Kugel	Ergebnisse	Gewinn für den Spieler	Wahrscheinlichkeiten
$\frac{2}{8}$ R	$\frac{1}{7}$ R	(R; R)	2 €	$\frac{2}{8} \cdot \frac{1}{7} = \frac{2}{56} = \frac{1}{28}$
	$\frac{6}{7}$ S	(R; S)	1 €	$\frac{2}{8} \cdot \frac{6}{7} + \frac{6}{8} \cdot \frac{2}{7} = \frac{24}{56} = \frac{12}{28}$
$\frac{6}{8}$ S	$\frac{2}{7}$ R	(S; R)		
	$\frac{5}{7}$ S	(S; S)	−1 €	$\frac{6}{8} \cdot \frac{5}{7} = \frac{30}{56} = \frac{15}{28}$

Es sieht so aus, als ob das neue Glücksspiel langfristig für den Spieler einen Gewinn bringt, denn bei 3 von 4 möglichen Ergebnissen des Zufallsexperiments gewinnt der Spieler.

BEACHTE
Die Chance, bei einem solchen Spiel etwas zu gewinnen, liegt für einen Spieler bei $\frac{13}{28}$, also rund 46 Prozent.

Der **Erwartungswert $E(X)$** gibt den durchschnittlichen Wert einer Zufallsgröße X an.

Der **Erwartungswert wird berechnet**, indem man jeden Wert $x_1, x_2, \ldots, x_n$ der Zufallsgröße X mit seiner zugehörigen Wahrscheinlichkeit multipliziert und dann alle Produkte addiert.
$E(X) = x_1 \cdot P(X = x_1) + x_2 \cdot P(X = x_2) + \ldots + x_n \cdot P(X = x_n)$

BEISPIEL
Ermitteln des Erwartungswertes:
$E(X) = 2 € \cdot \frac{1}{28} + 1 € \cdot \frac{12}{28} + (−1 €) \cdot \frac{15}{28}$
$ = -\frac{1}{28} €$

Das neue Glücksspiel bringt langfristig für den Spieler keinen Gewinn, da der Erwartungswert und somit die Gewinnerwartung mit rund −0,04 € negativ ist.
Der Schausteller macht auf Dauer Gewinn.

Ein Spiel bezeichnet man als fair, wenn der Erwartungswert des Gewinns für jeden Beteiligten gleich null ist.

Übungen und Anwenden

1 Berechne den Erwartungswert.

Wert von X	−10	15	30	60
zugehörige Wahrscheinlichkeit	$\frac{1}{12}$	$\frac{5}{12}$	$\frac{1}{3}$	$\frac{1}{6}$

2 Die Werte von X geben den Gewinn oder Verlust bei einem Glücksspiel an. Ermittle den Erwartungswert. Handelt es sich um faires Spiel?

Wert von X	−3 €	−2 €	−1 €	+1 €
zugehörige Wahrscheinlichkeit	$\frac{1}{12}$	$\frac{1}{4}$	$\frac{1}{6}$	$\frac{1}{2}$

3 Für den Striezelmarkt in Dresden hat eine Firma Nussknacker angefertigt. Die Zufallsgröße X beschreibt die Anzahl verkaufter Nussknacker an einem Tag. Berechne den Erwartungswert von X, wenn die in der Tabelle angegebenen Verkaufszahlen und Wahrscheinlichkeiten angenommen werden.

Anzahl verkaufter Nussknacker an einem Tag	Wahrscheinlichkeit für den Verkauf dieser Anzahl
0	0,10
1	0,25
2	0,30
3	0,20
4	0,10
5	0,05

4 Berechne die fehlenden Werte.

a)

Wert von X	−15	−5	12,5	25
zugehörige Wahrscheinlichkeit	0,125	$\frac{3}{8}$		$\frac{1}{6}$
Erwartungswert				

b)

Wert von X	20	40	80	
zugehörige Wahrscheinlichkeit	$\frac{1}{5}$		0,5	0,05
Erwartungswert		60		

5 In einer Spielothek soll ein neuer Spielautomat aufgestellt werden. Der Hersteller macht für die Gewinnausschüttung die in der Tabelle aufgeführten Angaben.

ausgezahlter Betrag	zugehörige Wahrscheinlichkeit
0 €	0,30
1 €	0,39
2 €	0,15
5 €	0,10
10 €	0,05
25 €	0,01

a) Berechne den mittleren Auszahlungsbetrag für diesen Spielautomaten.
b) Berechne den mittleren Gewinn für einen Spieler, wenn der Einsatz 50 ct beträgt.
c) Welchen Spieleinsatz kann der Betreiber höchstens verlangen, wenn sein mittlerer Gewinn je Spiel 6 ct nicht übersteigen darf?

6 Zwei Glücksräder werden nacheinander gedreht. Man gewinnt, wenn zweimal die gleiche Farbe auftritt. Die Zufallsgröße X ordnet jedem Ergebnis einen Geldbetrag zu. Folgendes gilt:

Ergebnisse	(G, G)	(B, B)	(R, R)	sonst
Geldbetrag	+3 €	+2 €	+1 €	−1 €

a) Gib alle Werte der Zufallsgröße an.
b) Berechne die Wahrscheinlichkeiten der Werte der Zufallsgröße.
c) Berechne den Erwartungswert der Zufallsgröße X.
d) Wie könnte die Zuordnung der Geldbeträge aussehen, damit der Erwartungswert null und das Spiel somit fair ist?

7 In einem Säckchen befinden sich vier Bauteile, von denen zwei zu einer Figur zusammengesetzt werden können. Es wird so lange ein Bauteil ohne Zurücklegen gezogen, bis man die Figur zusammensetzen kann. Mit wie vielen Zügen muss man durchschnittlich rechnen, um die Figur bauen zu können?

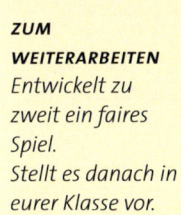

ZUM WEITERARBEITEN
Entwickelt zu zweit ein faires Spiel. Stellt es danach in eurer Klasse vor.

093-1

AUFGEPASST
Glücksspiele können süchtig machen. Unter dem Webcode findest du Informationen und einen Selbsttest zum Thema „Glücksspielsucht".

Stochastische Probleme mit einer

Wähle eine der drei Aufgaben aus. Simuliere sie mit einem Tabellenkalkulationsprogramm. Stimme dich für eine Präsentation der Ergebnisse mit deinen Mitschülern ab.

> **Anleitung**
> - Die Problemstellungen sollen fachlich genauer beschrieben werden, wie z. B. eine genauere Formulierung der Zufallsgrößen. Beachte, dass beim Simulieren Häufigkeiten und nicht Wahrscheinlichkeiten ermittelt werden.
> - Man sollte die Funktionen des Programms, z. B. GANZZAHL(...), ZUFALLSZAHL(), WENN(...) und ZÄHLENWENN(...) und das, was in die Klammern gehört, sicher kennen. Hilfreich kann der Funktionsassistent des Programms sein.
> - Das Tabellenblatt sollte so geplant werden, dass sehr viele Versuchswiederholungen (z. B. 1500-mal) einfach darzustellen sind. Die Musterbeispiele für 15 Versuchswiederholungen sind z. B. nach unten hin schnell erweiterbar (siehe Tabellenblatt Aufgabe 1).
> - Gestalte das Tabellenblatt so, dass du damit experimentieren kannst.

1 Vier sind …

Um Zahlvorstellungen zu gewinnen, werfen Erstklässler oft vier gleich große Chips, die alle eine grüne und eine gelbe Seite haben. Dann wird gezählt, wie oft Grün und wie oft Gelb oben liegt. Daraus sollen Aufgaben nach dem Muster „4 sind 3 + 1" gebildet werden.
Welche Aufgaben wird der Schulanfänger wohl oft und welche eher selten zu lösen haben?
Simuliere den Versuch mit einem Tabellenkalkulationsprogramm.

Tipp zu angewandten Funktionen: B8 = WENN(ZUFALLSZAHL()<0,5;„grün";„gelb")
F8 = ZÄHLENWENN((B8:E8);„grün")
I7 = ZÄHLENWENN(($F$8:$F$22);I6)

BEACHTE
Die Aufteilung des Rechenblattes ist zum Simulieren vorteilhaft, da Eingabe- und Ausgabebereich immer gemeinsam zu sehen sind.

Vier zweifarbige Chips (grün/gelb) werfen

Zufallsgröße X … Anzahl der Chips, bei denen die grüne Farbe oben liegt.
Zugehörige Werte von X: 0, 1, 2, 3, 4

Anzahl der Versuche	1. Chip	2. Chip	3. Chip	4. Chip	Anzahl grün
1	grün	grün	grün	gelb	3
2	gelb	grün	gelb	grün	2
3	grün	gelb	gelb	gelb	1
4	gelb	gelb	grün	grün	2
5	grün	grün	gelb	gelb	1
6	grün	grün	grün	gelb	3
7	grün	grün	gelb	grün	3
8	gelb	gelb	gelb	gelb	1
9	grün	grün	grün	grün	4
10	grün	gelb	gelb	gelb	2
11	gelb	gelb	gelb	gelb	1
12	gelb	gelb	gelb	grün	1
13	grün	gelb	gelb	grün	3
14	gelb	grün	gelb	gelb	1
15	gelb	grün	grün	grün	3

Werte von X	0	1	2	3	4	Summe
Absolute Häufigkeit	0	6	3	5	1	15
Relative Häufigkeit	0,00	0,40	0,20	0,33	0,07	1,00

Simulation mit Zufallsgenerator (nach unten erweiterbar)

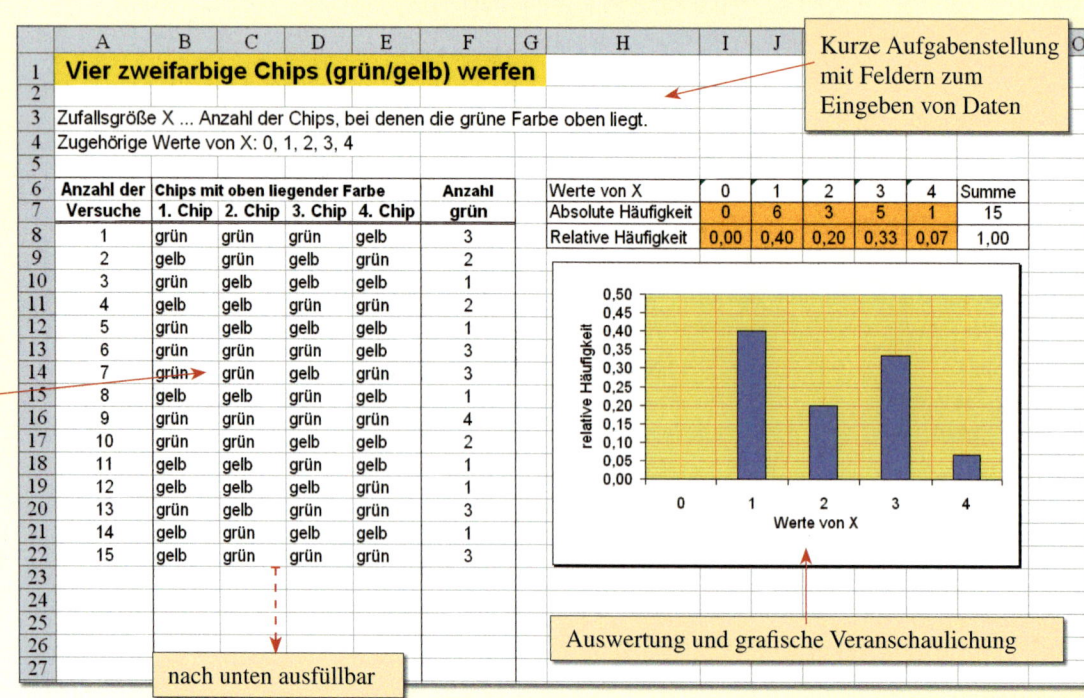

nach unten ausfüllbar

Kurze Aufgabenstellung mit Feldern zum Eingeben von Daten

Auswertung und grafische Veranschaulichung

Tabellenkalkulation simulieren

2 Chuck a Luck

„Chuck a Luck" oder auch „Chuck Luck" (dt. etwa: „Glückswurf") ist ein einfaches Würfel-Glücksspiel mit drei Würfeln.
Das Spielfeld besteht aus sechs Feldern mit den Zahlen 1 bis 6. Ein Spieler setzt seinen Einsatz auf eine der sechs Zahlen, dann werden die drei Würfel geworfen. Es gilt:

Ergebnisse	Würfel zeigen die gesetzte Augenzahl ...			
	einmal	zweimal	dreimal	nicht
Gewinn oder Verlust	einfacher Gewinn + Einsatz zurück	doppelter Gewinn + Einsatz zurück	dreifacher Gewinn + Einsatz zurück	Verlust des Einsatzes

Wie hoch wird der durchschnittliche Gewinn für einen Spieler sein?
Simuliere den Versuch mit einem Tabellenkalkulationsprogramm.
Tipp zu angewandten Funktionen: B8 = 1+GANZZAHL(6*ZUFALLSZAHL())
F8 = WENN(E8<>0;E8;-$J$3)
H24 = SUMME($F$8:$F$22)/$M$7

	A	B	C	D	E	F	G	H	I	J	K	L	M	N
1	"Chuck a Luck"													
2														
3	Zufallsgröße X ... Gewinn für Spieler						Spieleinsatz:			1	$			
4	Zugehörige Werte von X in $: -1; 1; 2; 3						Gewählte Zahl:			2				
5														
6	Anzahl der	1.	2.	3.	Treffer-	Gewinn		Werte von X	-1	1	2	3	Summe	
7	Versuche	Würfel	Würfel	Würfel	anzahl	in $		Absolute Häufigkeit	11	2	2	0	15	
8	1	3	5	1	0	-1		Relative Häufigkeit	0,73	0,13	0,13	0,00	1,00	
9	2	1	3	6	0	-1								
10	3	2	1	5	1	1								
11	4	3	3	4	0	-1								
12	5	4	5	4	0	-1								
13	6	1	4	5	0	-1								
14	7	6	4	6	0	-1								
15	8	3	1	3	0	-1								
16	9	4	6	6	0	-1								
17	10	2	3	2	2	2								
18	11	4	3	4	0	-1								
19	12	6	1	3	0	-1								
20	13	3	4	4	0	-1								
21	14	2	4	1	1	1								
22	15	3	2	2	2	2								
23								Durchschnittlicher Gewinn für Spieler:						
24								-0,33 $						

3 Die böse Drei

Beim Spiel „Die böse Drei" zahlt der Spieler 3 € Einsatz an die Bank und wirft zwei Würfel.
Ist keine „3" dabei, dann bekommt der Spieler die Augensumme beider Würfel in Euro ausgezahlt, ohne aber seinen Einsatz zurückzubekommen. Ist bei dem Wurf wenigstens eine „böse Drei" dabei, dann muss er die Augensumme in Euro bezahlen.
Wie viel Gewinn oder Verlust macht die Bank auf lange Sicht?
Experimentiere auch mit der Höhe des Einsatzes.

Zufallsgrößen und Erwartungswerte

Vermischte Übungen

1 Ein Würfel mit dem abgebildeten Netz wird einmal geworfen.

		71	
60	24	701	121
		5	

Bestimme für die folgenden Zufallsgrößen alle Werte. Gib die jeweils zugehörigen Ereignisse aus der Ergebnismenge an.
X ... Anzahl der Ziffern
Y ... Anzahl der Teiler
Z ... Rest bei Division durch 5
U ... Quersumme
V ... Querprodukt

2 Denkt euch selbst ein Zufallsexperiment aus. Gebt dazu drei verschiedene Zufallsgrößen an. Stellt eure Ergebnisse in der Klasse vor.

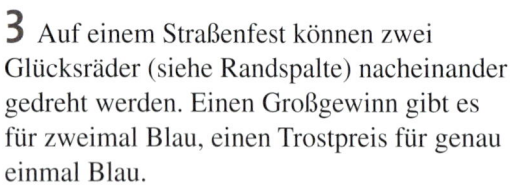

3 Auf einem Straßenfest können zwei Glücksräder (siehe Randspalte) nacheinander gedreht werden. Einen Großgewinn gibt es für zweimal Blau, einen Trostpreis für genau einmal Blau.
Gib die Wahrscheinlichkeit für den Hauptgewinn und den Trostpreis an. Welche Zufallsgröße beschreibt diese Gewinneinteilung?

4 Vier unterscheidbare Spielwürfel werden nacheinander geworfen. Für jeden Würfel wird notiert, ob eine Sechs oben liegt oder nicht. Die Zufallsgröße X beschreibt die Anzahl der auftretenden Sechsen.
a) Welche Werte kann die Zufallsgröße X annehmen?
b) Schätze die Wahrscheinlichkeiten für jeden Wert von X in Prozent.
c) Berechne die Wahrscheinlichkeiten für jeden Wert und vergleiche mit den Schätzwerten.
d) Veranschauliche die Wahrscheinlichkeiten in einem geeigneten Diagramm.

5 Bei einer Werbeveranstaltung liegen in einem Glas vier gleich aussehende Kugeln. In zwei der Kugeln befindet sich jeweils eine Hälfte einer Werbefigur.

Janette darf aus dem Glas nacheinander solange eine Kugel ziehen, bis sie sich über eine komplette Werbefigur freuen kann.
a) Zeichne zum Zufallsexperiment ein Baumdiagramm. Trage die zugehörigen Einzelwahrscheinlichkeiten ein.
b) Ermittle die möglichen Werte für die folgenden Zufallsgrößen X und Y.
X beschreibe die Anzahl der Züge und Y die Anzahl der gezogenen leeren Kugeln.
c) Berechne die Wahrscheinlichkeiten für die geringste und größte Anzahl der Züge.

6 Das Spiel „Morra" spielen zwei Spieler.

Zur gleichen Zeit zeigen beide mit der rechten Hand einen bis fünf Finger und rufen eine Zahl von zwei bis zehn aus. Ist die Summe der ausgestreckten Finger gleich der ausgerufenen Zahl, dann bekommt der Spieler einen Punkt für diese Spielrunde. Haben beide Spieler die Summe richtig vorausgesagt, dann gibt es keinen Punkt. Gespielt wird so lange, bis ein Spieler 21 Punkte erreicht hat.
Berechne die Wahrscheinlichkeiten für die möglichen Summen.

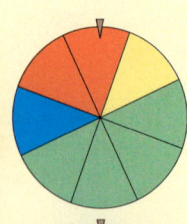

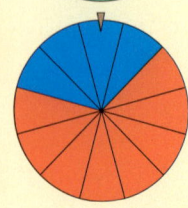

ZUM WEITERARBEITEN
Berechne für das in Aufgabe 1 angegebene Zufallsexperiment die Wahrscheinlichkeiten für die Werte der Zufallsgrößen X und Y.

096-1

HINWEIS
Im Internet findet man umfangreiche Information zu dem Spiel „Morra" und deren Varianten.

Vermischte Übungen

7 Gegeben sind zwei verschieden gefärbte Dodekaeder A und B. Ein Dodekaeder hat 12 Seiten.

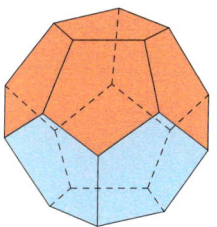

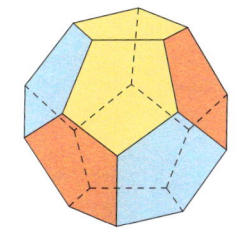

Dodekaeder A
6 rote und
6 blaue Flächen

Dodekaeder B
4 rote, 4 blaue und
4 gelbe Flächen

Mit jedem Dodekaeder wird so lange gewürfelt, bis zweimal hintereinander die gleiche Farbe auftritt, aber höchstens viermal. Die Zufallsgröße X beschreibt die Anzahl der Würfe. Berechne für jeden der beiden Dodekaeder die Wahrscheinlichkeiten für die Werte der Zufallsgröße X.

8 Bei einer Kundenumfrage im Kaufmarkt wurde folgender Fragebogen verteilt:

1) Sind Sie mit der Preisgestaltung zufrieden?
   ❏ Ja
   ❏ Nein
2) Sind Sie mit der Produktauswahl zufrieden?
   ❏ Ja
   ❏ Nein
3) Kaufen Sie hier mindestens einmal im Monat ein?
   ❏ Ja
   ❏ Nein

Die Auswertung von 5 000 Kundenantworten ergab folgende Häufigkeiten:
Frage 1: 652-mal „Ja"
Frage 2: 3 128-mal „Ja"
Frage 3: 2 870-mal „Ja"
Für Untersuchungen in anderen Kaufmärkten werden diese Werte als Schätzwerte für Wahrscheinlichkeiten der gleichen Fragen genutzt.
Berechne die Wahrscheinlichkeiten für alle Werte der Zufallsgröße X, wenn X die Anzahl der Antworten „Nein" beschreibt.

9 Bei der Produktion von Bauteilen für Windkraftanlagen werden ständig Qualitätskontrollen durchgeführt. Die Wahrscheinlichkeit, dass ein Bauteil die Qualitätsprüfung nicht besteht, kann mit nur 2 % angenommen werden.
Aus einer Serie von Bauteilen werden drei auf Qualität geprüft. Wie groß ist die Wahrscheinlichkeit, dass keine, eine, zwei oder alle drei die Qualitätsprüfung bestehen?

10 In einer Lostrommel sind vier gleich große Kugeln, die mit den Ziffern 0, 1, 2 und 3 beschriftet sind. Es werden nacheinander zwei Kugeln ohne Zurücklegen gezogen. Die Zufallsgröße X stellt die größere Zahl der beiden gezogenen Zahlen dar.

Wert von X			
Wahrscheinlichkeit			

Ergänze die Werte und Wahrscheinlichkeiten für das Zufallsexperiment im Heft.

11 Schon im antiken Griechenland würfelte man mit Astragali, den Mittelfußknochen von Ziegen und Schafen.
Die am häufigsten oben liegende Fläche hat den Wert 4, am seltensten tritt der Wert 6 auf. Mit den anderen beiden erzielt man die Werte 3 und 4. Von einem Astragalus sind die folgenden Wahrscheinlichkeiten bekannt.

Ergebnis e	1	3	4	6
$P(e)$	0,10	0,35	0,48	0,07

Gewürfelt wurde mit vier Astragali. Würfelte man eine *Venus*, vier unterschiedliche Werte (1, 3, 4, 6), gewann man das Spiel. Zeigten alle Astragali nur die 1, so nannte sich der Wurf *Canis* (lateinisch für Hund) und der Spieler hatte automatisch verloren.
Die Zufallsgröße X bestimmt bei einem Wurf die Anzahl der unterschiedlichen Werte.
BEISPIEL $4 | 1 | 4 | 6 \rightarrow 3$, da es drei unterschiedliche Werte gibt.
a) Berechne $P(X = 4)$, also die Wahrscheinlichkeit für einen *Venus*-Wurf.
b) Berechne die Wahrscheinlichkeit für einen *Canis*-Wurf.

BEACHTE
Ein Astragalus ist an zwei Seiten „rund" und kann deshalb nur auf vier Seiten zu liegen kommen.

12 Berechne zunächst x. Gib dann den Erwartungswert der Zufallsgröße Z an.

Wert von Z	1	2	3	4
zugehörige Wahrscheinlichkeit	$2{,}5x$	x^2	$\frac{1}{2}x$	$0{,}36$

13 Bei einer Maus wurde festgestellt, dass sie in einem Irrgarten immer nach vorne strebt und bei einer Weggabelung zu 70 % nach rechts läuft. Nun soll die Maus durch den abgebildeten Parcours laufen. Die Zufallsgröße X beschreibt die Anzahl der Rechtsentscheidungen.
a) Mit welcher Wahrscheinlichkeit landet die Maus in einem der Felder 1 bis 5?
b) Man hat ein Stück Speck, mit dem man die Maus möglichst belohnen möchte. In welches Feld sollte man den Speck legen?

14 Ralf und Thomas spielen oft gegen ihren Vater mit drei Gewinnsätzen Tischtennis. Ralf gewinnt mit 40%iger Wahrscheinlichkeit einen Satz gegen seinen Vater und Thomas mit 70%iger Wahrscheinlichkeit.
Berechne den Erwartungswert für die Anzahl der Sätze, die zum Spielsieg für Ralf und für Thomas nötig sind.

15 Bei einem Glücksspielautomat drehen sich zwei Räder. Auf jedem Rad stehen die Zahlen 0 bis 9. Für ein Spiel zahlt man 10 ct. Die Räder fangen an sich zu drehen, bis sie unabhängig voneinander von einem Zufallsgenerator gestoppt werden. Für die in der Tabelle angegebenen Zahlen gewinnt man, ansonsten verliert man seinen Einsatz.

Gewinnzahl	Gewinn (in ct)
00	200
11	100
33	50
55	50
66	20
77	100
99	300

Ist das Spiel auf lange Sicht für einen Spieler günstig?

16 Zu Beginn eines Fluges und nach der Hälfte der Flugzeit gehen die Stewardessen mit ihrem Getränkewagen durch die Gänge. Aus Erfahrung nehmen pro Getränkausgabe 10 % der Passagiere kein, 40 % ein warmes und 50 % ein kaltes Getränk.

a) Wie viele Getränke nimmt ein Passagier auf dem Flug im Durchschnitt zu sich?
b) Wie viele Getränke sollte die Fluggesellschaft ungefähr einplanen, wenn 200 (470; 850) Passagiere an Board sind?

17 Jasmina und Kevin knobeln mit einem Spielwürfel. Je Spiel wird der Würfel einmal geworfen. Spielregel:
Liegt eine Primzahl (siehe Randspalte) oben, dann gibt Kevin so viele Spielmarken an Jasmina, wie der Würfelwert zeigt. Ansonsten muss Jasmina Spielmarken entsprechend dem Würfelwert an Kevin auszahlen.
Wer wird auf lange Sicht Sieger sein?

18 In einer Mini-Gummibärchentüte befinden sich 5 rote, 1 grünes, 2 gelbe, 3 weiße und 2 orangefarbene Bärchen.
Lina liebt besonders die weißen. Sie darf sich, ohne hinzuschauen, nacheinander drei Bärchen aus der Tüte ziehen.
Die Zufallsgröße X beschreibt die Anzahl der gezogenen weißen Bärchen. Gibt die Wahrscheinlichkeiten dafür an und berechne den Erwartungswert.

ERINNERE DICH
Eine Primzahl ist nur durch 1 und sich selbst teilbar.

Vermischte Übungen

19 In der laufenden Fußballmeisterschaft hat der SC Lokhausen noch drei Spiele zu absolvieren.
Für einen Sieg gibt es drei Punkte, für ein Unentschieden gibt es einen Punkt und für eine Niederlage gibt es keinen Punkt.

a) Welche Punktgewinne sind in den drei restlichen Spielen insgesamt möglich?
b) Berechne den Erwartungswert der Punkte für die drei ausstehenden Spiele des SC Lokhausen, wenn die folgenden Wahrscheinlichkeiten angenommen werden.

Spiel-Nr.	Sieg	Unentschieden	Niederlage
32	0,8	0,1	0,1
33	0,2	0,6	0,2
34	0,5	0,25	0,25

20 Die Ränder einer gelben und einer roten Drehscheibe sind jeweils in 60 gleich große Felder eingeteilt. In jedem Feld befindet sich eines der zehn folgenden Symbole, wobei jedes Symbol pro Scheibe sechsmal auftritt. 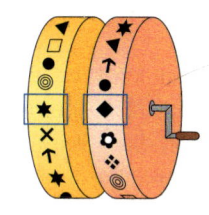
★ ◎ ✿ ☐ ✕ ◀ ❖ ● ↑ ◆
Die Scheiben werden nacheinander gedreht. Entscheidend ist, welche beiden Zeichen an der Markierung stehen bleiben.
Gewinnplan: Der Spieleinsatz wird nicht zurückgezahlt und beträgt 50 ct.

Spielausgang	(★★)	zwei andere gleiche Zeichen	genau einmal ★
Gewinn	5 €	3 €	1 €

Überprüfe die Behauptung, dass es ein faires Spiel ist.

21 Für ein Spiel wird eine Münze zweimal geworfen. Zu Beginn eines jeden Spiels hat man 8 Punkte. Für jeden Münzwurf gilt:
bei „Zahl" verdoppelt sich der Betrag;
bei „Wappen" halbiert er sich.
Das Spiel wird sehr oft wiederholt. Welcher durchschnittliche Punktestand ist für ein solches Spiel zu erwarten?

22 In einer Spielbank können drei Glücksräder nacheinander gedreht werden. Die gedrehte Farbe wird jeweils notiert.
Spielplan:

Spielausgang	Gewinn
alle drei Farben gleich	Auszahlung von 300 Chips aus der Spielbank
nur die erste und dritte Farbe gleich	Auszahlung von 100 Chips aus der Spielbank
restliche Ergebnisse	Zahlung von 200 Chips an die Spielbank

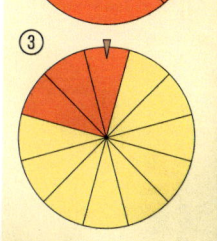

a) Sind bei diesem Spiel die Gewinnchancen für Spieler und Spielbank gleich? Begründe deine Entscheidung.
b) Werden bei diesem Spiel auf lange Sicht dem Spieler oder der Spielbank die Chips ausgehen?
c) Verändere das Spiel so, dass es ein faires Spiel wird.

23 Aus den vier gut gemischten Karten soll verdeckt ohne Zurückstecken so lange eine Karte gezogen werden, bis man eine vorher bestimmte Karte erhält.

Berechne die mittlere Anzahl der erforderlichen Züge für …
a) ein Ass.
b) eine schwarze Karte.
c) ein Bube.
d) eine Sieben.

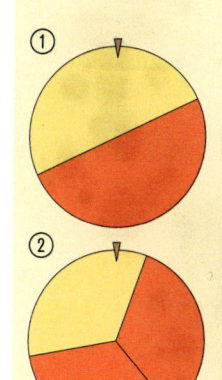

Zufallsgrößen und Erwartungswerte

24 Ein Kioskbesitzer verkauft die Zeitschrift KFZ-Welt nur wenig. Da er den maximalen Gewinn erzielen möchte, hat er sich über einen langen Zeitraum die Anzahl dieser verkauften Zeitschriften pro Tag notiert. Folgende Wahrscheinlichkeiten hat er ermittelt.

täglich verkaufte Anzahl	1	2	3	4	5
Wahrscheinlichkeit	0,05	0,35	0,30	0,25	0,05

Der Kioskbesitzer kauft eine KFZ-Welt beim Großhändler für 3,50 € ein und verkauft sie für 5,20 € an seine Kunden weiter.
– Welche Anzahl sollte der Händler deiner Meinung nach bestellen? Begründe deine Vermutung.
– Berechne für diese Anzahl den durchschnittlichen Gewinn.
– Vergleicht eure Ergebnisse in der Klasse. Welche Anzahl bringt durchschnittlich den größten Gewinn? Wie hoch ist dieser Gewinn? Ist dieser Gewinn ein Reingewinn für den Kioskbesitzer?

25 In einer Lostrommel befinden sich 500 Lose, davon 400 Nieten, 60 kleine Gewinne zu 2 €, 35 mittlere Gewinne zu 4 € und 5 Hauptgewinne zu 40 €.

a) Die Zufallsgröße X beschreibt den Gewinn abzüglich der Loskosten. Gib die Wahrscheinlichkeiten der Werte von X und den durchschnittlichen Gewinn eines Spielers für folgende Fälle an.
① Jedes Los kostet 1 €.
② Fünf Lose kosten 4 €.
b) Wie viel müsste ein Los kosten, damit das Spiel fair ist?

26 Ein Blumenhändler verkauft am Wochenende besondere Gestecke. Diese kauft er für 15 € ein und verkauft sie für 26 €. Aus Erfahrung weiß der Blumenhändler, dass er je Wochenende höchstens vier solcher Gestecke verkauft. Er hat sich deshalb die folgende Übersicht angefertigt:

Anzahl verkaufter Gestecke	0	1	2	3	4
zugehörige Wahrscheinlichkeit (in %)	10	15	40	30	5

a) Der Händler überlegt, ob er pro Wochenende zwei oder drei Gestecke einkaufen sollte. Die Zufallsgröße X ordnet der verkauften Anzahl den jeweiligen Gewinn zu. Ermittle die Werte der Zufallsgröße sowie den Erwartungswert für:
① Der Händler bestellt 2 Gestecke.
② Der Händler bestellt 3 Gestecke.
b) Wie viele Gestecke sollte der Händler immer bestellen, um möglichst viel Gewinn zu machen? Denke auch an die Wirkung auf den Kunden.

27 Marktstandbesitzer Frobe verkauft samstags und sonntags Bio-Kartoffeln. Einen Sack kauft er für 1,00 € ein und verkauft ihn für 2,80 €. Seine Transportkosten belaufen sich das gesamte Wochenende auf 50 €. Er möchte seinen Gewinn optimieren. Deshalb hat er sich seit einiger Zeit die Anzahl der verkauften Kartoffelsäcke pro Tag notiert und daraus die jeweiligen Wahrscheinlichkeiten ermittelt.

Anzahl der verkauften Kartoffelsäcke pro Tag	Wahrscheinlichkeit
50	$\frac{1}{10}$
100	$\frac{1}{6}$
150	$\frac{3}{10}$
200	$\frac{1}{5}$
250	$\frac{2}{15}$
300	$\frac{1}{10}$

Wie viele Säcke Bio-Kartoffeln sollte Herr Frobe für ein Wochenende einkaufen?

Teste dich!

a

1 Eine Münze wird zweimal nacheinander geworfen. Durch die Zufallsgröße X wird jedem Ergebnis dieses Zufallsexperiments die Anzahl der Wappen zugeordnet.
a) Fertige für dieses Zufallsexperiment ein Baumdiagramm an.
b) Welche Werte kann X annehmen?

b

1 Drei unterschiedliche Münzen werden nacheinander geworfen. Durch die Zufallsgröße Y wird jedem Ergebnis dieses Zufallsexperiments die Anzahl der Wappen zugeordnet.
Berechne für alle Werte von Y die zugehörigen Wahrscheinlichkeiten.

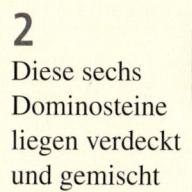

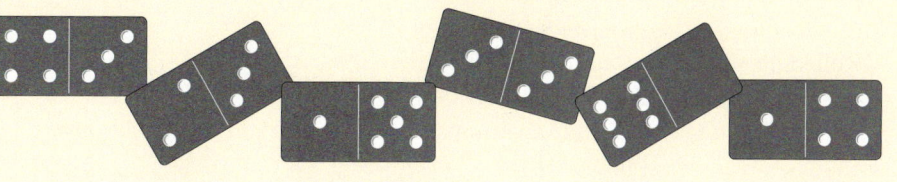

2 Diese sechs Dominosteine liegen verdeckt und gemischt auf dem Tisch. In einem Spiel soll ein Dominostein gezogen werden. Die Zufallsgröße X ordnet dem Ziehungsergebnis die Gesamtaugenzahl des Steins zu.
Gib alle Werte von X an und ermittle die jeweils zugehörigen Wahrscheinlichkeiten.

3 Berechne für Familien mit drei Kindern den Durchschnittswert für die Anzahl der Jungen. Die Wahrscheinlichkeit für eine Jungengeburt sei 0,5.

3 Beim Beachvolleyball gibt es zwei Gewinnsätze. Berechne den Erwartungswert für die Anzahl der zu spielenden Sätze, wenn beide Mannschaften gleich stark sind.

4 Beim Roulett kann man auf das erste, zweite oder dritte Dutzend setzen, die Null zählt extra. Gewinnt man, so zahlt die Bank den Einsatz zurück und als Gewinn das Doppelte des Einsatzes dazu. Die Zufallsgröße X beschreibt den Gewinn. Der Einsatz beträgt 2 € pro Feld. Folgende Wahrscheinlichkeiten gelten:

Bereiche	Null	1. Dutzend	2. Dutzend	3. Dutzend
zugehörige Zahlen	0	1 – 12	13 – 24	25 – 36
Wahrscheinlichkeiten	$\frac{1}{37}$	$\frac{12}{37}$	$\frac{12}{37}$	$\frac{12}{37}$

Ermittle für die Zufallsgröße X die zugehörigen Werte sowie die Wahrscheinlichkeiten dafür, dass ein Spieler auf das erste Dutzend setzt.

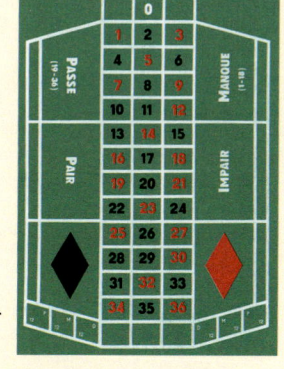

5 Jonathan möchte auf dem Frühlingsfest für seine Freundin Rosen schießen. Sein Taschengeld reicht für höchstens drei Schuss. Da er ein guter Schütze ist, geht er von einer Trefferwahrscheinlichkeit von 80 % aus. Mit wie vielen Rosen kann er durchschnittlich rechnen?

6 Berechne den Erwartungswert.

Wert der Zufallsgröße X	−10	−5	25	50
zugehörige Wahrscheinlichkeit	$\frac{3}{10}$	$\frac{2}{5}$	$\frac{1}{5}$	$\frac{1}{10}$

6 Berechne x und y.

Wert der Zufallsgröße X	−10	−5	10	25
zugehörige Wahrscheinlichkeit	$\frac{1}{5}$	0,3	x	$\frac{2}{5}$
Erwartungswert			y	

HINWEIS
Brauchst du noch Hilfe, so findest du auf den angegebenen Seiten ein Beispiel oder eine Anregung zum Lösen der Aufgaben. Überprüfe deine Ergebnisse mit den Lösungen ab Seite 134.

Aufgabe	Seite
1	88
2	88
3	88, 92
4	92
5	92
6	92

Zusammenfassung

Zufallsgröße

Wird jedem Ergebnis eines Zufallsexperiments genau eine reelle Zahl zugeordnet, dann heißt diese Zuordnung **Zufallsgröße**. Zufallsgrößen werden mit Großbuchstaben $X, Y, \ldots$ bezeichnet.

Die zugeordneten Zahlen $x_1, x_2, \ldots, x_n$ heißen **Werte der Zufallsgröße**.

Zu jedem Wert einer Zufallsgröße kann seine Wahrscheinlichkeit, z. B. $P(X = x_1)$, mit den Pfadregeln bestimmt werden.

Von einer Vasenproduktion erhalten bei der Formprüfung 90 % das Urteil „⊕" (bestanden), 95 % bestehen die Farbprüfung. Die Zufallsgröße X ordnet jedem Ergebnis der Qualitätskontrolle die Anzahl der bestandenen Prüfungen zu. Wie groß sind die zugehörigen Wahrscheinlichkeiten? Die Zufallsgröße X hat die Werte 0, 1 und 2.

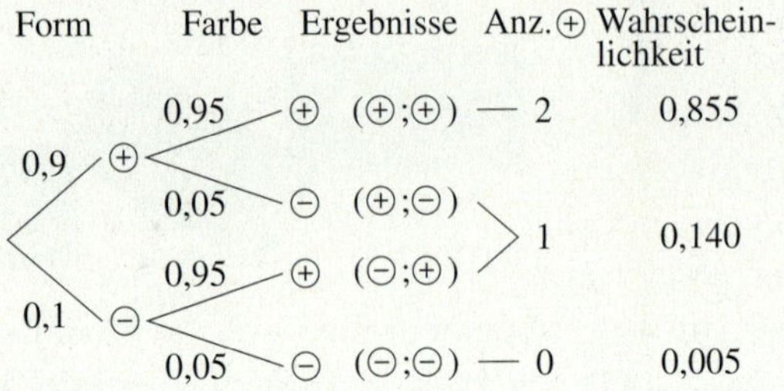

Form	Farbe	Ergebnisse	Anz. ⊕	Wahrscheinlichkeit
0,9 ⊕	0,95 ⊕	(⊕;⊕)	2	0,855
	0,05 ⊖	(⊕;⊖)	1	0,140
0,1 ⊖	0,95 ⊕	(⊖;⊕)		
	0,05 ⊖	(⊖;⊖)	0	0,005

Erwartungswert einer Zufallsgröße

Der **Erwartungswert** $E(X)$ gibt den durchschnittlichen Wert einer Zufallsgröße X an.

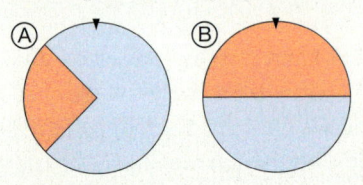

Der **Erwartungswert wird berechnet**, indem man jeden Wert $x_1, x_2, \ldots, x_n$ der Zufallsgröße X mit seiner zugehörigen Wahrscheinlichkeit multipliziert und dann alle Produkte addiert.
$E(X) = x_1 \cdot P(X = x_1) + x_2 \cdot P(X = x_2)$
$\quad\quad + \ldots + x_n \cdot P(X = x_n)$

Ein Spiel bezeichnet man als fair, wenn der Erwartungswert des Gewinns für jeden Beteiligten gleich null ist.

Ist das Drehen der Glücksräder A und B ein faires Spiel? Der Spieleinsatz beträgt 1 €.

Gewinnplan:

Spielergebnis	Gewinn für Spieler	Wahrscheinlichkeit
zweimal Rot	3 € und Einsatz zurück	$\frac{1}{4} \cdot \frac{1}{2} = \frac{1}{8}$
einmal Rot	Einsatz zurück	$\frac{1}{4} \cdot \frac{1}{2} + \frac{3}{4} \cdot \frac{1}{2} = \frac{1}{2}$
keinmal Rot	Einsatzverlust	$\frac{3}{4} \cdot \frac{1}{2} = \frac{3}{8}$

Berechnung des Erwartungswertes:
$E(X) = 3\,€ \cdot \frac{1}{8} + 0\,€ \cdot \frac{1}{2} + (-1\,€) \cdot \frac{3}{8} = 0\,€$

Der Erwartungswert ist gleich null. Deshalb bringt das Spiel langfristig weder für den Spieler noch für den Betreiber einen Gewinn. Das Spiel ist ein faires Spiel.

Wahlpflichtthemen

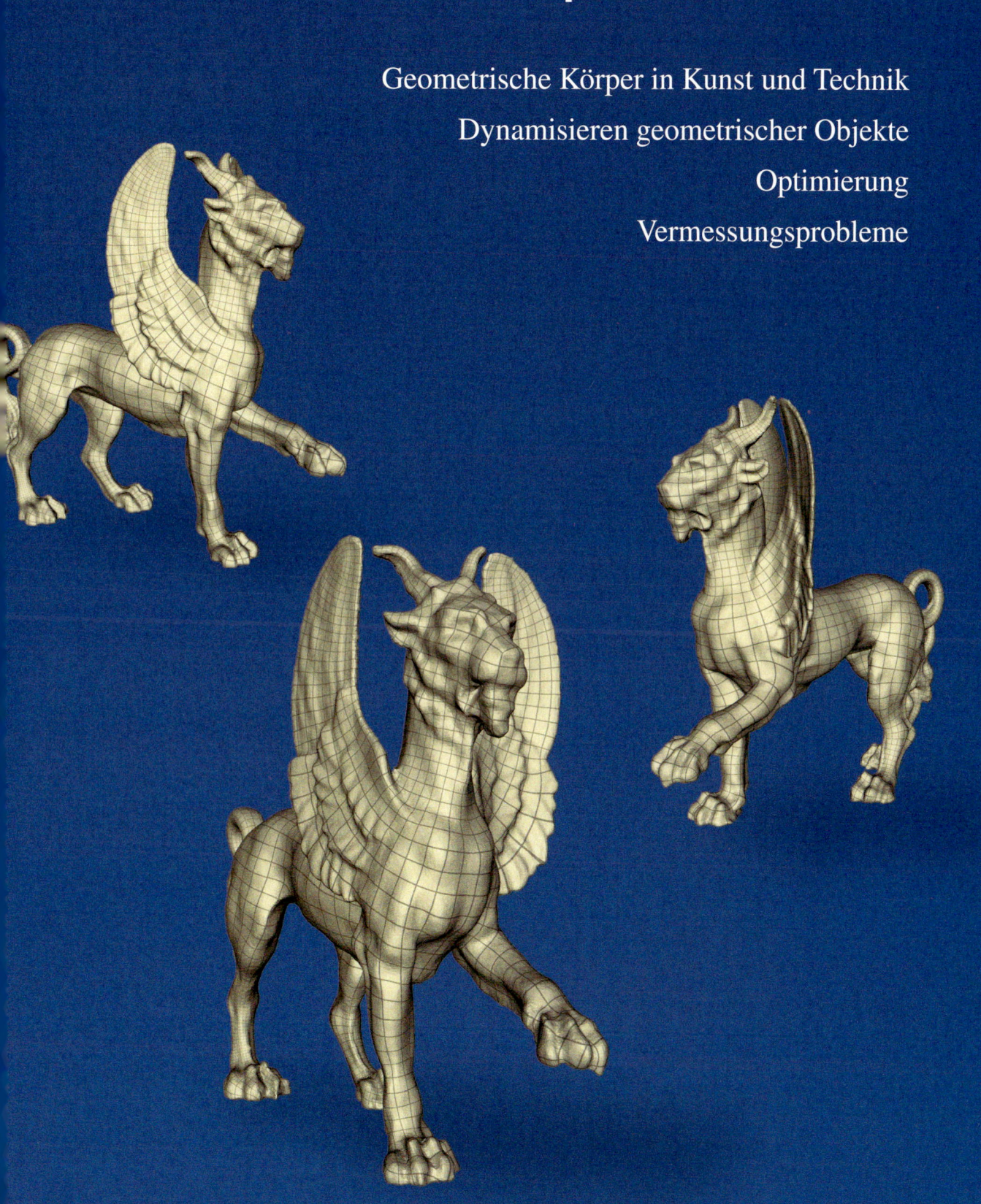

Geometrische Körper in Kunst und Technik
Dynamisieren geometrischer Objekte
Optimierung
Vermessungsprobleme

Wahlpflichtthemen

Geometrische Körper in Kunst und Technik

Viele Bauten haben als Grundlage bekannte geometrische Körper. Oftmals sind sie aus solchen zusammengesetzt oder sie lassen sich zu diesen ergänzen.

Djoser-Pyramide, Sakkara
Petersdom, Rom
Pantheon, Rom
Biosphere, Oracle
Mercedes-Benz-Center, Stuttgart
Louvre, Paris

Häufig nutzen Architekten zur Darstellung von Gebäuden Schrägbilder und zur Angabe von Maßen das Dreitafelbild. Dargestellt ist das Dreitafelbild von zwei Treppenstufen.

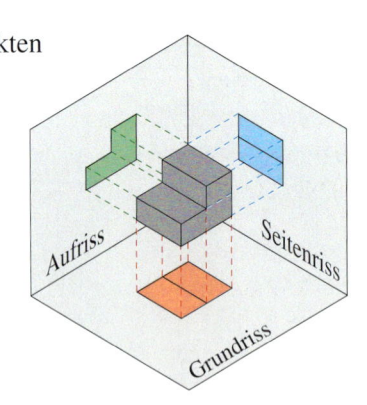

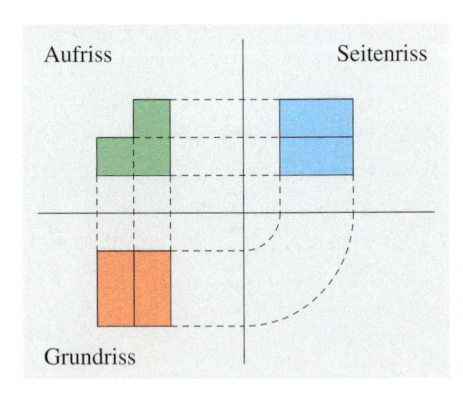

Aufriss — Seitenriss — Grundriss

Aufgaben

1 Körper in der Architektur
Welche geometrischen Körper erkennst du oben auf den Fotos?

2 Präsentation
Sammle Informationen zu einem der folgenden Themen, bereite sie zu einem Kurzreferat auf und präsentiere sie in deiner Klasse:
- Gebäude in verschiedenen Kunstepochen
- Zweitafel- und Dreitafelbild
- Dreitafelbild eines Hauses

Geometrische Körper in Kunst und Technik

3 Körper darstellen
Stelle die geraden Körper zunächst in einer Freihandskizze dar. Zeichne sie anschließend in der Kavalierperspektive.
a) quadratische Pyramide: Grundkante $a = 5$ cm; Raumhöhe $h = 7$ cm
b) Rechteckpyramide: Grundkante $a = 4$ cm; Grundkante $b = 6$ cm; Raumhöhe $h = 8$ cm
c) Kreiskegel: Durchmesser des Grundkreises $d = 7$ cm; Raumhöhe $h = 8$ cm

ERINNERE DICH
In der Kavalierperspektive werden alle in die Tiefe verlaufenden Kanten im Winkel von 45° um die Hälfte verkürzt angetragen.

4 Berechnungen an Körpern
Berechne die Körper aus Aufgabe 3. Ermittle zunächst die Länge aller verwendeten Hilfslinien. Benutze, falls nötig, eine Formelsammlung.
a) Welches Volumen haben die drei Körper?
b) Wie groß ist der Flächeninhalt von Grund-, Mantel- und Oberfläche der drei Körper?

5 Dreitafelbild eines Körpers
Das Dreitafelbild zeigt den Grundriss, Seitenriss und Aufriss eines Körpers.
a) Welcher Körper ist im Dreitafelbild dargestellt?
b) Entnimm der Abbildung alle notwendigen Längen und zeichne den Körper im Schrägbild.
c) Berechne das Volumen und den Oberflächeninhalt.
Beachte den Maßstab.

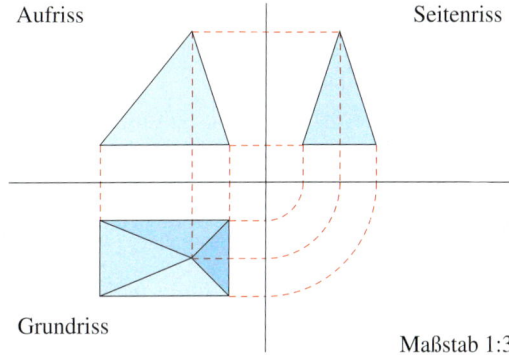

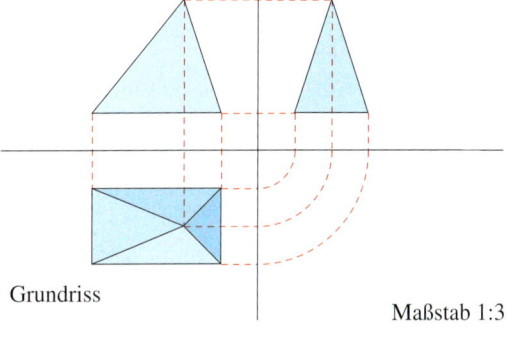

Maßstab 1:3

6 Ein Werkstück aus Aluminium
Die Abbildung rechts zeigt ein Netz eines Werkstücks aus Aluminium im Maßstab 1 : 10. 
a) Aus welchen Teilkörpern setzt sich das Werkstück zusammen?
b) Skizziere das Werkstück in der Kavalierperspektive und zeichne es im Zweitafelbild.
c) Ermittle den Oberflächeninhalt des Werkstücks.
d) Berechne das Volumen und die Masse des Werkstücks.
e) Der jährliche Stromverbrauch eines 4-Personen-Haushalts liegt durchschnittlich bei 4 500 kWh.
Wie viele Tage kommt ein 4-Personen-Haushalt mit der Strommenge aus, der bei der Produktion von 1 t Aluminium verbraucht wird?
Beachte die Angaben im Kasten und die Randspalte.
f) Welche Strommenge wird für ein einziges Werkstück benötigt?
Berechne, wie viele Stunden ein 4-Personen-Haushalt mit dieser Strommenge auskommt.

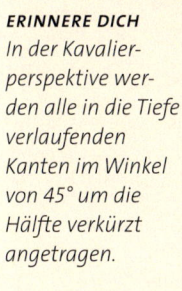

www 105-1

HINWEIS
Unter dem Webcode findest du den aktuellen Umrechnungskurs für $ und den Arbeitsbetrag von Stromversorgern.

Die Produktionskosten für Aluminium betrugen im Jahr 2007 weltweit durchschnittlich 1 600 US-$/t. Davon wurden 28 % durch Kosten für elektrischen Strom verursacht.

Aluminium hat eine Dichte von $2{,}7 \frac{g}{cm^3}$.

Wahlpflichtthemen

Wenn eine Pyramide parallel zur Grundfläche durchgeschnitten wird, so entstehen ein Pyramidenstumpf und eine Ergänzungspyramide. Geschieht dies bei einem Kegel, spricht man von einem Kegelstumpf und einem Ergänzungskegel.

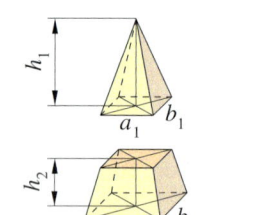

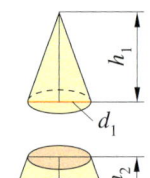

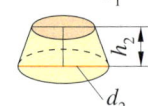

Aufgaben

7 Bastelbogen
Dies ist die verkleinerte Darstellung eines Bastelbogens für einen quadratischen Pyramidenstumpf. Der Maßstab beträgt 1:3.
a) Übertrage das Körpernetz ins Heft oder drucke den Bastelbogen aus. Markiere Grund-, Deck- und Mantelfläche.
b) Stelle eine Formel zur Berechnung von Mantelfläche und Oberfläche auf.
Diskutiere dein Ergebnis mit deinem Sitznachbarn und vergleiche mit dem Eintrag in der Formelsammlung.
c) Berechne Oberflächeninhalt und Volumen.

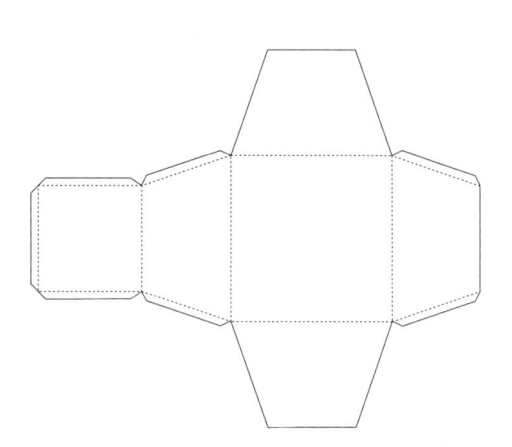

106-1

BEACHTE
Unter dem Webcode findest du einen Link zum Bastelbogen.

HINWEIS
Eine Formelsammlung hilft bei den Berechnungen.

8 Pyramiden-Brunnen
Aus dem Spalt unterhalb der quadratischen Ergänzungspyramide fließt Wasser über die Granitflächen des Brunnens. Alle Kanten der Pyramide sind 2,5 m lang, alle Kanten der Ergänzungspyramide 0,5 m.
a) Zeichne ein Netz des Brunnens und stelle ihn im Dreitafelbild dar.
b) Berechne die Mantelfläche des Brunnens.
c) Schätze, ob der Brunnen mit einem 12-t-er LKW transportiert werden kann.
d) Berechne, wie viel t die gesamte Pyramide und der einzelne Pyramidenstumpf wiegen, wenn Granit eine Dichte von $2{,}8\,\frac{kg}{dm^3}$ hat.

9 Ähnlichkeit bei Körpern
Nicht nur Flächen, sondern auch Körper können unter bestimmten Bedingungen ähnlich sein.
a) Begründet zu zweit die folgende Aussage:
Eine Ergänzungspyramide ist zur ursprünglichen Pyramide ähnlich.
Nutzt die Zeichnung, um ähnliche Flächen zu finden.
b) Zeichnet das Schrägbild eines Kegels mit seinem Ergänzungskegel. Tragt Strecken ein, mit deren Hilfe man beweisen kann, dass Kegel und Ergänzungskegel ähnlich sind. Führt den Beweis.
c) Wie verhalten sich Grundfläche, Mantelfläche und Volumen von ähnlichen Körpern?

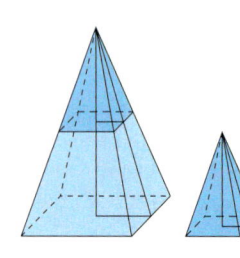

10 Volumen eines quadratischen Pyramidenstumpfes
Das Volumen des Pyramidenstumpfes kann wie folgt berechnet werden.

$V_{Pyramidenstumpf} = V_{Pyramide} - V_{Ergänzungspyramide}$
$V_{Pyramidenstumpf} = \frac{1}{3} \cdot a_2^2 \cdot (h_1 + h_2) - \frac{1}{3} \cdot a_1^2 \cdot h_1$
$V_{Pyramidenstumpf} = \frac{1}{3} \cdot (a_2^2 \cdot (h_1 + h_2) - a_1^2 \cdot h_1)$
$V_{Pyramidenstumpf} = \frac{1}{3} \cdot (a_2^2 \cdot h_1 + a_2^2 \cdot h_2 - a_1^2 \cdot h_1)$
$V_{Pyramidenstumpf} = \frac{1}{3} \cdot ((a_2^2 - a_1^2) \cdot h_1 + a_2^2 \cdot h_2)$

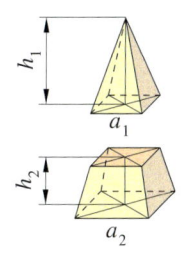

a) Beschreibe die einzelnen Schritte der Herleitung.
b) In einer Formelsammlung findet man zum Volumen eines quadratischen Pyramidenstumpfes diese beiden Formeln:
① $V = \frac{1}{3} \cdot h \cdot (a_1^2 + ab + a_2^2)$ ② $V = \frac{h}{3} \cdot (A_1 + \sqrt{A_1 \cdot A_2} + A_2)$
Wie wird eine Formel aus der anderen hergeleitet? Präsentiere deine Lösung.

11 Blumenkübel
Der Kübel soll mit Blumenerde gefüllt werden. Er hat eine quadratische Grundfläche und eine quadratische Öffnung. Die Grundkante ist innen 38,5 cm lang, die Oberkante innen 52,5 cm. Die innere Füllhöhe beträgt 55 cm. Wie viel Liter fasst der Kübel?

12 Volumenformel von Kegelstümpfen
Leite eine Formel zur Berechnung des Volumens von Kegelstümpfen her. Beachte die Herleitung zum Volumen von Pyramidenstümpfen in Aufgabe 10.

13 Apollo 11
Mit Apollo 11 flogen 1969 die ersten Menschen auf den Mond. Die drei Astronauten saßen während des Fluges in einer Kommandokapsel, die die Form eines Kegelstumpfes hatte. Der untere Durchmesser betrug 3,9 m, der obere 0,9 m. Insgesamt hatte die Kapsel eine Höhe von 3,2 m.
Berechne Oberfläche und Volumen der Kapsel.

14 Kelchglas-Rätsel
Ein kegelförmiges Kelchglas mit einem inneren Randdurchmesser von 5,5 cm und einer inneren Kelchhöhe von 15 cm wird bis zur halben Höhe gefüllt.
Wie viel Prozent des höchstens in das Glas einzufüllenden Volumens wurde gefüllt?

15 Vergoldung der Kuppel des Petersdoms
Goldbarren, die bei Zentralbanken gelagert werden, wiegen 400 Feinunzen. Aus solchen Goldbarren kann durch mehrfaches Walzen Blattgold hergestellt werden. Jede Goldfolie hat dann nur noch eine Dicke von 100 nm.
Wie viele Goldbarren werden benötigt, wenn die Kuppel des Petersdoms in Rom (siehe S. 104) von innen mit Blattgold verkleidet werden soll? Die Kuppel hat die Form einer Halbkugel mit einem Innendurchmesser von ca. 42 m.

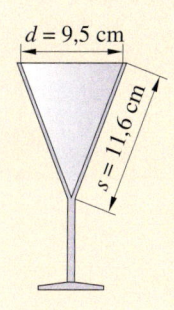

HINWEIS
Eine Feinunze entspricht 31,1 g.
Ein nm entspricht 10^{-9} m.

Dynamisieren geometrischer Objekte

Die Zentralperspektive

Zur räumlichen Darstellung eines Körpers wird oftmals ein Schrägbild des Körpers erstellt. Dabei wird hauptsächlich die sogenannte Kavalierperspektive angewandt, bei der alle in die Tiefe verlaufenden Kanten im Winkel von 45° und um die Hälfte verkürzt angetragen werden.
Das Schrägbild ist eine **parallelperspektivische Darstellung**. Alle in der Wirklichkeit parallel verlaufenden Körperkanten sind auch in der Abbildung parallel.

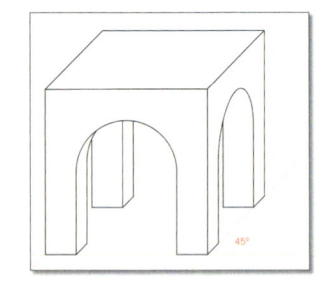

Diese Art der Darstellung entspricht jedoch nicht unserem **natürlichen Sehen**. Wir sind daran gewöhnt, dass entfernte Gegenstände kleiner erscheinen als näher liegende.

Auf einem **Foto** wird die Wirklichkeit weitestgehend so dargestellt, wie wir sie sehen. Das liegt daran, dass das menschliche Auge und eine Kamera einen ähnlichen Aufbau haben.

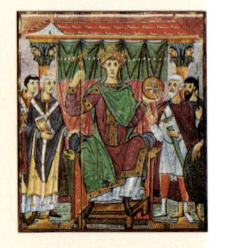

ZUM WEITERARBEITEN
Informiere dich über den Aufbau des menschlichen Auges. Vergleiche den Aufbau mit dem einer Kamera.

In der **Malerei** wurde die Nachahmung des natürlichen Sehempfindens über lange Zeit hinweg eher vernachlässigt. Im Mittelalter war eine flächige, von Farben dominierte Malweise vorherrschend. Die Größe von Gegenständen wurde eher von ihrer Bedeutung als von ihrem räumlichen Abstand zum Bildbetrachter bestimmt.

Erst in der Renaissance, um 1420 in Italien, wurde die **Zentralperspektive** in Anlehnung an das natürliche Sehen entwickelt und seitdem konsequent angewandt.

BEACHTE
Dieses Gemälde zeigt eine Darstellung Otto III. aus dem Mittelalter.

Die wesentlichen **Prinzipien der Zentralperspektive** sind einerseits die **perspektivische Verkürzung**, d. h. alle Längen werden entsprechend der Entfernung zum Auge verkürzt. Zusätzlich laufen alle in die Tiefe führenden, parallelen Linien in einem Punkt zusammen. Diesen Punkt nennt man **Fluchtpunkt**.

So entsteht auf zweidimensionaler Fläche die Illusion eines dreidimensionalen Bildraumes.

Dynamisieren geometrischer Objekte

Merkmale einer zentralperspektivischen Darstellung

1. Alle in die Tiefe parallel zueinander verlaufenden Linien treffen sich im Bild in einem Fluchtpunkt. Dieser liegt auf der Horizontlinie des Bildes.

2. Alle Senkrechten bleiben im Bild senkrecht.

3. In einem Bild kann es sogar mehrere Fluchtpunkte geben. In solch einem Bild verlaufen zwei oder drei Linienbündel in die Tiefe.

Horizontlinie

Fluchtlinie

Ein Beispiel für eine zentralperspektivische Darstellung mit zwei Fluchtpunkten ist in der Grafik unten dargestellt. Diese Technik vermittelt einen optimalen räumlichen Eindruck des Objektes. Die **Zentralperspektive mit zwei Fluchtpunkten** nennt man auch Übereckperspektive.

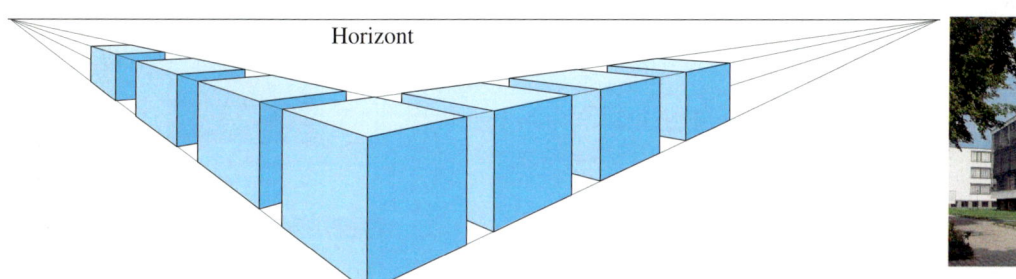

Aufgaben

1 Betrachte die Allee und den Säulengang auf den Fotos auf der vorigen Seite.
a) Kannst du die Prinzipien der Zentralperspektive darin wiederfinden? Begründe.
b) Nenne Beispiele für weitere Motive, von denen man Fotos dieser Art machen könnte.
c) Mache selbst Fotos dieser Art und stelle sie in der Klasse aus.

2 Vergleiche die Grafik zur Zentralperspektive mit zwei Fluchtpunkten und das Foto vom Bauhaus rechts daneben. Wo befinden sich die Fluchtpunkte des Gebäudes?

3 Drucke dir ein Gemälde aus, das in der Zentralperspektive gezeichnet wurde. Beachte dazu den Webcode in der Randspalte.
a) Finde den Fluchtpunkt im Bild. Zeichne dazu alle in die Tiefe verlaufenden Linien farbig ein. Verlängere die Linien zum Horizont hin, ähnlich wie in der Abbildung oben rechts auf dieser Seite.
b) Sind in dem Bild alle Merkmale einer zentralperspektivischen Darstellung zu finden? Begründe.

4 Skizziere einen Körper in der Zentralperspektive. Stelle den Körper zunächst mit nur einem Fluchtpunkt dar. Skizziere denselben Körper anschließend mit zwei Fluchtpunkten und vergleiche die Skizzen.

109-1
BEACHTE
Unter diesem Webcode kannst du dir einige Arbeitsblätter mit Gemälden ausdrucken.

Wahlpflichtthemen

Zentralperspektive mit Hilfe einer Dynamischen Geometrie-Software erzeugen

HINWEIS
Für die Beispiele in diesem Buch wird das Programm Euklid DynaGeo verwendet. Gebräuchlich sind außerdem die Programme GEONExT und GeoGebra.

Ein Haus soll in der Zentralperspektive mit einem Fluchtpunkt dargestellt werden.

1. Setze einen Fluchtpunkt im oberen Teil der Zeichenfläche.

2. Konstruiere nun die Seitenfläche eines einfachen Hauses mit Giebel. Klicke dazu im Menü **Konstruieren** auf die Funktion **n-Eck**.

3. Die Rückwand des Hauses kannst du nun durch **zentrische Streckung** erzeugen. Der Fluchtpunkt ist dabei das Streckungszentrum k.
   Um den Streckungsfaktor anzugeben, benötigst du zunächst ein sogenanntes **Termobjekt**. Wähle **Messen → Termobjekt erstellen** in der Menüleiste und gib z. B. den Wert **0,7** ein.
   Wähle nun **Abbilden → Objekt zentrisch strecken**, und klicke nacheinander auf dein zu streckendes **Objekt** (die Hauswand), das **Streckungszentrum** (den Fluchtpunkt) und den **Streckungsfaktor** (das Termobjekt).

4. Du kannst nun die Wände und das Dach beliebig einfärben. Benutze dazu den Reiter **Form und Farbe**.
   Stelle nun die Fluchtlinien dar. Verbinde dazu alle Eckpunkte des Hauses mit dem Fluchtpunkt durch jeweils eine **Strecke**.

5. Bewege nun den Fluchtpunkt über die Zeichenfläche. Die zentralperspektivische Darstellung des Hauses wird dabei von der Software dynamisch angepasst.

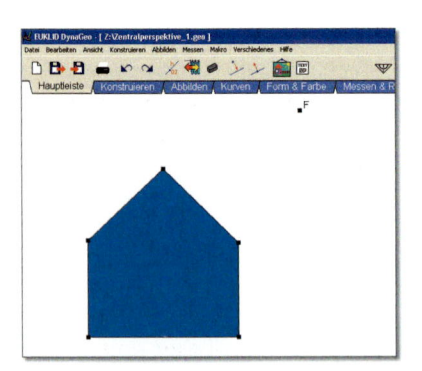

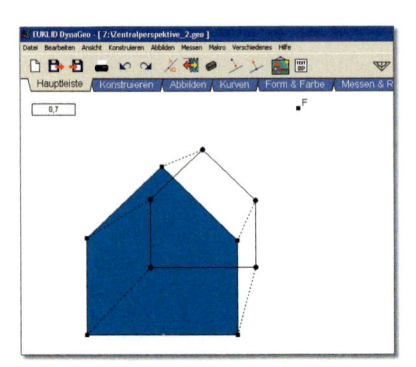

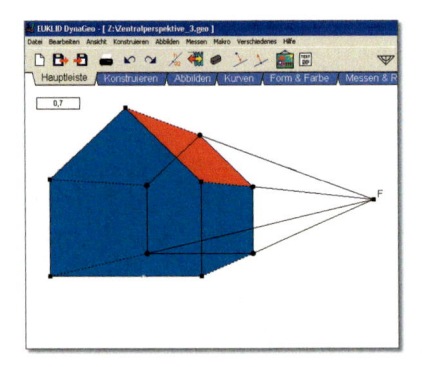

Aufgaben

5 Konstruiere ein Haus wie oben beschrieben. Erweitere dann deine Konstruktion zu einer Straßenszene: Das Haus kann z. B. an einer Straße stehen, die zum Horizont führt. Konstruiere mindestens ein weiteres Haus auf der gegenüberliegenden Straßenseite.

6 Erzeuge eine Hochhausdarstellung in Übereckperspektive mit Hilfe einer dynamischen Geometrie-Software.
Bestimme dazu zwei Fluchtpunkte auf der Zeichenfläche. Beide Fluchtpunkte liegen auf der Horizontlinie. Beginne die Konstruktion des Hauses mit einer senkrechten Strecke, der vorderen Hauskante. Mit Hilfe eines Termobjektes kann nun die Strecke jeweils in Richtung der Fluchtpunkte gestreckt werden. Wiederhole die zentrische Streckung bei den weiteren Hauskanten.

HINWEIS
Für die beiden Streckungszentren können auch zwei verschiedene Streckungsfaktoren gewählt werden.

Zeichnen von Ortskurven

Im Zugmodus kann jeder freie Punkt beliebig auf der Zeichenfläche bewegt werden. Dabei verändert sich sein Ort. Der zurückgelegte Weg des Punktes kann von einer dynamischen Geometrie-Software sichtbar gemacht werden: Wie eine Spur aus Fußabdrücken entsteht eine sogenannte Ortskurve oder Ortslinie.

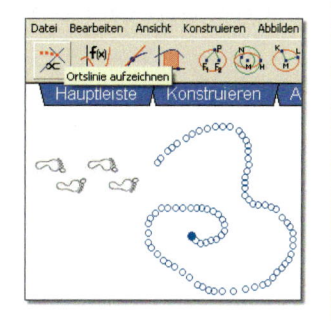

BEACHTE
Bei GEONExT heißen die Ortskurven Spur.

Aufgaben

7 Erzeuge einen Punkt auf der Zeichenfläche. Um seine Ortskurve aufzuzeichnen, wähle im Menü **Konstruieren** den Unterpunkt **Ortslinie eines Punktes aufzeichnen**. Markiere den Punkt und bewege ihn über die Zeichenfläche.
Schreibt euch gegenseitig mit Hilfe einer Ortskurve kurze Nachrichten.

8 Erzeuge einen Punkt M auf der Zeichenfläche. Befestige ihn dort (**Bearbeiten → Punkt fixieren**). Trage an M eine Strecke mit einer festen Länge an. Zeichne die Ortskurve des freien Punktes auf. Wie verläuft die Ortskurve, wenn M nicht fixiert wird?

9 Untersuche die folgende Ortskurve.
a) Zeichne eine Strecke AB. Konstruiere die Ortskurve aller Punkte, die den gleichen Abstand von den Punkten A und B haben. Führe dazu die folgenden Konstruktionsschritte aus:
① Erzeuge einen Punkt P. Zeichne um A einen Kreis durch P.
② Zeichne um B einen Kreis mit dem Radius AP.
   Benutze den Hinweis in der Randspalte.
③ Erzeuge die Schnittpunkte der beiden Kreise.
④ Zeichne nun nacheinander die Ortskurve der beiden Schnittpunkte auf, wenn der Punkt P bewegt wird.
b) Welche besondere Eigenschaft hat diese Kurve?

HINWEIS
Klicke mit der rechten Maustaste auf die Punkte und benenne sie.

HINWEIS
$d(A;P)$ ist der Abstand zwischen den Punkten A und P.

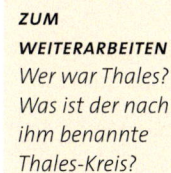

10 Konstruiere ein rechtwinkliges Dreieck ABC mit dem rechten Winkel bei C.
a) Welche Ortskurve entsteht von C, wenn der Punkt A bzw. der Punkt B bewegt wird?
b) Wo liegt der Umkreismittelpunkt in einem rechtwinkligen Dreieck?

11 Der Höhenschnittpunkt eines Dreiecks hat eine besondere Ortskurve.
a) Führe die folgende Konstruktion durch:
① Zeichne eine Strecke AB.
② Konstruiere eine Parallele g zu AB.
③ Markiere auf g einen Punkt C.
④ Zeichne das Dreieck ABC.
⑤ Konstruiere die drei Höhen des Dreiecks ABC.
⑥ Benenne den Schnittpunkt der Höhen mit S.
b) Zeichne die Ortskurve des Höhenschnittpunkts S. Wie verändert sich die Lage von S, wenn der Punkt C entlang der Geraden g bewegt wird?
c) Beschreibe die Form der Ortskurve von S.

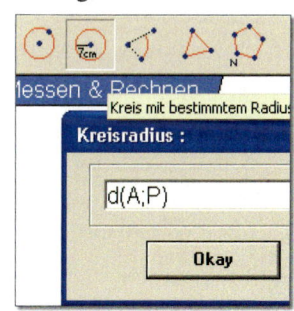

ZUM WEITERARBEITEN
Wer war Thales? Was ist der nach ihm benannte Thales-Kreis?

Wahlpflichtthemen

BEACHTE
Bei GEONExT ist das Verwenden von Makros nicht möglich.

ERINNERE DICH
Der Umkreismittelpunkt ist der Schnittpunkt der Mittelsenkrechten des Dreiecks.

Verwenden von Makros

Mit einem Makro kann eine Folge von mehreren Konstruktionsschritten zu einem einzigen Befehl zusammengefasst werden. Damit erspart man sich das wiederholte Ausführen aller Teilschritte einer Konstruktion.

Die Verwendung von Makros in DynaGeo wird nun an einem Beispiel beschrieben.

1. Konstruktion durchführen
Zeichne ein beliebiges Dreieck. Führe die vollständige Konstruktion des Umkreises zu diesem Dreieck durch.

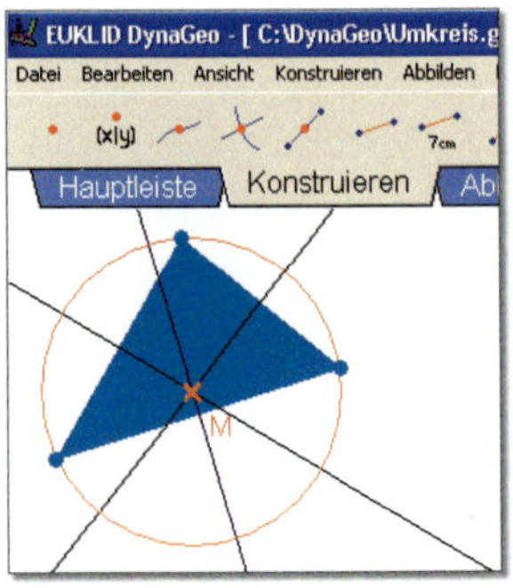

2. Makro erstellen
Jetzt werden alle Konstruktionsschritte zu einem Makro zusammengefasst. Klicke dazu im Menü **Makro** auf **Neues Makro erstellen**. 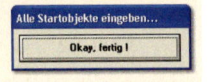
- Markiere in der Konstruktionszeichnung alle **Startobjekte**. Das sind die Objekte, die das Programm zur Konstruktion benötigt. Im Beispiel sind die Startobjekte die Eckpunkte des Dreiecks. Bestätige die Eingabe mit der Schaltfläche *Okay, fertig*. 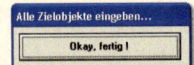
- Klicke nun alle **Zielobjekte** in der Zeichnung an. Zielobjekte, wie hier das Dreieck und der Umkreis mit seinem Mittelpunkt, werden später vom Programm angezeigt. Bestätige erneut deine Eingabe.
- Gib dem Makro einen **Namen,** z. B. Umkreis. Zusätzlich kannst du es beschreiben.
- Speichere das Makro dauerhaft in einem beliebigen Ordner ab. Klicke dazu im Menü **Makro** auf **Makro exportieren**.

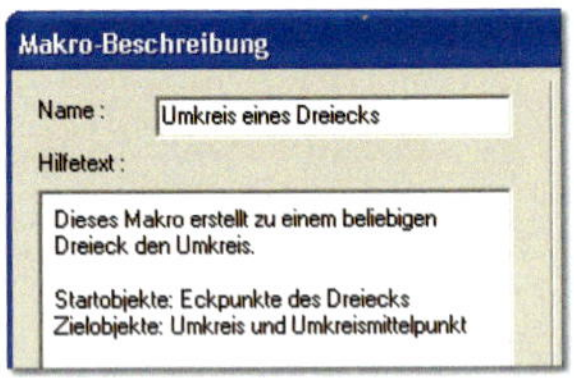

3. Makro verwenden
Ohne viel Aufwand lassen sich nun Umkreise zu Dreiecken konstruieren. Damit das Makro in einem neuen Arbeitsblatt verwendet werden kann, muss das Makro zunächst geladen werden (**Makro → Makro importieren**). Anschließend wird das Makro im Menü angezeigt.

TIPP
Makros können über das Menü Makro oder die Schaltfläche mit der Klappe ausgeführt werden.

Wähle das Makro an. Erzeuge auf der Zeichenfläche drei Punkte als Startobjekte. Als Ergebnis zeichnet das Programm zu den drei Punkten ein Dreieck, seinen Umkreis und den Umkreismittelpunkt.

Aufgaben

12 Welche Makros gibt es bereits im Konstruktionsmenü von DynaGeo? Nenne mehrere Beispiele und beschreibe ihre Funktion.

13 Erstelle ein Makro zum Erzeugen eines rechtwinkligen Dreiecks *ABC*.

14 Schreibe ein Makro zum Zeichnen eines Quadrats aus einer Seite *AB*.

15 Erstelle ein Makro, welches zu jedem Dreieck seinen Inkreis konstruiert.

HINWEIS
Informationen zum Inkreis findest du z.B. in einer Formelsammlung oder im Internet.

Optimierung

Für viele Probleme in Wirtschaft, Medizin, Technik, Naturwissenschaften und auch im persönlichen Leben gibt es mehr als nur eine Lösung. Aus diesen Lösungen die beste, die optimale herauszufinden ist oft nicht leicht.
In der Mathematik hat sich ein eigenständiges Gebiet entwickelt, das nach der bestmöglichen Lösung solcher Probleme sucht. Dieses Gebiet wird Optimierung genannt.

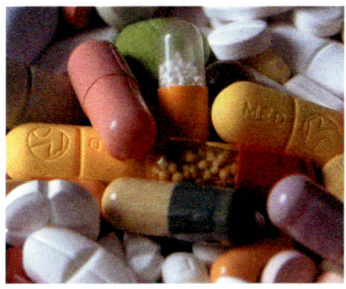

ZUR INFORMATION
Flugzeuge sollen leicht, aber stabil sein, Medikamente wirksam ohne Nebenwirkungen und Navigationssysteme die verkehrstechnisch günstigste Route berechnen.

Die drei Beispiele zeigen, dass häufig ein Mittelweg gefunden werden muss.
Die beste Lösung hängt von dem jeweiligen Problem und dem gewünschten Ergebnis ab. Betrachtet wird zum Beispiel der alltägliche Fall der Suche nach dem *besten* Weg von einem Ort zum anderen. Ist der kürzeste oder der schnellste Weg besser? Vielleicht geht es auch um die landschaftlich schönste Strecke oder einfach nur darum, mit möglichst geringen Reisekosten auszukommen.
Fast immer geht es bei einem Optimierungsproblem darum, bestimmte Größen oder Werte so zu wählen, dass ein anderer, von diesen Größen abhängiger Wert maximal oder minimal wird.

Aufgaben

1 Optimierungsprobleme im Alltag
Nenne weitere Optimierungsprobleme. Orientiere dich an den Bildern

2 Der beste Weg
Frau Müller möchte zunächst im Supermarkt und dann beim Bäcker einkaufen.
a) Wie viele unterschiedliche Wege gibt es?
b) Welchen Weg würdest du ihr empfehlen, wenn sie es eilig hat? Welchen sollte sie gehen, wenn sie den Weg zur Erholung nutzen möchte?

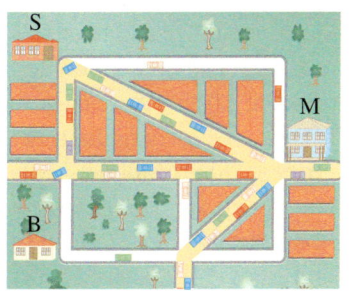

Wahlpflichtthemen

Lineare Optimierungsprobleme

BEISPIEL
Zum Kauf von Zelten stehen den Organisatoren eines Ferienlagers 1 800 €
zur Verfügung. Zwei Zelttypen sind im Angebot:
Von den 10-Personen-Zelten sind noch fünf Stück vorrätig, sie kosten 200 €
pro Stück. Von den 15-Personen-Zelten sind vier Zelte vorrätig.
Jedes 15-Personen-Zelt kostet 400 €.
Wie viele Zelte von jeder Sorte sollte man kaufen, damit möglichst viele
Jugendliche untergebracht werden?

Das Ziel bei der Lösung dieser Aufgabe ist es, möglichst
viele Jugendliche in den Zelten unterzubringen:
Die Anzahl z der Plätze soll maximal werden.

Variablen definieren:
z Anzahl der Schlafplätze
x Anzahl der 10-Personen-Zelte
y Anzahl der 15-Personen-Zelte

Die Anzahl der gesamten Schlafplätze hängt von den
Anzahlen x und y der beiden Zelttypen ab.
Mit Hilfe der Gleichung $10x + 15y = z$ kann die Gesamt-
anzahl der Schlafplätze berechnet werden.
Man spricht von der **Zielfunktion** des Optimierungs-
problems.

Zielfunktion: $10x + 15y = z$;
z soll maximal werden

HINWEIS
Handelt es sich bei der Zielfunktion um eine lineare Funktion, spricht man von **linearer Optimierung**.

Um das Ziel zu erreichen, müssen bestimmte Bedin-
gungen berücksichtigt werden:
– Es stehen höchstens 1 800 € zur Verfügung.
– Es gibt höchstens fünf 10-Personen-Zelte und
  vier 15-Personen-Zelte.
Diese Bedingungen werden **Nebenbedingungen** genannt.
Die Nebenbedingungen drückt man als Gleichungen
bzw. Ungleichungen aus.

Nebenbedingungen:
I $x \geq 0$
II $x \leq 5$
III $y \geq 0$
IV $y \leq 4$
V $200x + 400y \leq 1800$

AUFGEPASST
Gewisse Nebenbedingungen ergeben sich häufig erst aus dem Sachzusammenhang. Z. B. ergeben negative Mengenangaben im allgemeinem keinen Sinn. Ebenso kann man keine halben Zelte kaufen.

Grafische Lösung des Problems:
Die Menge der Lösungen, die alle fünf Ungleichungen der Neben-
bedingungen erfüllen, ist im Koordinatensystem gelb markiert.
Die Ungleichung $200x + 400y \leq 1800$ wurde hierfür zunächst
nach y umgeformt.
Gesucht ist der Punkt $(x|y)$, sodass die Organisatoren die meisten
Jugendlichen unterbringen können. Um diesen Punkt zu finden,
stellt man die Zielfunktion nach y um: $y = -\frac{2}{3}x + \frac{z}{15}$.
Um den optimalen Wert zu finden, zeichnet man z. B. die durch den
Ursprung verlaufende Zielgerade $y = -\frac{2}{3}x$. Die Zielgerade y wird so
lange parallel verschoben, bis Folgendes gilt:
(1) Die verschobene Gerade hat mindestens einen (Eck-)Punkt
mit dem Lösungsbereich gemeinsam.

BEACHTE
Soll eine Größe minimal werden, wird ein kleiner Achsenabschnitt gesucht.

(2) der y-Achsenabschnitt der verschobenen Gerade ist möglichst
groß, da die Anzahl der Schlafplätze maximal sein soll.
Der Punkt, auf den beides zutrifft, ist hier der Punkt $P(5|2)$.
Somit besteht die optimale Lösung darin fünf 10-Personen-Zelte
und zwei 15-Personen-Zelte zu kaufen.

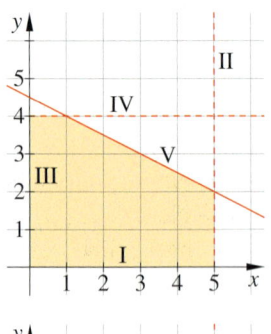

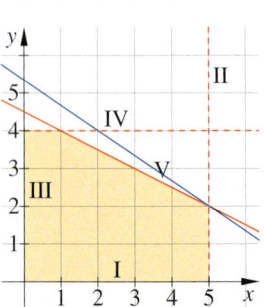

Optimierung

Aufgaben

3 Der optimale Wert
Die Ungleichungen $4x + y \geq 13$; $-x + 2y \geq -1$ und $2x + 5y \leq 29$ beschreiben die Nebenbedingungen einer linearen Optimierungsaufgabe.
Bestimme für die folgenden Zielfunktionen jeweils das Minimum und das Maximum.
a) $2x + y = z$
b) $2x + 5y = z$

4 Chemikaliengemisch
Zur Herstellung einer Chemikalie werden die Flüssigkeiten x und y in einem 8-ℓ-Behälter gemischt. Flüssigkeit x kostet 3 € pro ℓ. Sie soll mit 2 ℓ bis 6 ℓ am Gemisch beteiligt sein. Flüssigkeit y kostet 5 € pro ℓ. Sie soll mit 1 ℓ bis 4 ℓ am Gemisch beteiligt sein.
Untersuche die Kosten z des Gemischs, wenn mindestens 4 ℓ des Gemischs benötigt werden.
a) Notiere die Nebenbedingungen und ermittle grafisch den Lösungsbereich.
b) Gib die Gleichung der Zielfunktion für den Fall an, dass die Kosten 25 € betragen. Zeichne den Graphen dieser Zielfunktion in das Koordinatensystem aus b) ein.
c) Welche Punkte $(x|y)$ erfüllen alle Nebenbedingungen und ergeben den Preis von 25 €?
$P_1(5|2)$, $P_2(6|\frac{7}{5})$, $P_3(\frac{13}{2}|\frac{11}{10})$, $P_4(\frac{5}{3}|4)$, $P_5(3|2)$
d) Zeichne einen Graphen für $z = 20$. Vergleiche mit der Geraden aus c).
e) Ermittle den Punkt $(x|y)$, der alle Nebenbedingungen erfüllt und die kleinsten bzw. größten Kosten verursacht. (Hinweis: Wende die Parallelverschiebung an.)

Nichtlineare Optimierungsprobleme

BEISPIEL
Sabine möchte für den Mathematikunterricht das Kantenmodell eines Quaders mit quadratischer Grundfläche und möglichst großem Volumen anfertigen. Ihr stehen dafür 3 m Draht zur Verfügung.

Zielfunktion: Volumen des Quaders $V = a \cdot a \cdot b$; V soll maximal werden.

Nebenbedingungen: Die Summe aller Kantenlängen ist 3 m: $8a + 4b = 3$.

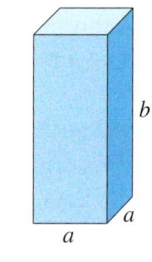

Zusammenhänge zwischen der Zielfunktion und der Nebenbedingung:
Aus der Nebenbedingungen folgt: $b = \frac{3 - 8a}{4}$.
Daraus ergibt sich folgende Gleichung für das Volumen V in Abhängigkeit von a:
$V = a \cdot a \cdot c = a \cdot a \cdot \frac{3 - 8a}{4} = a^2 \cdot \frac{3 - 8a}{4}$

Grafische Lösung des Problems:
Die Zuordnung $V = a^2 \cdot \frac{3 - 8a}{4}$ ist eine Funktion.
An dem Graphen der Funktion kann man erkennen, dass das maximale Volumen an der Stelle $a = 2{,}5$ dm $= 0{,}25$ m liegt.
Aus diesem Wert ergeben sich folgende Maße des Modells: $a = 0{,}25$ m und $b = 0{,}25$ m.
Welcher Sonderfall liegt hier vor?

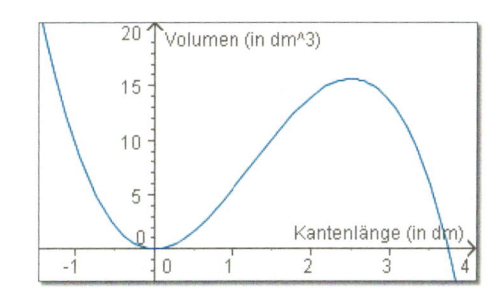

> 115-1
>
> **BEACHTE**
> Unter dem Webcode findest du eine Linkliste zu verschiedenen Funktionenplottern.

Aufgaben

5 Ziegengehege
Bauer Lindemanns Grundstück liegt direkt am Kanal. Er möchte für seine Ziege ein rechteckiges Gehege abgrenzen.
Er hat 40 Zaunstücke von je 1,5 m Länge. Das Gehege soll direkt am Kanal liegen, denn so spart er Zaunstücke ein.
Ermittle, wie der Bauer die Zaunstücke anordnen muss, damit für die Ziege ein möglichst großes Gehege entsteht.

6 Verkaufsstrategie
Eine Handyfirma verkauft im Monat durchschnittlich 1 000 Geräte der E-Serie.
Die Produktionskosten für diese Serie liegen bei 110 € pro Handy, der Verkaufspreis bei 290 €.

a) Welchen Gesamtgewinn macht die Firma pro Monat?
b) Einer Umfrage zufolge würde eine Preissenkung den Verkauf der Geräte steigern (siehe Tabelle). Welchen Gesamtgewinn erwirtschaftet die Firma bei einer Preissenkung von 5 €, 25 € und 50 €?
c) Gib die zugehörige Funktionsgleichung an.
d) Welche Preissenkung würdest du der Firma empfehlen, um ihren Gesamtgewinn zu maximieren?
Kontrolliere deine Empfehlung mit Hilfe eines Funktionenplotters.
e) Präsentiere deine Ergebnisse und erläutere, wie du vorgegangen bist.

Preissenkung pro Handy in €	Zusätzlich verkaufte Handys
5	20
10	40
15	60
...	...
50	200

7 Kakaoverpackungen
Im Supermarkt kann man Kakaopulver in zwei unterschiedlichen Verpackungsformen kaufen.
Eine Verpackung ist zylinderförmig, die andere ist quaderförmig.
Beide Verpackungen haben ein Volumen von 1 280 cm³.
Die zylinderförmige Verpackung hat eine Höhe von 17 cm.
Die quaderförmige Verpackung hat eine Höhe von 15 cm und eine Seite der Grundfläche ist 7 cm lang.

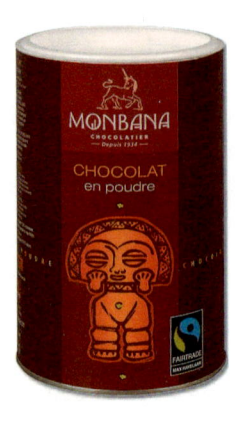

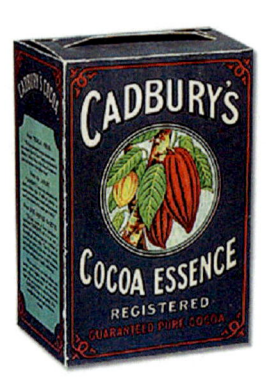

a) Welche der beiden Verpackungsformen benötigt weniger Verpackungsmaterial?
b) Warum werden beide Verpackungsformen verwendet, obwohl sie sich in den Materialkosten unterscheiden?
c) Können die Maße der zylinderförmigen Verpackung noch verbessert werden, um möglichst geringe Materialkosten zu haben?

Vermessungsprobleme

Trigonometrische Punkte im Gelände

Möchte man z. B. den Standort von Bauwerken oder den Verlauf von Grenzen und Straßen im Gelände bestimmen, denkt man sich das Gebiet mit einem Koordinatensystem überdeckt. Aus den bekannten Koordinaten einiger Geländepunkte lassen sich die Standorte weiterer Punkte ermitteln.

Nach dieser Idee hat 1816 der Astronom und Mathematiker Carl Friedrich Gauß (1777–1855) begonnen, das damalige Königreich Hannover zu vermessen. Ein Ausschnitt der Gauß'schen Landvermessung war auf dem 10-DM-Schein der Bundesrepublik Deutschland abgebildet.

117-1

BEACHTE
Unter dem Webcode kannst du dir Orte zu geografischen Koordinaten anzeigen lassen.

Zunächst setzte Gauß trigonometrische Punkte erster Ordnung auf erhöhten Stellen der Landschaft fest. Der Abstand der Punkte zueinander betrug 20 km bis 50 km.
Verbindet man die Punkte, so entsteht ein grobmaschiges Netz, in dessen Innerem weitere Punkte für feinere Messungen ermittelt werden.

Die mathematische Grundlage für die Lösung von Vermessungsaufgaben bildet die Trigonometrie. Sie ist ein Teilgebiet der Geometrie, das sich mit der Berechnung von Dreiecken befasst. Die Trigonometrie wurde seit der Antike schrittweise weiterentwickelt, um Abstände zwischen Punkten auf der Erde oder Himmelskörpern zu vermessen.
Fortschritte bei der Vermessung waren abhängig von der Entwicklung geeigneter Messgeräte, denn mit den Geräten muss man Winkel und Entfernungen sehr genau messen können.

Auf der Rückseite des 10-DM-Scheins ist ein Winkelmesser dargestellt. Ein solches Messgerät heißt Sextant und wurde von Gauß für seine Landvermessung benutzt. Auch heute noch werden Sextanten in der Schifffahrt eingesetzt: Falls die elektronischen Messgeräte an Bord ausfallen, kann die Position des Schiffs mit Hilfe eines Sextanten bestimmt werden.

BEACHTE
Auf zu großen Flächen beeinflusst die Krümmung der Erde die Genauigkeit der Messungen.

Aufgaben

1 Präsentation
Sammle Informationen zu einem der folgenden Themen, bereite sie zu einem Kurzreferat aus und präsentiere sie in deiner Klasse:
- Beruf des Vermessungstechnikers
- Funktionsweise eines Sextanten
- Geschichte der Landvermessung in Deutschland
- Rangfolge der Vermessungspunkte

2 Landvermessung
Ermittle die Koordinaten einzelner Städte mit Hilfe einer dynamischen Geometrie-Software.

117-2

BEACHTE
Unter dem Link findet man Informationen zu den Referatsthemen und eine DGS-Datei.

Höhen und Entfernungen mit einfachen Geräten messen

Schon sehr früh hat man begonnen, Höhen und Entfernungen mit einfachen Mitteln ungefähr zu messen. Die Hilfsmittel bei der Schätzung von Höhen und Weiten beruhen sehr häufig auf der Anwendung der Strahlensätze und den Eigenschaften ähnlicher Dreiecke.

Aufgaben

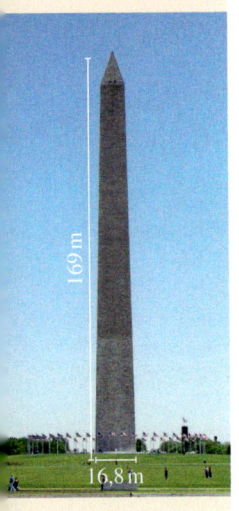

3 Die Daumen-Methode
Das George-Washington-Monument ist ein Obelisk, der an den ersten amerikanischen Präsidenten erinnert. Vom Obelisken zum Parlament führt eine ca. 2,5 km lange Grünanlage.
a) Schätze, ob es in der Grünanlage einen Punkt gibt, von dem aus du bei gestrecktem Arm das Monument vollständig mit deinem Daumen verdecken kannst?
b) Berechne, in welcher Entfernung vom Obelisken solch ein Punkt liegt.

SCHON GEWUSST
Ein Obelisk ist ein vierkantiger Steinpfeiler mit einer pyramidenförmigen Spitze.

169 m
16,8 m

4 Der Jakobsstab 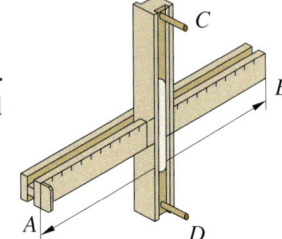 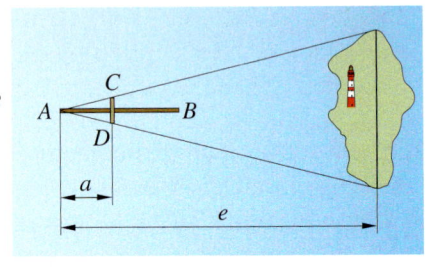
Dieses Längen- und Winkelmessgerät nutzten früher z. B. Seefahrer. Der Peilstab $\overline{CD}$ wird auf einer Achse $\overline{AB}$ so lange verschoben, bis er bei der Peilung das Objekt gerade verdeckt. Eine Insel wird von einem Schiff aus angepeilt: $a = 22$ cm, $\overline{CD} = 32$ cm und $e = 5{,}5$ km. Berechne die Inselbreite.

BEISPIEL
Hier siehst du ein Beispiel für ein einfaches Försterdreieck.

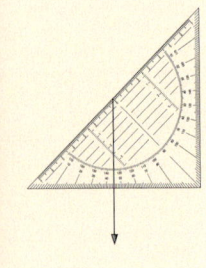

5 Das Försterdreieck
Förster messen die Höhe eines Baumes mit einem gleichschenklig-rechtwinkligen Dreieck. Sie peilen entlang der Hypotenuse in Richtung der Baumspitze. Dabei verändern sie so lange ihre Entfernung zum Baum, bis sie die Baumspitze in Verlängerung der Hypotenuse sehen.
a) Fertige ein Försterdreieck an und mache dich mit seiner Funktionsweise vertraut.
b) Mit einem Försterdreieck (Schenkellänge 30 cm) wird die Spitze eines Baumes in 11,5 m Entfernung angepeilt. Das Dreieck wird auf Augenhöhe, etwa 1,5 m über dem Boden gehalten.
Erstelle eine maßstabsgetreue Skizze und berechne die Höhe des Baumes.
c) Begründe, weshalb das Försterdreieck einen Faden mit einem Lot benötigt.
d) Diskutiert, ob das Försterdreieck auch zur Entfernungsmessung benutzt werden kann.

6 Messung nach Leonardo da Vinci 
Leonardo da Vinci (1452–1519) stellte zur Vermessung eines Flusses eine Messlatte an ein Ufer. Aus 1 m Entfernung zur Messlatte peilte er einen Punkt am anderen Ufer an und markierte auf der Messlatte die Peilmarke und seine Augenhöhe.
Berechne die Breite des Flusses zu folgenden Messwerten:
$\overline{AB} = 25$ cm und $\overline{AD} = 1{,}40$ m.

Vermessungsprobleme

Trigonometrische Höhen- und Entfernungsmessung

Bei der Landvermessung setzt man zur Bestimmung von Winkeln einen Theodoliten ein. Kernstück dieses Winkelmessinstruments ist ein bewegliches Fernrohr, mit dem man auf einen Punkt zielt. Dabei dreht man es in horizontaler Richtung nach links oder rechts und kann es in vertikaler Richtung heben oder senken. Den jeweiligen Drehwinkel kann man auf einer horizontalen und einer vertikalen Kreisscheibe ablesen.
Moderne Theodoliten können mit Hilfe der Reflexion eines Infrarot- oder Laserstrahls auch Entfernungen messen.

Aufgaben

7 In einem Skigebiet
a) Ermittle anhand des Maßstabs jeweils die horizontale Entfernung zwischen der Talstation und der Bergstation der Lifte.
b) Lies den Höhenunterschied zwischen Tal- und Bergstation an den Höhenlinien ab.
c) Unter welchem Winkel steigt das Gelände im Durchschnitt je Liftstrecke an?
d) Berechne die Länge der Liftstrecke.

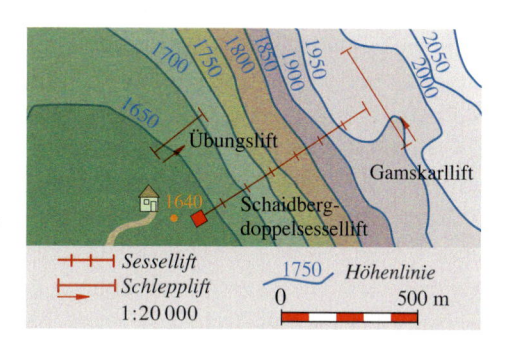

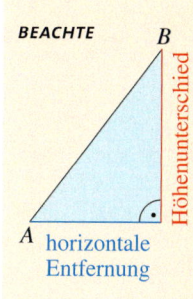

BEACHTE

8 Anstieg im Gelände
Aus einer Wanderkarte liest man ab, dass die Orte A und B eine horizontale Entfernung von 3,2 km haben. Ihr Höhenunterschied beträgt 122 m.
a) Fertige eine maßstäbliche Skizze an.
b) Berechne den durchschnittlichen Steigungswinkel zwischen den beiden Orten. Vergleiche Skizze und Berechnung.

9 Ein Wetterballon steigt auf
An einer Wetterwarte steigt bei völliger Windstille ein Wetterballon senkrecht auf. Ein Beobachter peilt den Ballon mit Hilfe eines Theodoliten an. Die Messung des Höhenwinkels ergibt einen Wert von $\alpha = 24°$. Der Theodolit befindet sich 1,5 m über dem Boden.
a) Wie weit war der Ballon zum Zeitpunkt der Messung vom Beobachter entfernt?
b) In welcher Höhe befand sich der Ballon zum Messzeitpunkt?

10 Ein Stadtviertel in Berlin
Die Hardenbergstraße, die Uhlandstraße und der Kurfürstendamm beschreiben annähernd ein dreieckiges Gebiet. Das darin liegende Teilstück der Kantstraße ist 700 m lang.
a) Berechne die Länge der Uhlandstraße und beschreibe, wie du dabei vorgehst.
b) Um das Gebiet soll ein Halbmarathon-Lauf stattfinden.
   Ist diese Überlegung sinnvoll? Begründe.

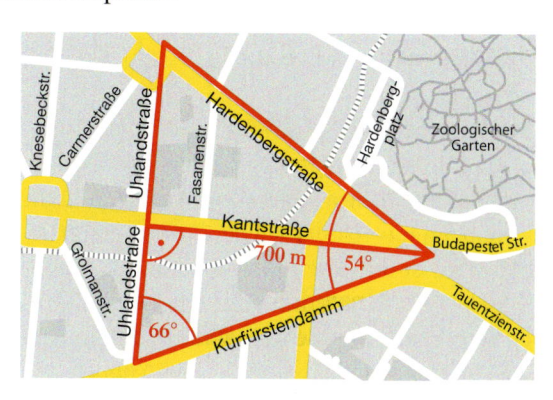

BEACHTE
Ein Marathon-Lauf hat eine Länge von 42,195 km.

11 Vermessung einer Baustelle

Theodoliten werden auch bei der Vermessung von Baustellen und Gebäuden eingesetzt: Um den Höhenunterschied der Punkte A und B in einer Baugrube zu bestimmen, peilt man die Messlatte über B in Standhöhe des Theodoliten über A an.

a) Berechne den Höhenunterschied h zwischen den Punkten A und B für folgende Messwerte: Tiefenwinkel $\alpha = 3{,}1°$, Peillänge $e = 20{,}5$ m.

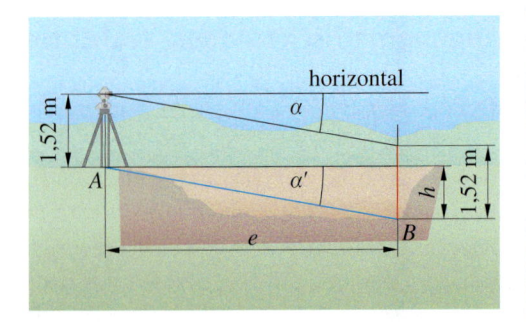

b) Beschreibe ein Verfahren, nachdem man die Höhe des fertigen Gebäudes berechnen kann.

SCHON GEWUSST?
Bei der Lösung von Vermessungsaufgaben wird häufig der Sinus- bzw. Kosinussatz benutzt.

12 Höhe des Vesuvs

Die Höhe des Vesuvs lässt sich mit Hilfe der Trigonometrie berechnen:
In der Nähe des Vulkanes wird eine horizontale Standlinie mit den Endpunkten A und B abgesteckt und ihre Länge vermessen. Anschließend wird von beiden Endpunkten aus die Spitze S des Vesuvs angepeilt. Bei der Peilung können sowohl die Winkel α und β als auch der Höhenwinkel δ abgelesen werden.
Die Tabelle rechts listet alle Messergebnisse auf.

a) Betrachte zunächst das Dreieck ABS und berechne die Länge der Seite a.
b) Berechne nun die Höhe h des Vesuvs.
c) Vergleiche das berechnete Ergebnis mit Angaben zur Höhe des Vesuvs aus dem Lexikon oder Internet.

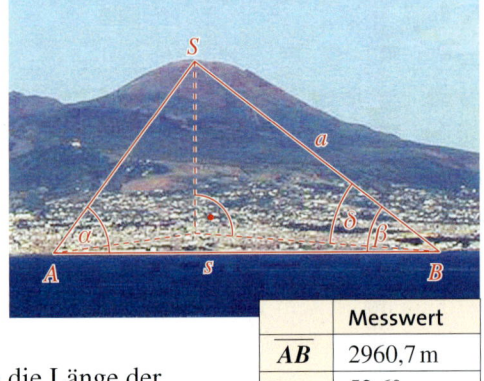

	Messwert
$\overline{AB}$	2960,7 m
α	52,6°
β	37,4°
δ	33°

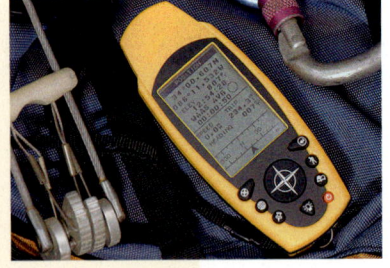

Während früher Höhenmessungen aufwendig mit Hilfe von Theodoliten oder gar durch Luftdruckmessungen durchgeführt wurden, bietet heute die Navigation mit Hilfe eines **GPS**-Geräts (**G**lobal **P**ositioning **S**ystem) die Möglichkeit, Positionen viel einfacher zu bestimmen.
Weiter verbreitet ist die Anwendung eines Navigationssystems, das die schnellste Route von einem beliebigen Startpunkt zu einem Ziel berechnet. Auto- und Radfahrer, aber auch Wanderer lassen sich von ihren Navigationsgeräten leiten.

Projekt

120-1

BEACHTE
Unter dem Webcode befindet sich eine Bauanleitung für einen Theodoliten.

Vermessung der Schule

a) Baut in kleinen Gruppen einen Theodoliten und schreibt zu dem Messgerät eine Bedienungsanleitung. Darin sollen sein Aufbau und die Methode zur Messung von Höhen und Entfernungen mit Hilfe des Theodoliten erklärt werden.
b) Vermesst mit euren Theodoliten z. B. das Schulgebäude, den Sportplatz, einen in der Nähe gelegenen Kirchturm oder ein anderes Gebäude.
c) Vergleicht eure Messergebnisse untereinander und diskutiert über die Ursachen eventueller Abweichungen.

Vorbereitung auf die zentrale Prüfung

Vorbereitung auf die zentrale Prüfung

122-1

BEACHTE
Unter dem Webcode findest du weitere Informationen über den genauen Ablauf der zentralen Prüfung.

Was erwartet mich in der zentralen Prüfung?
Am Ende der Jahrgangsstufe 10 erfolgt in einigen Fächern eine zentrale Abschlussprüfung. Diese Prüfung kann mit einer Landesmeisterschaft im Sport verglichen werden, bei der sich die Sportler gezielt auf die einzelnen Disziplinen vorbereiten müssen. Damit jeder die gleichen Chancen hat, bearbeiten alle Schülerinnen und Schüler der zehnten Klassen dieselben Aufgaben. Auch ihre Leistungen werden an denselben Maßstäben gemessen, schließlich gilt für die zentrale Prüfung wie auch im Sport „Fair Play".

Eine gut geplante Vorbereitung ist sehr sinnvoll, da sich die zentrale Prüfung von einer normalen Klassenarbeit unterscheidet. Zum Beispiel werden mehr Aufgaben gestellt, für deren Bearbeitung aber auch mehr Zeit zur Verfügung steht als sonst. In der Mathematikprüfung sind es 240 Minuten. Außerdem beziehen sich die Aufgaben inhaltlich auf Themen aus verschiedenen Jahrgangsstufen.

Wie bereite ich mich am besten darauf vor?
Hilfreich ist ein kontinuierliches Training unter ähnlichen Bedingungen wie in der Prüfung selbst. Die folgenden Aufgaben können dir dabei helfen. Es ist nicht zwingend notwendig, sie der Reihe nach zu bearbeiten.
Bevor du die Ergebnisse einer Aufgabe mit den Lösungen am Ende des Buches vergleichst, solltest du die Aufgabe vollständig bearbeitet haben.

Wie in der zentralen Prüfung sind die Aufgaben in zwei Bereiche gegliedert:

– Beim Lösen der Aufgaben aus **Bereich A** zeigst du, dass du über grundlegende mathematische Fähigkeiten und Fertigkeiten verfügst. Bei der Bearbeitung sollte auf den Einsatz von Taschenrechner und Formelsammlung verzichtet werden, da sie in der zentralen Prüfung in diesem Teilbereich nicht erlaubt sind.

122-2

HINWEIS
Unter dem Webcode findest du eine Linkliste zu zusätzlichen Übungsaufgaben.

– **Bereich B** enthält komplexere Aufgaben. Bei der Lösung dieser Aufgaben darfst du neben Zeichengeräten wie Zirkel und Geodreieck auch nicht programmierbare Taschenrechner und eine Formelsammlung benutzen.

Möchtest du weiter trainieren, so findest du zusätzliche Aufgabenbeispiele im Internet. Beachte den Webcode in der Randspalte.

A Grundlegende Aufgaben

Die folgenden Aufgaben solltest du ohne Taschenrechner oder Formelsammlung bearbeiten. Für jede Aufgabe gibt es genau eine richtige Lösung. Finde sie heraus und notiere den Lösungsbuchstaben in deinem Heft.
Die Auflösung des Tests findest du ab S. 139.

1 Subtrahiere: $-26 - 34$
a) -60 b) -8
c) 8 d) 60

2 Berechne: $7 + 3 \cdot 5$
a) 50 b) 22
c) 20 d) 2

3 Welcher der folgenden Brüche liegt zwischen $\frac{1}{3}$ und $\frac{1}{2}$?
a) $\frac{7}{12}$ b) $\frac{4}{7}$
c) $\frac{1}{4}$ d) $\frac{2}{5}$

4 Multipliziere: $\frac{3}{8} \cdot 2$
a) $\frac{6}{16}$ b) $\frac{3}{16}$
c) $\frac{3}{4}$ d) $\frac{3}{8}$

5 Addiere: $\frac{3}{4} + \frac{5}{6}$
a) $\frac{8}{10}$ b) $1\frac{7}{12}$
c) $\frac{15}{24}$ d) $1\frac{2}{6}$

6 Mulitpliziere: $0{,}05 \cdot 20$
a) $0{,}1$ b) 1
c) 10 d) 100

7 Rechne $0{,}08$ km um.
a) 800 mm b) 800 cm
c) 800 dm d) 800 m

8 Wie viel sind 3 kg und 50 g?
a) 350 g b) 3050 g
c) 3500 g d) $3{,}50$ kg

9 Rechne $1\frac{1}{4}$ h in Minuten um.
a) 125 min b) 115 min
c) 85 min d) 75 min

10 Welche Breite hat das geschlossene Mathematikbuch?
a) 2 mm b) 2 cm
c) 2 dm d) 2 m

11 Wie groß ist ungefähr die Fläche eines Fußballplatzes?
a) $70\,000$ dm² b) $7\,000$ m²
c) 70 ha d) 7 km²

12 Wie viel Prozent sind 2 von 5 CDs?
a) 2% b) 20%
c) 25% d) 40%

13 Wie viel € sind 8% von 500 €?
a) 40 € b) 50 €
c) 800 € d) 4000 €

14 Max kauft eine Jeans im Angebot für 40 €. Gegenüber dem alten Preis spart er 10 €. Um wie viel Prozent wurde der Preis für die Jeans gesenkt?
a) 10% b) 20%
c) 25% d) 40%

15 Vereinfache den Term: $6x - (3x + 9)$
a) $3x + 9$ b) $3x - 9$
c) $9x + 9$ d) $9x - 9$

16 Löse die Klammer auf: $4(3x + 8)$
a) $44x$ b) $20x$
c) $12x + 8$ d) $12x + 32$

17 Multipliziere aus: $(2x - 6)^2$
a) $4x^2 + 36$ b) $4x^2 - 36$
c) $4x^2 - 24x + 36$ d) $4x^2 - 12x + 36$

18 Drei Brötchen kosten $0{,}72$ €. Wie viel kosten dann zwei Brötchen?
a) $0{,}36$ € b) $0{,}48$ €
c) $0{,}52$ € d) $1{,}08$ €

19 Ein Futtervorrat für 3 Pferde reicht 8 Tage. Wie lange reicht er für vier Pferde?
a) 3 Tage b) 6 Tage
c) 16 Tage d) 24 Tage

BEACHTE
Löse die Aufgaben wirklich eigenständig und ohne in den Lösungen nachzuschauen. Schummeln hilft dir für die Prüfung nicht weiter, du würdest dich nur fälschlicherweise in Sicherheit wiegen.

Vorbereitung auf die zentrale Prüfung

20 Welche Größe hat der Winkel α?

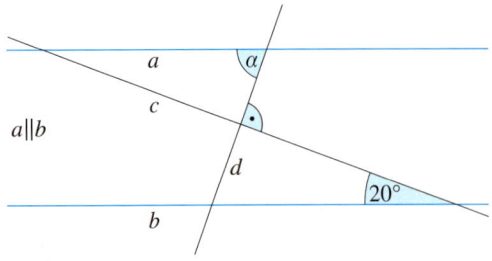

a) 20°   b) 40°
c) 70°   d) 90°

21 Eine Pyramide hat eine quadratische Grundfläche mit einer Seitenlänge von 10 cm. Die Pyramide ist 12 cm hoch. Wie groß ist ihr Volumen?

a) 40 cm³   b) 120 cm³
c) 400 cm³   d) 1200 cm³

22 Wie lang ist die Diagonale eines Rechtecks mit den Seitenlängen $a = 6$ cm und $b = 8$ cm?

a) 7 cm   b) 8 cm
c) 9 cm   d) 10 cm

23 Wie groß ist der Flächeninhalt A eines Parallelogramms mit den Maßen $a = 5$ cm, $b = 3$ cm und $h = 2$ cm?

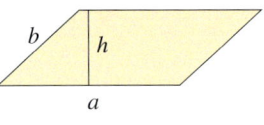

a) $A = 6$ cm³   b) $A = 5$ cm²
c) $A = 10$ cm²   d) $A = 15$ cm²

24 Bestimme den Achsenabschnitt: $y = 3x^2$

a) 3   b) $\frac{1}{3}$
c) 0   d) 2

25 Durch welchen Punkt verläuft der Graph der Funktion $y = \frac{3}{4}x - 1$?

a) $A(-1|0)$ b) $B(0|-1)$
c) $C(0|\frac{3}{4})$ d) $D(\frac{3}{4}|0)$

26 Der Graph einer linearen Funktion verläuft durch die Punkte $P(-2|0)$ und $Q(4|3)$. Wie groß ist die Steigung m der Geraden?

a) $m = -2$ b) $m = -\frac{1}{2}$
c) $m = \frac{1}{2}$ d) $m = 2$

27 Welcher der folgenden Funktionsgraphen hat die Funktionsvorschrift $y = (x - 1)^2 - 2$?

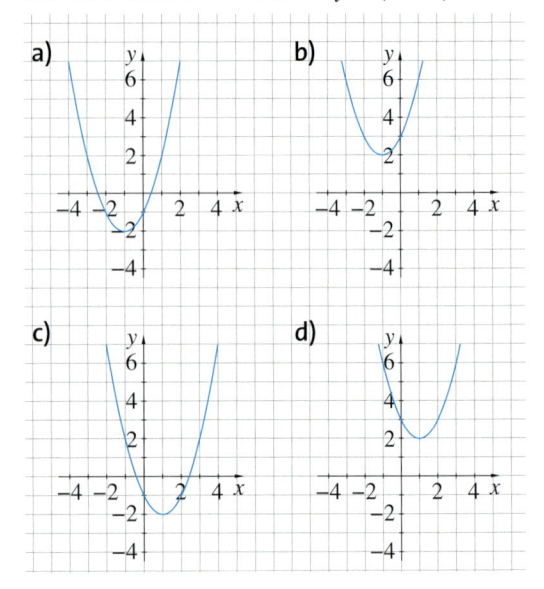

a)   b)
c)   d)

28 Schreibe in wissenschaftlicher Schreibweise: 0,0000412

a) $412 \cdot 10^{-4}$ b) $4{,}12 \cdot 10^{-5}$
c) $4 \cdot 10^{-5}$ d) $0{,}412 \cdot 10^4$

29 Berechne: $1{,}2 \cdot 10^{-3}$

a) 0,0012   b) 0,12
c) 12   d) 1 200

30 Löse das Gleichungssystem
$x - 3y = 4$ und $x + y = 0$.

a) $x = 1$ und $y = -1$ b) $x = -1$ und $y = 1$
c) $x_1 = 1$ und $y_1 = -1$ d) Es gibt keine
$\;\;\;x_2 = -1$ und $y_2 = 1$ Lösung.

31 In einer Urne befinden sich 4 rote und 2 schwarze Kugeln. Wie groß ist die Wahrscheinlichkeit, eine rote Kugel zu ziehen?

a) 2   b) $\frac{1}{2}$
c) $\frac{2}{3}$ d) $\frac{2}{4}$

32 Ein Würfel wird insgesamt zweimal geworfen. Wie groß ist die Wahrscheinlichkeit, zwei ungerade Zahlen zu werfen?

a) 2 %   b) 25 %
c) 50 %   d) 75 %

B Komplexere Aufgaben

1 Sitzplätze im Zirkus

In einem Zirkus sind die Sitze in Kreisen rund um die Manege angeordnet. Der erste Kreis, direkt an der Manege, hat 37 Sitze. Alle folgenden Sitzreihen haben jeweils vier Plätze mehr als die Reihe davor: Der zweite Kreis hat also 41 Sitze, der dritte 45 usw. Insgesamt gibt es 10 Reihen.

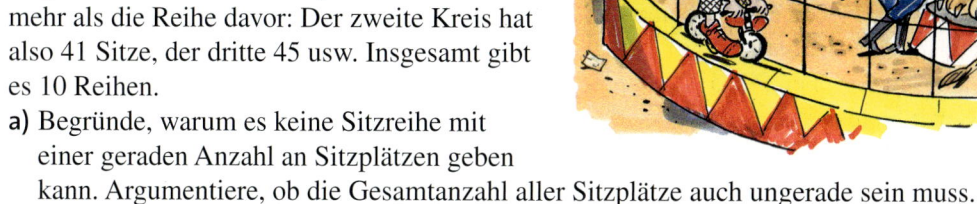

a) Begründe, warum es keine Sitzreihe mit einer geraden Anzahl an Sitzplätzen geben kann. Argumentiere, ob die Gesamtanzahl aller Sitzplätze auch ungerade sein muss.
b) Überprüfe dein Ergebnis aus Teil a), indem du die Anzahl aller Sitzplätze berechnest.
c) Die Anzahl der Sitze in der Reihe n (n = 1, 2, …, 10) kann man als Term angeben. Welcher der folgenden Terme gibt die Anzahl der Sitzplätze in der n-ten Reihe an?
① $4 + 37n$ ② $4n + 37n$ ③ $37 + 4(n-1)$ ④ $(37 + 4) \cdot (n-1)$
d) Die Karten in den ersten fünf Reihen kosten 19 € pro Person, alle anderen 14,50 € pro Person. Berechne die Einnahmen einer ausverkauften Vorstellung.
e) Die Tageseinnahmen belaufen sich auf 5 007 €. Insgesamt wurden 300 Eintrittskarten verkauft. Wie viele Personen saßen in den Reihen 1 bis 5, wie viele in den Reihen 6 bis 10?

2 Ausbildungsvergütung

Alexandra hat nach ihrem Schulabschluss eine Lehre als Hotelfachfrau begonnen. Im Diagramm ist ihre monatliche Ausbildungsvergütung in den drei Lehrjahren dargestellt.

a) Gib Alexandras monatliche Vergütung im ersten Lehrjahr an.
b) Alexandra ist begeistert: „Im zweiten Lehrjahr verdiene ich doppelt so viel wie im ersten Lehrjahr!"
Nimm Stellung zu Alexandras Aussage.
c) Berechne Alexandras durchschnittliche Vergütung pro Monat während der gesamten Ausbildungszeit.

3 Abzüge vom Gesamtbrutto

Alexandra erhält von ihrem Ausbildungsbetrieb die erste Gehaltsabrechnung.

a) Wie viel € werden Alexandra insgesamt vom Bruttoverdienst abgezogen?
b) Wie viel Prozent des Bruttoverdienstes bekommt Alexandra ausgezahlt?
c) Die Abzüge für die Krankenversicherung betragen bei Alexandra 8,4 % vom Bruttogehalt. Wie hoch sind Alexandras monatliche Krankenversicherungsbeiträge, wenn sie im dritten Lehrjahr monatlich 560 € verdient?

Verdienstabrechnung

Gesamtbrutto:	410 €
abzgl.	
Krankenversicherung:	−34,44 €
Pflegeversicherung:	−3,49 €
Rentenversicherung:	−38,19 €
Arbeitslosenversicherung:	−11,83 €
Gesetzliches Netto:	322,05 €

Vorbereitung auf die zentrale Prüfung

4 Pizzeria Bella Italia

Die Pizzeria Bella Italia bietet Pizzas in drei Größen mit vielen verschiedenen Belägen an. Die preiswerteste Pizza ist eine kleine Pizza Margherita belegt mit Tomaten und Mozzarella-Käse. Sie hat einen Durchmesser von 24 cm und kostet 5,40 €.

a) Wie groß ist die Fläche einer kleinen Pizza Margherita und welchen Umfang hat sie?
b) Die Fläche einer großen Pizza ist doppelt so groß wie die Fläche einer kleinen Pizza. Berechne den Durchmesser einer großen Pizza.
c) Wenn man zu einer kleinen Pizza Margherita zusätzlich Salami und Champignons bestellt, erhöht sich ihr Preis um 16 %. Berechne den Preis für die Pizza mit den extra Belägen. Runde dabei sinnvoll.
d) Jede Pizza hat einen etwa 1,5 cm breiten Rand, der nicht belegt ist. Berechne die belegte und unbelegte Fläche einer großen Pizza.
e) Für Familien gibt es eine extra große Pizza. Sie hat den doppelten Durchmesser, aber auch den dreifachen Preis einer großen Pizza. Bewerte das Preis-Leistungs-Verhältnis einer Familienpizza.
f) Die Steigerung der Lebensmittel- und Energiekosten soll an die Kunden weitergegeben werden. Deshalb wird der Preis für eine kleine Pizza Margherita um 10 % angehoben. Zu welchem Preis wird die Pizza nun verkauft?

5 Neuordnung einer Fläche

Eine Fläche von 200 m mal 400 m wird neu geordnet. Die Abbildung zeigt, welche Teilgebiete gleich bleiben und welche zukünftig anderweitig genutzt werden.

Eine solche Neuordnung ist mit Kosten verbunden. Die Höhe der Kosten richtet sich nach der Art der Fläche. Die Tabelle zeigt die durchschnittlich anfallenden Kosten der Neuordnung.

von \ zu	Erholung	Landwirtschaft	Industrie
Erholung	–	25 € pro m²	15 € pro m²
Landwirtschaft	20 € pro m²	–	20 € pro m²
Industrie	40 € pro m²	35 € pro m²	–

a) Berechne die Größe der Erholungsfläche, der Industriefläche und der Landwirtschaftsfläche jeweils für die aktuelle und die neue Aufteilung.
b) Zeichne eine „Kostenkarte": Markiere die Teilgebiete, die nach der Neuordnung in anderer Weise genutzt werden, und berechne ihre Flächeninhalte in m².
c) Berechne die Kosten, die bei der Neuordnung der Flächen anfallen. Benutze die Angaben in der Tabelle.
d) Vergleiche den Anteil der drei Flächentypen an der Gesamtfläche vor und nach der Neuordnung. Stelle die prozentualen Anteile jeweils grafisch dar.

6 Handytarife

Ingo möchte sich ein neues Handy kaufen. Ihm werden Verträge mit drei unterschiedlichen Tarifen angeboten:

Tarif	Monatlicher Grundpreis	Minutenpreis *
Smart	7,95 €	0,15 €
Vario	0,00 €	0,28 €
Flat	19,95 €	0,00 €

* minutengenaue Abrechnung

a) Die Diagramme skizzieren die Zuordnung *Gesprächszeit* → *Preis*.
   Ordne jedem Tarif das passende Diagramm zu und begründe deine Entscheidung.

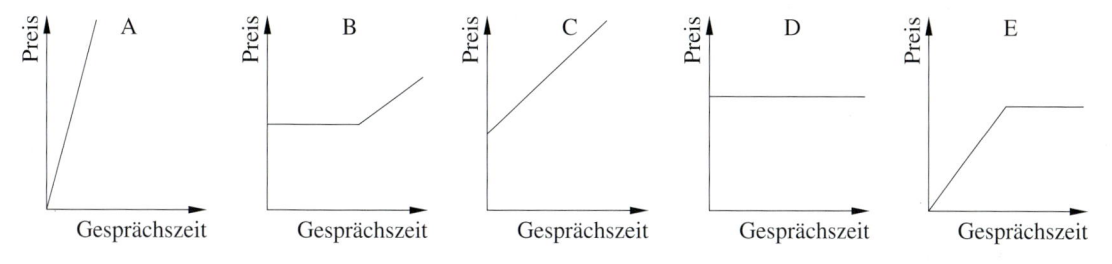

b) Stelle jeweils die Funktionsgleichung für die drei Tarife Smart, Vario und Flat auf und zeichne ihre Graphen in ein gemeinsames Koordinatensystem.

c) Welche Bedeutung haben die Schnittpunkte der drei Graphen?

d) Ingo telefoniert pro Monat durchschnittlich eine Stunde mit dem Handy. Für welchen Tarif sollte er sich entscheiden? Begründe deine Wahl.

7 Autovermietung

Herr Fedinger möchte einen PKW mieten. In der Tabelle sind die Konditionen der beiden Tarife aufgelistet, die ihm zur Auswahl stehen.

Tarif City	Tarif Regio
Grundpreis: 25 €	Grundpreis: 40 €
zusätzlich 0,60 € pro gefahrenen km	zusätzlich 0,40 € pro gefahrenen km

a) Ergänze im Heft die Wertetabelle für den Tarif City und den Tarif Regio:

	km	0	10	25	30		80	100
Miet-	Tarif City				46 €	55 €		
kosten	Tarif Regio							

b) Stelle für beide Tarife jeweils einen Term auf, mit dem sich die Mietkosten in Abhängigkeit der gefahrenen km berechnen lassen.

c) Zeichne jeweils den Funktionsgraphen zu der Vorschrift *gefahrene Strecke* → *Mietkosten* für die Tarife City und Regio in ein gemeinsames Koordinatensystem.

d) Welchen Tarif kannst du Herrn Fedinger empfehlen, wenn er mit dem Mietwagen eine Strecke von 70 km zurücklegen möchte? Begründe deine Empfehlung.

e) Berechne den prozentualen Anteil des Grundpreises für beide Tarife, wenn Herr Fedinger 70 km fährt.

8 Kundenstatistik einer Autovermietung

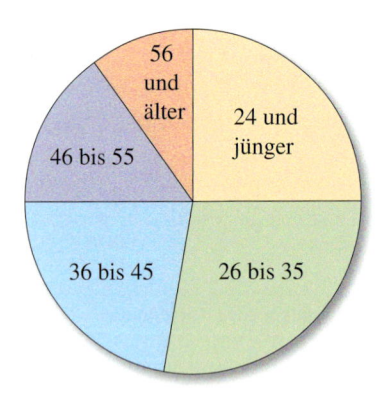

Eine Autovermietung hat Daten von 240 Kunden gesammelt, um eine Statistik zu erstellen.

a) Entnimm dem Kreisdiagramm rechts, wie viel Prozent der Kunden 24 Jahre alt oder jünger waren.
b) Wie viele Kunden waren 56 Jahre alt oder älter?
c) 35 % der 240 Kunden mieteten einen Minibus, 90 Kunden mieteten ein Modell der Standard-Klasse, alle anderen ein Luxusmodell. Stelle die Angaben in einem Kreis- und in einem Säulendiagramm dar.

9 Getränkeverpackungen

In einer zylinderförmigen Getränkedose mit einem Durchmesser von 5,4 cm und eine Höhe von 15,5 cm soll Saft verkauft werden.

a) Mit welchem Volumen wird die Getränkefirma die Dose befüllen?
b) Die Dose wird aus Weißblech hergestellt. Bei der Produktion rechnet man mit einem Mehrverbrauch für Falzstellen und Verschnitt von 15 %. Berechne, wie viel cm² Weißblech für eine Dose benötigt wird.
c) Gib die Mindestlänge eines Trinkhalms an, der nicht in die Dose rutschen kann. Beschreibe, wie du dein Ergebnis ermittelst.
d) Als alternative Verpackung für den Saft ist ein quaderförmiger Tetrapack im Gespräch. Seine Grundfläche hat die Seitenlängen $a = 5$ cm und $b = 7$ cm. Berechne die Höhe des Tetrapacks, wenn er dasselbe Saftvolumen beinhalten soll wie die Dose.
e) Vergleiche den Materialverbrauch für eine Dose mit dem für einen Tetrapack. Bei beiden Verpackungsarten rechnet man mit einem Mehrverbrauch von 15 % für Falzstellen und Verschnitt.
Für welche Verpackungsart würdest du dich entscheiden?

10 Wasserbecher

In vielen Einzelhandelsgeschäften werden für Kunden Wasserspender aufgestellt. Um zu verhindern, dass volle Becher in den Regalen abgestellt werden, verwendet man kegelförmige Becher aus Papier. Ein Becher mit einem Durchmesser von 8 cm fasst maximal 0,15 ℓ Wasser.

a) Berechne die Höhe eines Bechers.
b) Ein großer Wasserbehälter hat ein Volumen von 18,9 ℓ. Berechne, wie viele Becher insgesamt mit dem Inhalt dieses Behälters zu jeweils 90 % gefüllt werden können.
c) Schätze, wie viel Papier zur Herstellung eines Bechers benötigt wird.
d) Überprüfe dein Ergebnis aus c) mit einer Rechnung. Plane zusätzlich 15 % für Überlappung und Verschnitt in deine Rechnung mit ein.
e) Welche der drei Abbildungen stellt die Füllhöhe h des Bechers im zeitlichen Verlauf bei konstantem Wasserzulauf dar? Begründe deine Entscheidung.

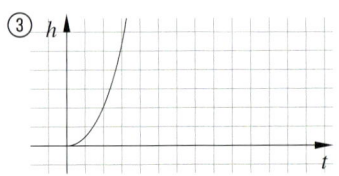

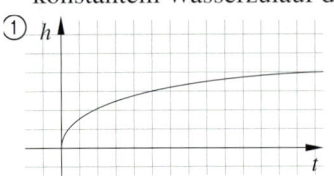

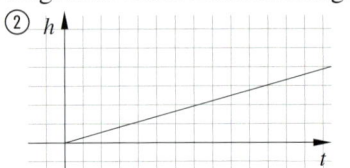

11 Hohe Brücken

Fynn möchte wissen, wie hoch die Steinerne Brücke in Regensburg über der Donau gebaut wurde. Daher lässt er einen Stein von der Fußgängerbrücke in den Fluss fallen und stoppt die Zeit bis zum Aufprall auf der Wasseroberfläche. Zur ungefähren Berechnung der Höhe der Brücke benutzt er folgende Faustregel: Quadriere die Fallzeit und multipliziere mit fünf.

a) Gib zu diesem Text eine passende Funktionsgleichung an.
b) Bestimme die Höhe der Steinernen Brücke, wenn die Zeit bis zum Aufprall 2 s beträgt.
c) In den Pyrenäen überquert das Viaduc de Millau in 270 m Höhe den kleinen Fluss Tarn. Sie gilt damit als höchste Autobahnbrücke der Welt. Wie lange fällt ein Stein, der von der Brücke geworfen wird, bis er das Wasser erreicht?

12 Flugparabel eines Golfballs

Die Flugbahn eines Golfballs kann annähernd durch eine Parabel beschrieben werden. Die Abbildung zeigt eine solche parabelförmige Flugbahn.

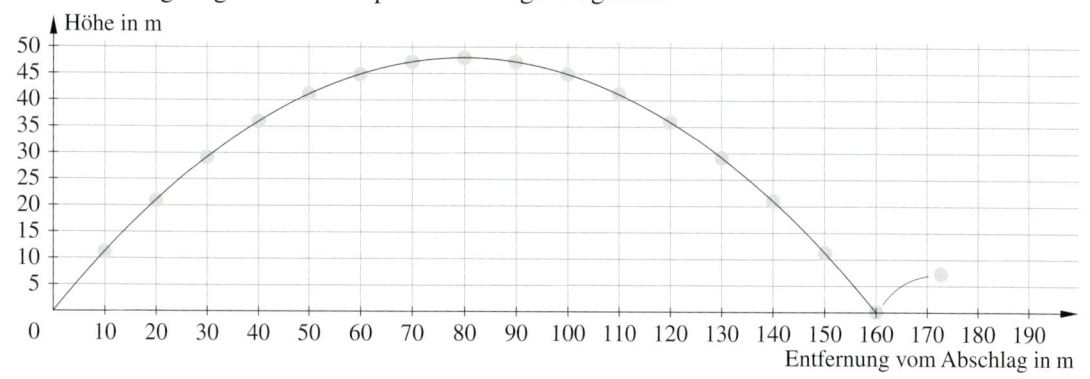

a) Lies anhand der Flugkurve die maximale Höhe des Golfballs ab.
b) In welcher Entfernung vom Abschlag trifft der Golfball auf dem Boden auf?
c) Finde heraus, welche der folgenden Funktionsgleichungen zu der Flugparabel des Golfballs gehört. Begründe, weshalb alle anderen Funktionsgleichungen nicht zum dargestellten Graphen passen können.

① $f(x) = 0{,}05\,x^2$
② $f(x) = -0{,}05\,x^2$
③ $f(x) = -0{,}0075\,x^2 + 1{,}2\,x$
④ $f(x) = 0{,}0075\,x^2 - 1{,}2\,x$

13 Anfänger beim Golfsport

Ein Golf-Anfänger muss das Abschlagen erst trainieren. Zu Beginn seines Trainings kann die Flugbahn seines Golfballs durch die Gleichung $f(x) = (1{,}2 - 0{,}015\,x) \cdot x$ beschrieben werden.

a) In welcher Höhe befindet sich der Golfball in einer Entfernung von 30 m vom Abschlag?
b) Berechne, wie weit ein Anfänger einen Golfball schlägt.
c) Forme die Funktionsgleichung mit Hilfe der quadratischen Ergänzung in die Scheitelpunktform $f(x) = a\,(x - x_s)^2 + y_s$ um. Lies anhand der Scheitelpunktform die maximale Höhe des Golfballs während des Fluges ab und gib an, in welcher Entfernung vom Abschlag der Golfball die maximale Höhe erreicht.

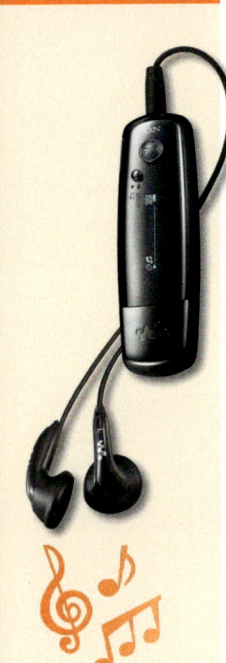

14 MP3-Player

Herr Nieser möchte seinem Sohn Paul einen Zuschuss für einen neuen MP3-Player geben. Er macht ihm die folgenden zwei Angebote:

Angebot 1: Paul bekommt 15 € sofort und an 7 folgenden Tagen erhält er jeweils 5 € dazu.
Angebot 2: Paul erhält sofort einen Umschlag mit 0,50 €. An den 7 darauffolgenden Tagen verdoppelt sein Vater jeweils das Geld, das sich im Umschlag befindet. Am ersten Tag werden also weitere 0,50 € in den Umschlag gelegt, danach 1 € usw.

a) Berechne für beide Angebote Pauls Guthaben nach 7 Tagen.
   Für welches Angebot sollte sich Paul entscheiden?
b) Wähle aus den Koordinatensystemen dasjenige aus, in dem Pauls Guthaben nach x Tagen für die Angebote 1 und 2 dargestellt wird.
   Beschreibe, woran man erkennen kann, dass die anderen Graphen nicht zu den oben beschriebenen Angeboten passen.

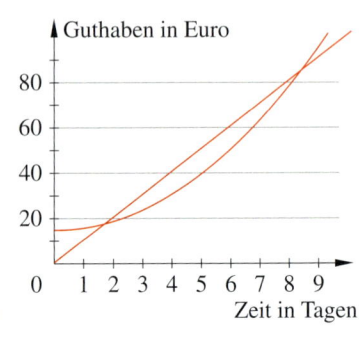

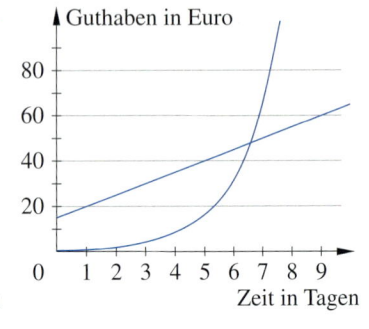

c) Erkläre die Bedeutung des Schnittpunkts der beiden Funktionsgraphen.
d) Gib für beide Angebote jeweils eine Funktionsgleichung an.

15 Luftdruck

Der Luftdruck ist nicht an jedem Ort auf der Erde gleich: Mit steigender Höhe nimmt er rasch ab.
Dieser Zusammenhang kann annähernd durch die Formel $p(x) = p_0 \cdot 0{,}88\, x$ beschrieben werden. Dabei ist p_0 der Luftdruck auf Meereshöhe in Hektopscal (hPa), x die Höhe über Meeresniveau in km und $p(x)$ der Luftdruck in der Höhe x.

a) Um wie viel Prozent sinkt der Luftdruck alle 1 000 m? Erkläre, wie man diesen Wert aus der Formel entnehmen kann.
b) Auf Meereshöhe herrscht ein mittlerer Luftdruck p_0 von 1013 hPa. Berechne den Luftdruck in einer Höhe von 1 km (2 km; 2,5 km).
c) Bei einem Luftdruck von 1013 hPa wiegt die Luftsäule, die auf einen m^2 Boden drückt, etwa $1{,}013 \cdot 10^7$ g. Rechne die Angabe in kg und in t um.
d) Der Mount Everest ist mit einer Höhe von 8 848 m der höchste Berg der Erde. Mit welchem Luftdruck kann man auf seiner Spitze rechnen?
e) Ein Wanderer liest auf seinem Druckmessgerät einen Wert von 690 hPa ab.
   In welcher Höhe über dem Meeresspiegel befindet sich der Wanderer?
f) Schätze ab, in welcher Höhe der Luftdruck etwa halb so groß ist wie auf Meereshöhe.

HINWEIS
Die Aufgaben aus e) und f) lassen sich durch Probieren lösen.

16 Mit Quadern würfeln

Bei vielen Spielen werden regelmäßige Würfel benützt. Es gibt aber auch Würfel mit unterschiedlich großen Seitenflächen. Die Abbildung zeigt ein solches Beispiel.

a) Handelt es sich beim Werfen eines quaderförmigen Würfels um ein Laplace-Experiment? Begründe deine Entscheidung.

b) Die Tabelle listet auf, wie oft eine Augenzahl mit dem quaderförmigen Würfel geworfen wurde. Berechne die relative Häufigkeit für jedes der sechs Ergebnisse.

Augenzahl	1	2	3	4	5	6
Anzahl der Würfe	192	78	207	214	90	219

c) Welche Würfelseite liegt vermutlich der „2" gegenüber? Worauf stützt du deine Vermutung?

d) Hältst du es für sinnvoll, mit folgenden Wahrscheinlichkeiten zu rechnen? Begründe.

Augenzahl	1	2	3	4	5	6
Wahrscheinlichkeit	20%	10%	20%	20%	10%	20%

e) Prüfe, ob die Wahrscheinlichkeiten für die einzelnen Ergebnisse proportional sind zur Größe der Seitenflächen des Quaders. Beschreibe, wie du dabei vorgehst.

f) Zeichne das Baumdiagramm für einen zweimaligen Wurf mit dem Quaderwürfel. Berechne mit Hilfe des Baumdiagramms die Wahrscheinlichkeit für das Ereignis „Werfen eines Paschs".

g) Schätze, welches der Ereignisse „Es werden genau 7 Augen geworfen" und „Es wird ein Pasch geworfen" wahrscheinlicher ist. Überprüfe deine Schätzung mit Hilfe eines Baumdiagramms.

17 Kreuzworträtselspiel

In einem englischsprachigen Kreuzworträtselspiel wird versucht, aus einzelnen Buchstaben lange Wörter zu legen. Dabei sind die 26 Großbuchstaben des Alphabets auf Plättchen gedruckt, die jeder Spieler aus einem Säckchen zieht. Die Tabelle informiert darüber, wie oft die einzelnen Buchstabenplättchen im Spiel vorhanden sind.

Buchstabe	Joker	E	A, I	O	N, R, T	D, L, S, U	G	B, C, F, H, M, P, V, W, Y	J, K, Q, X, Z
Anzahl	2	12	9	8	6	4	3	2	1

a) Zeige, dass das Spiel insgesamt 100 Plättchen enthält.

b) Gib die Wahrscheinlichkeit an für das einmalige Ziehen eines Buchstabenplättchens mit
① einem E ② einem N ③ einem Vokal ④ einem Konsonanten

c) Berechne die Wahrscheinlichkeit bei zweimaligem Ziehen eines Buchstabenplättchens ohne Zurücklegen für die folgenden Ereignisse.
① Zwei Vokale werden gezogen.
② Zwei Konsonanten werden gezogen.
③ Erst wird ein Vokal gezogen und danach ein Konsonant.
④ Es werden Vokal und ein Konsonant in beliebiger Reihenfolge gezogen.
⑤ Das Wort „IT" wird gezogen.

18 Überbuchte Flüge

Im Jahr 2006 haben 4,7 Mio. Passagiere einer deutschen Fluggesellschaft ihren Flug nicht angetreten. Das entspricht einem Anteil von ungefähr 8,2 %. Um eine größtmögliche Auslastung der Flugzeuge zu gewährleisten, können daher bei den meisten Airlines mehr Flugtickets gebucht werden als Sitzplätze tatsächlich vorhanden sind. Im Fall, dass ein Fluggast aufgrund von Überbuchung keinen Platz in der Maschine erhält, zahlt ihm die Fluggesellschaft eine Entschädigung in Höhe von 250 €.

a) Wie viele Fluggäste hatte die Fluggesellschaft im Jahr 2006 insgesamt?
b) Aus Erfahrung weiß man, dass im Durchschnitt 11 von 10 000 Passagieren keinen Platz im Flugzeug bekommen, obwohl sie rechtzeitig vor dem Flug ein Ticket gebucht haben. Berechne den prozentualen Anteil dieser Passagiere.
c) Welcher finanzielle Schaden entsteht der Fluggesellschaft, wenn eine Maschine mit 390 Sitzplätzen zu 4,1 % überbucht wird und tatsächlich alle Passagiere rechtzeitig am Flughafen erscheinen?
d) Eine Fluggesellschaft hat eine Maschine mit 390 Sitzplätzen zu ungefähr 5,9 % überbucht. Tatsächlich treten aber 8,2 % der Passagiere den Flug nicht an. Berechne die Mehreinnahmen, die die Fluggesellschaft bei einem Ticketpreis von 100 € (150 €, 400 €) durch die Überbuchung erzielt.
Wie viele Plätze bleiben bei diesem Flug frei?
e) Nimm Stellung zum Vorgehen der Fluggesellschaft. Stelle Vor- und Nachteile dar.

19 Berechnungen an einem Trapez

Von einem gleichschenkligen Trapez sind die folgenden Eigenschaften bekannt:
Die Länge von a ist um 6 cm größer als die Länge von c. Addiert man beide Längen, so erhält man als Ergebnis eine Länge von 20 cm. Die Höhe des Trapezes beträgt 4 cm.

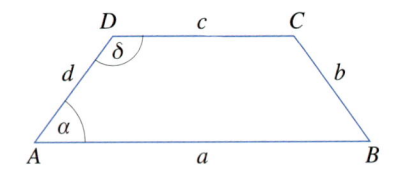

a) Stelle ein Gleichungssystem auf, mit dem sich die Längen der Seiten a und c berechnen lassen. Löse das Gleichungssystem.
b) Gib den Flächeninhalt des Trapezes an. Welche Seitenlängen hat ein flächengleiches Quadrat? Nenne zwei Beispiele für die Seitenlängen eines flächengleichen Rechtecks.
c) Berechne den Umfang des Trapezes. Beschreibe, wie man die Länge der Seiten b und d ermitteln kann.
d) Konstruiere mit Hilfe von Zirkel und Lineal das Trapez. Verfasse dazu eine stichpunktartige Konstruktionsbeschreibung.
e) Berechne die Größe der Winkel α und δ. Vergleiche deine Lösung mit dem Messergebnis der Winkel deines konstruierten Trapezes.
f) Das Trapez kann in einem Koordinatensystem dargestellt werden. Gib die Koordinaten der Punkte A, B und C an, wenn der Punkt D die Koordinaten (3 | 4) hat und eine Längeneinheit 1 cm entspricht.

Anhang

Lösungen
Stichwortverzeichnis
Bildverzeichnis

■ Die Sinusfunktion

a

1
a) $\alpha = -310°$; $\alpha = 410°$
b) $\alpha = -340°$; $\alpha = 380°$
c) $\alpha = -360°$; $\alpha = 360°$
d) $\alpha = -450°$; $\alpha = 270°$
e) $\alpha = -365°$; $\alpha = 355°$
f) $\alpha = -600°$; $\alpha = 120°$

2
Individuelle Skizze.
Es ändert sich die Beschriftung der x-Achse. So wird z. B. $\frac{\pi}{2}$ zu 90°, π zu 180°, $\frac{3\pi}{2}$ zu 270° und 2π zu 360°.

3
Der Graph der Funktion $f(x) = \sin x - 2$ geht aus der Sinuskurve durch Verschiebung um 2 Einheiten nach unter hervor. Der Graph der Funktion $f(x) = \sin(x - 2)$ geht aus der Sinuskurve durch Verschiebung um 2 Einheiten nach rechts hervor.

4
Individuelle Zeichnungen.
a) Verschiebung um π nach rechts
b) Stauchung in Richtung der x-Achse mit dem Faktor 2
c) Verschiebung um 0,5 nach oben
d) Verschiebung um 1 nach unten und Streckung in Richtung der y-Achse mit dem Faktor 3

5
$f(x) = \sin(2x)$
$g(x) = 3\sin x + 1$
$h(x) = \sin x - 1{,}5$

6
$f(x) = 12\sin(\frac{1}{3}x)$

b

1
a) $\alpha = -330°$; $\alpha = 30°$
b) $\alpha = -350°$; $\alpha = 10°$
c) $\alpha = -10°$; $\alpha = 350°$
d) $\alpha = -284°$; $\alpha = 76°$
e) $\alpha = -32°$; $\alpha = 328°$
f) $\alpha = -39°$; $\alpha = 321°$

4
Individuelle Zeichnungen.
a) Verschiebung um 0,5 nach unten und Spiegelung an der x-Achse
b) Verschiebung um π nach unten, Stauchung in Richtung der x-Achse mit dem Faktor 2 und Streckung in Richtung der y-Achse mit dem Faktor 3
c) Verschiebung um 1 nach unten, Verschiebung um $\frac{\pi}{3}$ nach links und Spiegelung an der x-Achse
d) Verschiebung um $\sin(\frac{\pi}{2})$ nach oben

5
$f(x) = \frac{1}{2}\sin x + 2{,}5$
$g(x) = -\sin(2x) - 1{,}5$
$h(x) = 3\sin(2(x - \frac{\pi}{4}))$

6
$f(x) = 8\sin(\frac{\pi}{6}(x + 8)) + 21$

Berechnungen an allgemeinen Dreiecken und Vielecken

a

1
a) $b \approx 7{,}67$ cm
   $\alpha \approx 43{,}2°$
   $\gamma \approx 75{,}8°$

b) $a \approx 6{,}77$ cm
   $b \approx 2{,}84$ cm
   $\gamma = 52°$

2
a) $A \approx 64{,}19$ cm^2
b) $A \approx 158{,}28$ cm^2
b) $A \approx 26{,}68$ cm^2

3
a) $c \approx 11{,}20$ cm
   $\beta \approx 33{,}2°$
   $\gamma \approx 118{,}8°$
   $A \approx 18{,}40$ cm^2

b) $c \approx 8{,}31$ cm
   $\alpha \approx 56{,}6°$
   $\gamma \approx 82{,}4°$
   $A \approx 19{,}08$ cm^2

c) $a \approx 24{,}49$ cm
   $b \approx 17{,}41$ cm
   $\alpha = 60°$
   $A \approx 211{,}09$ cm^2

d) $\alpha \approx 45{,}5°$
   $\beta \approx 52{,}4°$
   $\gamma \approx 82{,}2°$
   $A \approx 178{,}31$ cm^2

b

1
a) $b \approx 7{,}87$ cm
   $c \approx 6{,}47$ cm
   $\alpha = 51°$

b) $\alpha \approx 40{,}2°$
   $\beta \approx 111{,}3°$
   $\gamma \approx 28{,}5°$

2
a) $A \approx 21{,}05$ cm^2
b) $A \approx 12{,}38$ cm^2
c) $A \approx 3{,}49$ cm^2

3
a) $a \approx 12{,}64$ cm
   $\alpha \approx 66{,}5°$
   $\gamma \approx 37{,}0°$
   $A \approx 51{,}00$ cm^2

b) $b \approx 1{,}06$ m
   $\alpha \approx 33{,}5°$
   $\gamma \approx 69°$
   $A \approx 0{,}22$ m^2

c) $\alpha \approx 35{,}1°$
   $\beta \approx 39{,}6°$
   $\gamma \approx 105{,}3°$
   $A \approx 90{,}25$ cm^2

d) $b \approx 24{,}98$ cm
   $c \approx 35{,}23$ cm
   $\alpha \approx 13{,}9°$
   $\gamma \approx 137{,}5°$

4
a) Die Größe des Neigungswinkels α beträgt in etwa 26,6°, der Neigungswinkel β ist in etwa 45,5° groß.
b) Die Fassade besitzt eine Gesamtfläche von 76,79 m^2.
   Damit werden rund 31 ℓ Farbe benötigt.

5
Die Größe des Grundstücks beträgt rund 477 m^2.
Für $1\tfrac{1}{2}$ Jahre Mietzeit muss der Autohausbesitzer somit 4 114,13 € zahlen.

Potenzen und Potenzfunktionen

a

1
a) $3^5 = 243$ b) $2{,}5^3 = 15{,}625$
c) $(-1{,}8)^4 = 10{,}4976$

2
a) 81   b) 8   c) 7,593 75   d) -8
e) $\frac{1}{9} = 0{,}\overline{1}$ f) 10   g) 3   h) 32

3
a) 2^6 b) 5^3 c) 2^{10} d) 11^2 e) 10^6 f) 2^4
g) 5^4 h) 2^8 i) 3^6 j) -10^5 k) 14^2 l) 6^3

4
a) 400 000 000 000   b) 280 000 000   c) 12 860 000   d) 0,000 001 5   e) 0,000 027 4

5
a) $9 \cdot 10^9$ b) $7{,}000\,051 \cdot 10^9$ c) $10{,}4 \cdot 10^{15}$

6
a) 219 000 000
b) 600 000

7
a) a^{m+n} b) $\frac{a^m}{a^n}$ c) $a^{m \cdot n}$
d) $a^m \cdot b^m$ e) $\frac{a^m}{b^m}$ f) $a^{\frac{m}{n}}$

8
① $h(x) = \frac{1}{5}x^3$
② $f(x) = 2x^2$
③ $k(x) = -10x^3$
④ $g(x) = -3x^2$

9

x	-2	-1	$-0{,}5$	0	0,5	1	2
$y = x^3$	-8	-1	$-0{,}125$	0	0,125	1	8
$y = -x^3$	8	1	0,125	0	$-0{,}125$	-1	-8

b

1
a) $(\frac{1}{3})^3 = 243$ b) $x^5 \cdot \frac{1}{x} = x^4$
c) $(4v)^4 \cdot 6^4 = 331\,776\,v$

2
a) 61,4656   b) $-\frac{1}{27}$ c) $\frac{1}{1024}$ d) $-\frac{1}{36}$
e) $-1{,}71$ f) $\frac{1}{2}$ g) $-\frac{1}{4}$ h) $\frac{1}{100\,000} = 0{,}000\,0$

9
Der Graph der Funktion $y = \frac{1}{4}x^{-2}$ ist gestaucht, der Graph der Funktion $y = -\frac{1}{4}x^{-2}$ ist gestaucht und an der x-Achse gespiegelt.

Wachstum

a | b

1
Beim Luftdruck liegt negatives lineares Wachstum vor, beim Wasserdruck positives lineares Wachstum.

2
a) $q = 1{,}0375$
b) Umsatz 2010: $3\,631\,250\,€$
   Umsatz 2020: $5\,247\,315\,€$
   $f(x) = 3\,500\,000 \cdot 1{,}0375\,x$

3 (a)
a) Anzahl Menschen 2018: $101\,254\,687$
b) Anzahl Menschen 1998: $61\,792\,793$
c) $f(x) = 79\,100\,000 \cdot 1{,}025\,x$

3 (b)
a) Anzahl Menschen 2018: $137\,700\,012$
b) Anzahl Menschen 1998: $155\,326\,605$
c) $f(x) = 141\,900\,000 \cdot 0{,}997\,x$

4 (a)
$72\,000\,000 = 62\,000\,000 \cdot q^{42}$ $\quad |:62\,000\,000$
$q^{42} = 1{,}1613$ $\quad |\sqrt[42]{}$
$q = 1{,}0036$

4 (b)
a) $w_x = w_0 \cdot q^x$ $\quad |:q^x$
   $w_0 = \dfrac{w_x}{q^x}$
b) $q^x = \dfrac{w_x}{w_0}$ $\quad |:\sqrt[x]{}$
   $q = \sqrt[x]{\dfrac{w_x}{w_0}}$

5 (a)
a) $q = 1{,}0587$; $p = 5{,}9\,\%$
b) Exportzahlen 2010: $412{,}414$ Mrd.
   Exportzahlen 2020: $729{,}562$ Mrd.

5 (b)
a) $q = 1{,}0587$; $p = 5{,}9\,\%$
b) Im Jahr 2026.

6
Anzahl der Bakterien bei einer Verdopplungszeit von 4 Stunden:
- nach einem Tag: $f(6) = 23 \cdot 2^6 = 1\,472$
- nach zwei Tagen: $f(12) = 23 \cdot 2^{12} = 94\,208$
- nach drei Tagen: $f(18) = 23 \cdot 2^{18} = 6\,029\,312$

Anzahl der Bakterien bei einer Verdopplungszeit von 18 Stunden:
- nach einem Tag: $f(\tfrac{4}{3}) = 23 \cdot 2^{\tfrac{4}{3}} = 58$
- nach zwei Tagen: $f(\tfrac{8}{3}) = 23 \cdot 2^{\tfrac{8}{3}} = 146$;
- nach drei Tagen: $f(4) = 23 \cdot 2^4 = 368$

Zufallsgrößen und Erwartungswerte

a

1
a) Baumdiagramm
b) X kann die Werte 0, 1 und 2 annehmen.

b

1
$P(y=0) = P(ZZZ) = 0,5 \cdot 0,5 \cdot 0,5 = \frac{1}{8}$
$\qquad = 0,125$
$P(y=1) = P(WZZ) + P(ZWZ) + P(ZZW)$
$\qquad = 0,5 \cdot 0,5 \cdot 0,5 + 0,5 \cdot 0,5 \cdot 0,5$
$\qquad + 0,5 \cdot 0,5 \cdot 0,5 = \frac{3}{8} = 0,375$
$P(y=2) = P(WWZ) + P(ZWW) + P(WZW)$
$\qquad = 0,5 \cdot 0,5 \cdot 0,5 + 0,5 \cdot 0,5 \cdot 0,5$
$\qquad + 0,5 \cdot 0,5 \cdot 0,5 = \frac{3}{8} = 0,375$
$P(y=3) = P(WWW) = 0,5 \cdot 0,5 \cdot 0,5 = \frac{1}{8}$
$\qquad = 0,125$

2
X kann die Werte 5, 6 und 7 annehmen.
$P(x=5) = P(2-3) + P(1-4) = \frac{1}{6} + \frac{1}{6} = \frac{1}{3}$
$P(x=6) = P(1-5) + P(3-3) + P(6-0) = \frac{1}{6} + \frac{1}{6} + \frac{1}{6} = \frac{1}{2} = 0,5$
$P(x=7) = P(4-3) = \frac{1}{6}$

3
$0 \cdot \frac{1}{8} + 1 \cdot \frac{3}{8} + 2 \cdot \frac{3}{8} + 3 \cdot \frac{1}{8} = 1,5$
Durchschnittlich hat eine Familie mit drei Kindern 1,5 Jungen.

3
Die Mannschaften spielen 2 oder 3 Sätze
$E(X) = 2 \cdot 0,5 + 3 \cdot 0,5 = 2,5$

4
X kann entweder -2 (Verlust des Einsatzes) oder 4 sein.
Setzt ein Spieler auf das erste Dutzend ist:
$P(x=-2) = \frac{1}{37} + \frac{12}{37} + \frac{12}{37} = \frac{25}{37} \approx 0,68$ $\qquad P(x=4) = \frac{12}{37} \approx 0,32$

5
Jonathan könnte bei drei Schüssen entweder keine, eine, zwei oder drei Rosen gewinnen.
$P(x=0) = 0,2^3 = 0,008$ $\qquad\qquad\qquad\qquad P(x=1) = (0,2^2 \cdot 0,8) \cdot 3 = 0,096$
$P(x=2) = (0,8^2 \cdot 0,2) \cdot 3 = 0,348$ $\qquad\qquad P(x=3) = 0,8^3 = 0,512$
$E(X) = 0 \cdot 0,008 + 1 \cdot 0,096 + 2 \cdot 0,348 + 3 \cdot 0,512 = 2,328$

6
$E(X) = (-10) \cdot \frac{3}{10} + (-5) \cdot \frac{2}{5} + 25 \cdot \frac{1}{5} + 50 \cdot \frac{1}{10}$
$\qquad = 5$

6
$x = 1 - \frac{1}{5} - 0,3 - \frac{2}{5} = \frac{1}{10}$
$y = (-10) \cdot \frac{1}{5} + (-5) \cdot 0,3 + 10 \cdot 0,1 + 25 \cdot \frac{2}{5}$
$\qquad = 7,5$

Lösungen zu „Vorbereitung auf die zentrale Prüfung"

Seite 123 A Grundlegende Aufgaben

1 a
2 b
3 d
4 c
5 b
6 b
7 c
8 b
9 d
10 c
11 b
12 d
13 a
14 b
15 b
16 d
17 c
18 b
19 b
20 c
21 c
22 d
23 b
24 c
25 b
26 c
27 c
28 b
29 a
30 a
31 c
32 b

Seite 125 B Komplexere Aufgaben

1 a) Für die Addition von Zahlen gilt:
   1) gerade + ungerade = ungerade
   2) ungerade + ungerade = gerade
   3) gerade + gerade = gerade
   In jeder Reihe kommen zu einer ungeraden Anzahl an Sitzen eine gerade Anzahl hinzu. Also hat jede Reihe eine ungerade Anzahl an Sitzen. Die Gesamtanzahl der Sitze ist gerade. Bei 10 Reihen werden fünfmal zwei ungerade Zahlen addiert. Das ergibt fünf gerade Zahlen. Diese addiert ergeben eine gerade Zahl.

   b) Gesamtzahl der Sitze:
   $37 + 41 + 45 + 49 + 53 + 57 + 61 + 65 + 69 + 73 = 550$

   c) ③ gibt die Zahl der Sitze in Reihe n an.

   d) $19€ \cdot (37 + 41 + 45 + 49 + 53) + 14{,}50€ \cdot (57 + 61 + 65 + 69 + 73) = 8\,987{,}50€$

   e) x: Anzahl der Personen in Reihe 1–5
   y: Anzahl der Personen in Reihe 6–10
   I $x + y = 300$, II $19 \cdot x + 14{,}5 \cdot y = 5\,007$
   I nach y auflösen und in II einsetzen:
   $x \cdot 19€ + (300 - x) \cdot 14{,}50€ = 5\,007€$; $x = 146$
   $y = 300 - 146 = 154$
   146 Personen saßen in den Reihen 1–5 (2 774 €) und 154 Personen saßen in den Reihen 6–10 (2 233 €).

2 a) Im 1. Lehrjahr bekommt sie monatlich 410 €.

   b) Das stimmt nicht, sie verdient nur 60 € mehr. Das Diagramm täuscht, da es bei 350 € statt bei 0 € beginnt.

   c) $\frac{410€ + 470€ + 560€}{3} = 480€$
   Sie verdient durchschnittlich 480 € pro Monat.

3 a) $-34{,}44€ - 3{,}49€ - 38{,}19€ - 11{,}83€ = -87{,}95€$
   Ihr werden 87,95 € vom Bruttoverdienst abgezogen.

   b) $\frac{322{,}05€}{410€} \approx 0{,}78549 \approx 78{,}549\%$
   Sie bekommt etwa 78,5 % des Bruttoverdienstes ausgezahlt.

   c) Dreisatz: 100 % entsprechen 560 €, dann entspricht 1 % 5,60 € und 8,4 % entsprechen 47,04 €.
   Der monatliche Krankenversicherungsbeitrag im dritten Lehrjahr liegt bei 47,04 €.

4 a) $A = \pi \cdot (12\,\text{cm})^2 \approx 452{,}4\,\text{cm}^2$, $u = 2\pi \cdot 12\,\text{cm} \approx 75{,}4\,\text{cm}$

   b) $r^2 = 2 \cdot (452{,}4\,\text{cm}^2) : \pi$; $d \approx 34\,\text{cm}$

   c) 5,40 € entsprechen 100 %, der erhöhte Preis entspricht 116 %, also $5{,}40€ \cdot 1{,}16 = 6{,}264€$.
   Die Pizza mit extra Belägen kostet gerundet 6,30 €.

   d) $A_{\text{gesamt}} = \pi \cdot (17\,\text{cm})^2$
   $A_{\text{belegt}} = \pi \cdot (17\,\text{cm} - 1{,}5\,\text{cm})^2 = 754{,}77\,\text{cm}^2$
   $A_{\text{unbelegt}} = A_{\text{gesamt}} - A_{\text{belegt}} \approx 153{,}15\,\text{cm}^2$

   e) $A_{\text{Familie}} = \pi \cdot (34\,\text{cm})^2 \approx 3\,631{,}68\,\text{cm}^2$
   Die Fläche der Familienpizza ist etwa viermal so groß wie der der großen. Der dreifache Preis ist also fair.

   f) 5,40 € entsprechen 100 %, der erhöhte Preis entspricht 110 %, also $5{,}40€ \cdot 1{,}10 = 5{,}94€$.
   Der Pizzapreis sollte bei 5,95 € oder 6,00 € liegen.

5 a) E aktuell: $\frac{100\,m \cdot 400\,m}{2} = 20\,000\,m^2$
E neu: $100\,m \cdot 200\,m = 20\,000\,m^2$
I aktuell: $\frac{100\,m + 150\,m}{2} \cdot 200\,m = 25\,000\,m^2$
I neu: $200\,m \cdot 200\,m = 40\,000\,m^2$
L aktuell: $\frac{200\,m + 150\,m}{2} \cdot 200\,m = 35\,000\,m^2$
L neu: $100\,m \cdot 200\,m = 20\,000\,m^2$

b)

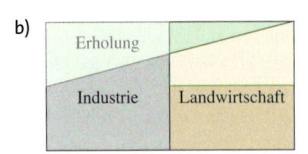

Erholung	
Industrie	Landwirtschaft

E → I: $\frac{100\,m + 50\,m}{2} \cdot 200\,m = 15\,000\,m^2$
L → E: $\frac{100\,m + 50\,m}{2} \cdot 200\,m = 15\,000\,m^2$

c) E → I: $15\,000\,m^2 \cdot 15\,\frac{€}{m^2} = 225\,000\,€$
L → E: $15\,000\,m^2 \cdot 20\,\frac{€}{m^2} = 300\,000\,€$
Die Kosten für die Neuordnung betragen 525 000 €.

d) aktuell:
E: $\frac{20\,000\,m^2}{80\,000\,m^2} = 0{,}25 = 25\,\%$
I: $\frac{25\,000\,m^2}{80\,000\,m^2} = 0{,}3125 = 31{,}25\,\%$
L: $\frac{35\,000\,m^2}{80\,000\,m^2} = 0{,}4375 = 43{,}75\,\%$

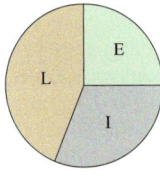

neu:
E: $\frac{20\,000\,m^2}{80\,000\,m^2} = 0{,}25 = 25\,\%$
I: $\frac{40\,000\,m^2}{80\,000\,m^2} = 0{,}50 = 50\,\%$
L: $\frac{20\,000\,m^2}{80\,000\,m^2} = 0{,}25 = 25\,\%$

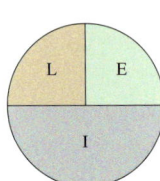

6 a) Smart: C (Der Graph beginnt beim Grundpreis und steigt in Abhängigkeit der Gesprächszeit an.)
Vario: A (Der Graph beginnt bei null, da es keinen monatlichen Grundpreis gibt, und steigt dann an.)
Flat: D (Der Graph beginnt beim Grundpreis und bleibt konstant, unabhängig von der Gesprächszeit)

b) x: Anzahl der Gesprächsminuten
Smart: $f(x) = 7{,}95\,€ + 0{,}15\,€ \cdot x$
Vario: $f(x) = 0{,}28\,€ \cdot x$
Flat: $f(x) = 19{,}95\,€$

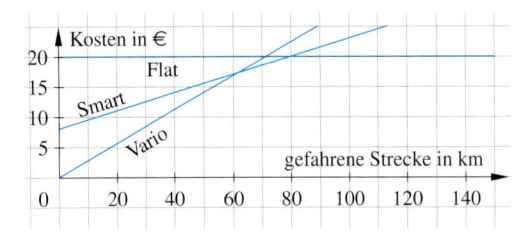

c) Ein Schnittpunkt zeigt an, bei welcher Gesprächszeit zwei Tarife zum selben Rechnungsbetrag führen.

d) Bei 60 Gesprächsminuten zahlt er beim Smart-Tarif 16,80 €, beim Vario-Tarif 16,95 € und beim Tarif Flat 19,95 €. Somit ist der Smart-Tarif für ihn am günstigsten.

7 a)

km	0	10	25	30	35	50	80	100
City (€)	25	31	40	43	46	55	73	85
Regio (€)	40	44	50	52	54	60	72	80

b) x: Anzahl der gefahrenen Kilometer
City: $f(x) = 25\,€ + 0{,}6\,\frac{€}{km} \cdot x$
Regio: $f(x) = 40\,€ + 0{,}4\,\frac{€}{km} \cdot x$

c)

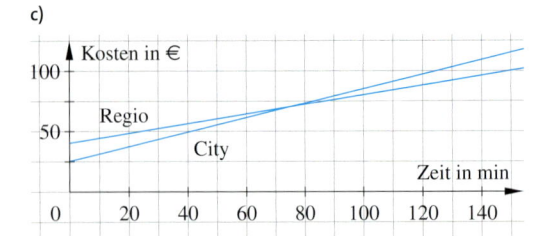

d) Herr Fedinger sollte den City-Tarif nehmen, da dieser 67 €, der Regio-Tarif aber 68 € kostet.

ae) City-Tarif: $p = \frac{25\,€ \cdot 100}{67\,€} = 37{,}3\,\%$
Regio-Tarif: $p = \frac{40\,€ \cdot 100}{68\,€} = 58{,}8\,\%$

8 a) 25 % sind 24 Jahre oder jünger.

b) 10 %, also 24 Kunden, sind 56 Jahre und älter.

c)

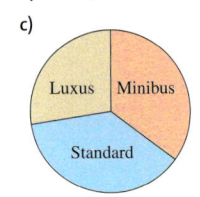

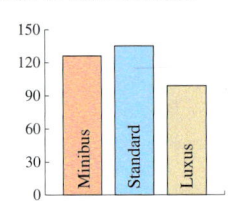

9 a) Die Dose hat ein Volumen von ca. 355 cm³. Die Getränkefirma wird die Dose mit 350 ml befüllen.

b) $A_O = 2 \cdot A_G + A_M = 2 \cdot \pi \cdot r^2 + u \cdot h$
$= 2 \cdot (\pi \cdot (2{,}7\,cm)^2) + 2 \cdot \pi \cdot 2{,}7\,cm \cdot 15{,}5\,cm$
$\approx 308{,}8\,cm^2$
A_O inklusive 15 % Mehrverbrauch:
$308{,}8\,cm^2 \cdot 1{,}15 \approx 355{,}12\,cm^2$
Es werden ca. 355,12 cm² Weißblech benötigt.

c) d: Diagonale im Inneren der Dose
$d = \sqrt{(5{,}4\,cm)^2 + (15{,}5\,cm)^2} \approx 16{,}41\,cm$
Der Trinkhalm muss länger sein als 16,41 cm.

d) $V = 350\,cm^3 = a \cdot b \cdot h = 35\,cm^2 \cdot h$
$h = \frac{350\,cm^3}{35\,cm^2} = 10\,cm$
Das Tetrapack muss mindestens 10 cm hoch sein.

e) $A_O = 2 \cdot A_G + A_M$
$= 2 \cdot 70\,cm^2 + (24\,cm) \cdot 10\,cm = 310\,cm^2$
A_O inklusive 15 % Mehrverbrauch:
$310\,cm^2 \cdot 1{,}15 = 356{,}5\,cm^2$
Es werden 356,5 cm² Karton benötigt.
Der Materialverbrauch ist fast gleich, daher sollte man sich aus anderen Gründen für eine der beiden Verpackungsarten entscheiden.

10 a) $V = \frac{1}{3} \cdot G \cdot h \Leftrightarrow h = \frac{3 \cdot V}{G}$
$h = \frac{3 \cdot 150 \text{cm}^3}{G} = \frac{450 \text{cm}^3}{\pi \cdot (4 \text{cm})^2} \approx 9 \text{cm}$
Die Höhe des Bechers beträgt ca. 9 cm.

b) 150 ml · 0,9 = 135 ml
Ein zu 90 % gefüllter Becher beinhaltet 135 ml
$\frac{18\,900 \text{ml}}{135 \text{ml}} = 140$
Es können 140 Becher zu 90 % gefüllt werden.

c) individuelle Schätzung

d) $A_M = \pi \cdot r \cdot s$ mit $s = \sqrt{h^2 + r^2} = \sqrt{97}$ also
$A_M = \pi \cdot 4 \text{cm} \cdot \sqrt{97} \approx 123,8 \text{cm}^2$
A_M inklusive 15 % Mehrverbrauch
$A_M \cdot 1,15 \approx 142,3 \text{cm}^2$
Pro Becher werden ca. 142,3 cm² Papier benötigt.

e) Abb. ①: anfangs füllt sich der Becher sehr schnell, mit zunehmender Höhe vergrößert sich der Querschnitt des Bechers und er wird immer langsamer gefüllt.

11 a) t: Fallzeit (in Sekunden)
$h = t^2 \cdot 5$ (eigentlich: $h = t^2 \cdot 5 \frac{m}{s^2}$)

b) $h = (2\,\text{s})^2 \cdot 5 \frac{m}{s^2} = 4\,\text{s}^2 \cdot 5 \frac{m}{s^2} = 20\,\text{m}$
Die Brücke hat eine Höhe von ca. 20 m.

c) $h = 270\,\text{m} = t^2 \cdot 5 \frac{m}{s^2}$ umstellen nach t ergibt
$t = \sqrt{\frac{270\,\text{m}}{5 \frac{m}{s^2}}} \approx 7,3\,\text{s}$
Der Stein fällt ca. 7,3 s lang.

12 a) Die maximale Höhe beträgt 48 m.

b) Der Ball trifft in 160 m vom Abschlag auf.

c) Funktion ③ beschreibt die Flugbahn des Golfballs. Die Graphen der Funktionen ① und ④ wären nach oben geöffnet. Der Graph von Funktion ② läge unterhalb der x-Achse.

13 a) $f(30) = (1,2 - 0,015 \cdot 30) \cdot 30 = 22,5$
Nach 30 m hat der Ball eine Höhe von 22,5 m.

b) Setze $f(x) = 0$ und löse. $x_1 = 0$ (Abschlag); $x_2 = 80$
Nach 80 m hat der Ball eine Höhe von 0 m, trifft also auf den Boden auf.

c) $f(x) = 1,2x - 0,015 x^2$
$f(x) = -0,015 \cdot (x^2 - 80x)$
$f(x) = -0,015 \cdot (x^2 - 80x + 1600 - 1600)$
$f(x) = -0,015 \cdot ((x - 40)^2 - 1600)$
$f(x) = -0,015 \cdot (x - 40)^2 - 24 \quad S(40 | 24)$
Der Ball erreicht 40 m nach Abschlag seine maximale Höhe von 24 m.

14 a) Angebot 1: 50 € nach 7 Tagen
Angebot 2: 64 € nach 7 Tagen
Paul sollte Angebot 2 wählen.

b) ③ passt zu beiden Angeboten. Bei beiden anderen Graphen beginnt die lineare Funktion bei 0. Das ist bei keinem der beiden Angebote der Fall.

c) Der Schnittpunkt zeigt an, nach wie vielen Tagen beide Angebote zur selben Sparsumme führen.

d) x: Anzahl der Tage
Angebot 1: $f(x) = 15 € + 5 € \cdot x$
Angebot 2: $f(x) = 0,5 € \cdot 2^x$

15 a) Nach jeweils 1 000 m herrschen nur noch 0,88 = 88 % des vorherigen Luftdruckwertes vor. Der Luftdruck sinkt also alle 1 000 m um 12 %.

b) 1 km: $p(1) = 1013 \text{ hPa} \cdot 0,88^1 \approx 891,4 \text{ hPa}$
2 km: $p(2) = 1013 \text{ hPa} \cdot 0,88^2 \approx 784,5 \text{ hPa}$
2,5 km: $p(2,5) = 1013 \text{ hPa} \cdot 0,88^{2,5} \approx 735,9 \text{ hPa}$

c) $1,013 \cdot 10^7 \text{g} = 1,013 \cdot 10^4 \text{kg} = 10\,130 \text{kg} = 10,13 \text{t}$

d) $p(8,848) = 1013 \text{ hPa} \cdot 0,88^{8,845} \approx 327 \text{ hPa}$
Der Luftdruck beträgt auf der Spitze in etwa 327 hPa.

e)
Höhe (in km)	1	2	3
Luftdruck (in hPa)	891,4	784,5	690,3

Der Wanderer befindet sich in ca. 3 km Höhe.

f)
Höhe (in km)	4	5	6
Luftdruck (in hPa)	607,5	534,6	470,4

Zwischen 5 000 m und 6 000 m ist der Luftdruck halb so groß wie auf Meereshöhe: $p(5,5) \approx 501,5 \text{ hPa}$.

16 a) Es ist kein Laplace-Experiment. Aufgrund der Form des Würfels sind nicht alle Ergebnisse gleich wahrscheinlich.

b) Anzahl n aller Würfe: $n = 1\,000$

Augenzahl	1	2	3	4	5	6
rel. Häuf.	0,192	0,078	0,207	0,214	0,090	0,219

c) 2 und 5 liegen sich wohl gegenüber, da sie am wenigsten häufig gewürfelt wurden.

d) Pro: Die Summe der Wahrscheinlichkeiten ergibt 100 %. Außerdem haben kongruente Flächen dieselbe Wahrscheinlichkeit, gewürfelt zu werden.
Contra: Die Werte wurden großzügig gerundet.

e) A_{klein}: Flächeninhalt der Seiten „2" und „5"
$A_{groß}$: Flächeninhalt der Seiten „1", „3", „4" und „6"
$A_{klein} = 2 \text{cm} \cdot 2 \text{cm} = 4 \text{cm}^2$
$A_{groß} = 2 \text{cm} \cdot 2,5 \text{cm} = 5 \text{cm}^2$
$A_O = 4 \cdot 5 \text{cm}^2 + 2 \cdot 4 \text{cm}^2 = 28 \text{cm}^2$
Es gilt: $\frac{A_{klein}}{A_O} \approx 0,143 \neq \frac{P(2)}{1} \approx 0,1$
Die Wahrscheinlichkeit der Ereignisse ist nicht proportional zur Größe der Seitenflächen.

f) Es gilt: $P(1) = P(3) = P(4) = P(6) = 0,2$;
$P(2) = P(5) = 0,1$

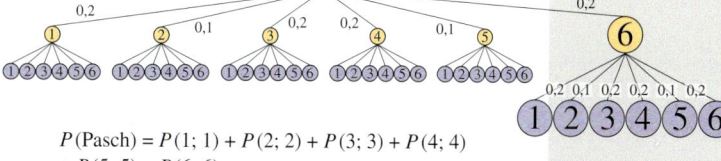

$P(\text{Pasch}) = P(1; 1) + P(2; 2) + P(3; 3) + P(4; 4) + P(5; 5) + P(6; 6)$
$= 0,2^2 + 0,1^2 + 0,2^2 + 0,2^2 + 0,1^2 + 0,2^2 = 0,18$

g) individuelle Schätzung
„AS = 7": Augensumme bei zweimaligem Würfeln ist 7
Mit Hilfe des Baumdiagramms aus f) ermitteln wir:
$P(\text{AS} = 7) = P(1; 6) + P(2; 5) + P(3; 4) + P(4; 3) + P(5; 2) + P(6; 1) = 4 \cdot 0,2^2 + 2 \cdot 0,1^2 = 0,18$
Die Ereignisse „Augensumme ist 7" und „Pasch" haben die gleiche statistische Wahrscheinlichkeit.

17 a) $2 + 12 + 2 \cdot 9 + 8 + 3 \cdot 6 + 4 \cdot 4 + 3 + 9 \cdot 2 + 5 = 100$

b) $P(E) = \frac{12}{100} = 0{,}12$, $P(N) = \frac{6}{100} = 0{,}06$

$P(\text{Vok}) = P(A) + P(E) + P(I) + P(O) + P(U)$
$= 0{,}09 + 0{,}12 + 0{,}09 + 0{,}08 + 0{,}04 = 0{,}42$

$P(\text{Kon}) = 1 - (P(\text{Vokal}) + P(\text{Joker}))$
$= 1 - (0{,}42 + 0{,}02) = 1 - 0{,}44 = 0{,}56$

c) $P(\text{Vok; Vok}) = \frac{42}{100} \cdot \frac{41}{99} \approx 0{,}174$

$P(\text{Kon; Kon}) = \frac{56}{100} \cdot \frac{55}{99} \approx 0{,}311$

$P(\text{Vok; Kon}) = \frac{42}{100} \cdot \frac{56}{99} \approx 0{,}238$

$P((\text{Vok; Kon}); (\text{Kon; Vok})) = 0{,}42 \cdot \frac{56}{99} + 0{,}56 \cdot \frac{42}{99}$
$\approx 0{,}475$

$P(\text{I; T}) = \frac{9}{100} \cdot \frac{6}{99} \approx 0{,}005$

18 a) $\frac{4\,700\,000}{8{,}2} \cdot 100 \approx 57\,317\,073$

Die Fluggesellschaft hatte ca. 57,3 Mio. Fluggäste.

b) $\frac{11}{10\,000} = 0{,}0011 = 0{,}11\,\%$

c) $390 \cdot 0{,}041 = 15{,}99 \approx 16$

Es müssen 16 Personen entschädigt werden:
$16 \cdot 250\,€ = 4000\,€$

d) $390 \cdot 0{,}059 = 23{,}01$ 23 Passagiere wurden überbucht.

Ticketpreis (in €)	100	150	400
Mehreinnahmen (in €)	2300	3450	9200

$8{,}2\,\% - 5{,}9\,\% = 2{,}3\,\%$
$390 \cdot 0{,}023 = 8{,}97$ Es bleiben 9 Plätze frei.

e) individuell

19 a) **I** $c + 6\,\text{cm} = a$; **II** $a + c = 20\,\text{cm}$
I einsetzen in **II**: $c + 6\,\text{cm} + c = 20\,\text{cm}$;
$c = 7\,\text{cm}$,
c einsetzen in **I**: $a = 7\,\text{cm} + 6\,\text{cm} = 13\,\text{cm}$

b) $A = \frac{7\,\text{cm} + 13\,\text{cm}}{2} \cdot 4\,\text{cm} = 40\,\text{cm}^2$

Quadrat: $a = \sqrt{40\,\text{cm}^2} \approx 6{,}3\,\text{cm}$
Rechteck: z. B. $a = 4\,\text{cm}$, $b = 10\,\text{cm}$

c) $b = d$; Berechnung von b mit dem Satz des Pythagoras:
$b^2 = h^2 + \left(\frac{a-c}{2}\right)^2 = 16\,\text{cm}^2 + 9\,\text{cm}^2 = 25\,\text{cm}^2$; $b = 5\,\text{cm}$,
$u = 13\,\text{cm} + 5\,\text{cm} + 7\,\text{cm} + 5\,\text{cm} = 30\,\text{cm}$

d)

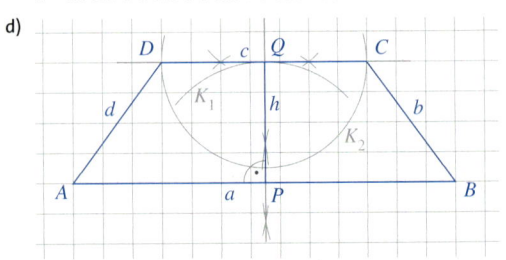

Konstruktionsbeschreibung (Beispiel):
① zeichne a mit $a = 13\,\text{cm}$
② ermittle P als Mittelpunkt von a
③ errichte durch P eine Senkrechte h zu a
④ schlage um P einen Kreis K_1 mit $r = 4\,\text{cm}$,
 Q ist der Schnittpunkt von K_1 und h
⑤ schlage um Q einen Kreis K_2 mit $r = 3{,}5\,\text{cm}$
⑥ errichte durch Q eine Senkrechte zu h
⑦ C und D sind die Schnittpunkte von K_2 und der Senkrechten
⑧ verbinde die Punkte A, B, C und D

e) Z. B. $A(0|0)$, $B(13|0)$, $C(10|4)$

f) $\sin \alpha = \frac{4\,\text{cm}}{5\,\text{cm}}$, also $\alpha \approx 53{,}1°$

Es gilt: $360° = 2 \cdot \alpha + 2 \cdot \delta$, also $180° - \alpha = \delta$
daraus folgt: $\delta \approx 180° - 53{,}1° = 126{,}9°$

Stichwortverzeichnis

A
absolutes Wachstum 68, 84
achsensymmetrisch 54
arithmetisches Mittel 92

B
Bakterienwachstum 76, 84
Basis 46, 50, 64, 72
Baumdiagramm 88
Bogenmaß 12, 20

D
Dezimalschreibweise 52
Dreieck 8, 24, 28, 32, 42
– allgemeines 24
– Flächeninhalt 24, 42
– Höhe 24, 28, 42
– kongruentes 24
– rechtwinkliges 8, 28, 32
– stumpfwinkliges 28, 32
– spitzwinkliges 28, 32

E
Einheitskreis 8, 32
Erwartungswert 92, 102
Exponent 46, 50, 52, 54, 64, 72, 76
– positiver 54
– negativer 54
– gerader 54
– ungerader 54
Exponentialfunktion 72, 76
exponentielle Abnahme 72, 76
exponentielle Zunahme 72, 76
exponentielles Wachstum 72, 76, 84

F
Faktor 12, 20, 46, 52, 54, 64
Flächeninhalt 24, 33, 42
– allgemeines Dreieck 24
– unregelmäßiges Dreieck 33
– Dreieck 24, 33, 42
– allgemeines Vieleck 24, 42
– Parallelogramm 24, 42
Funktion 8, 20, 54, 64
– periodische 8, 20
Funktionenplotter 54
Funktionsgraph 12, 54, 64
– gestreckt 12, 20, 54
– gestaucht 12, 20, 54

G
Gegenkathete 8
gestaucht 12, 20, 54
gestreckt 12, 20, 54
Gradmaß 12, 20
Graph 8, 12, 54
– achsensymmetrischer 54
– punktsymmetrischer 8, 20, 54
– der Sinusfunktion 8, 12, 20

H
Halbwertszeit 76, 84
Höhe 24, 28, 32
Hypotenuse 8

I
Innenwinkel 32

K
Kosinusfunktion 10
Kosinussatz 32, 33, 42

L
lineare Abnahme 68
lineare Zunahme 68

N
Nullstelle 13

P
Parallelogramm 24, 42
Periode 8, 20
periodisch 8
periodische Funktion 8, 20
Pfadregeln 86, 88, 102
positives Wachstum 68
Potenzen 50, 64
– multiplizieren 50, 64
– dividieren 50, 64
– potenzieren 50, 64
Potenzfunktion 54, 64
Potenzieren 46, 64
Potenzschreibweise 46, 52, 64
Primzahl 98
prozentuales Wachstum 68
punktsymmetrisch 8, 20, 54

R
Radiant (rad) 12
radioaktiver Zerfall 76, 84
Radizieren 46
rechtwinkliges Dreieck 8, 28, 32

S
Satz des Pythagoras 33
Sinus (sin) 8, 24, 28
Sinusfunktion 7, 8, 12, 20
– allgemeine Form 12, 20
– Graph 8, 12, 20
– Formänderung 12, 20
– Lageänderung 12, 20
Sinuskurve 8, 12
Sinussatz 28, 30, 32, 42
Stauchung 13
Streckungsfaktor 54
Streckung 12

V
Verdopplungszeit 76, 84

W
Wachstum 68, 72, 76, 84
– positives 68
– negatives 68
– absolutes 68, 84
– lineares 68, 84
– prozentuales 68, 84
– exponentielles 72, 76, 84
Wachstumsfaktor 68, 72, 76, 84
Wachstumsprozess 68, 76
Wachstumsrate 68, 72, 84
Wahrscheinlichkeit 88, 92, 102
Wahrscheinlichkeitsverteilung 88
Werte der Zufallsgrößen 88, 92, 102
Winkel 8, 12, 24, 28, 42
– eingeschlossener 24
Winkel messen 12
wissenschaftliche Schreibweise 52
Wurzel 46, 50, 64
Wurzelziehen 46, 64

Z
Zehnerpotenzen 52
Zerfallsprozess 76
Zufallsexperiment 88, 102
– zweistufiges 88
Zufallsgröße 88, 92, 102

Bildverzeichnis

Titelbild Holger Schlabitz, Berlin
5 picture-alliance/dpa/epa/Julian Wainwright
7 Cornelsen Verlag/Kerstin Nolte
11 Transglobe Agency, Hamburg/ T. Krüger
16 www.uhr-uhren.de
17 www.rhythmarts.com
21 Pressedienst Paul Glaser, Berlin
23 VISUM, Hamburg/Wolfgang Steche
25 Cornelsen Verlagsarchiv
26/1 Cornelsen Verlag/Peter Hartmann
26/2 Bildagentur Rath Luftbild, Schwabenheim
27 Eye Ubiquitous/Hutchimson
28 Cornelsen VerlagsArchiv
31 Cornelsen Verlagsarchiv
33 wikimedia/CC/Sebastian Telfoth
35 artur, Essen/Jörg Hempel
36 artur/Klaus Frahm
37 TREPPENMEISTER/Redaktionsbüro Rehm, Stuttgart
39/1 Direktfoto/Hartwig Bambey
39/2 Cornelsen Verlagsarchiv
43 OKAPIA, Frankfurt a. M./Kage
44 www.holzschuppen.de
45 Cornelsen Verlag/Kerstin Nolte
46 Bauverlag BV GmbH
48/1 Kindernothilfe e. V., Duisburg/Multimedia
48/3 Christoph Berens/Martina Verhoeven
50 OKAPIA
52 Cornelsen Verlag/Kerstin Nolte
56 picture-alliance/dpa/Ingo Wagner
58 © Ken Crosswell, Berkeley, CA (USA)
59/1 Astrofoto/ESA
59/2 mauritius images, Mittenwald/Photothek
59/3 mauritius images/Photothek
59/4 OKAPIA/Murti/CNRI
60 Wikipedia/GNU/Hugo Heikenwaelde
65 Cornelsen Verlagsarchiv/Red. Biologie
67 www.nestle.ch/Pressebild
69 Cornelsen Verlag/Kerstin Nolte
73 Superbild /Marco Andreas Est.
75/1 Cornelsen Verlagsarchiv/ EU-Kommission
75/2 StockFood/Klaus Arras
75/3 Reinhard-Tierfoto, Heiligkreuzsteinach
77 mauritius images/Hicker
78 akg-images
79/1 KNA-Bild, Bonn
79/2 LVR-Amt für Bodendenkmalpflege im Rheinland/Außenstelle Nideggen-Wollersheim
79/3 action press, Hamburg
79/4 a. e. r. fossilien/Andreas E. Richter, Augsburg
80/1 picture-alliance/dpa/imaginchina
80/2 Gebr. Kemmerich GmbH, Attendorn
81/1 Fotolia/Torsten Schon
81/2 Agentur LMP, Henrik Pohl
82 picture-alliance/dpa/Zhang heping)
85/1 Profilfoto Marek Lange, Berlin
85/2 Cornelsen Verlagsarchiv
91/1 DFB/Pressebild
91/2 Cornelsen Verlagsarchiv
96 Wikipedia/GNU/Lucarelli
97/1 Windpark Fellbach
97/2 akg-images
98 www.werbeartikel.at
99 Cornelsen Verlagsarchiv, Peter Hartmann
100 Helga Goltz, Zühlsdorf
103 Felix Kälberer/Caltech Multi-Res Modelling Group/www.javaview.de
104/1 Wikipedia/GNU/Thomas
104/2 Wikipedia/GNU/Björn Sörensen
104/3 akg-images
104/4 Bioshere 2 Oracle/Werkfoto, AZ (USA)
104/5 Daimler Pressefoto
104/6 Bridgeman Art Library, Berlin/ London
105 Wikipedia/CC/alchimist-hp
106 Meiwa Springbrunnenbau, Extertal
107/1 Jens Schacht, Düsseldorf
107/2 NASA/JPL/Gov.
107/3 www.goldundsilberkontor.com
108/1 Wikipedia/GNU/Alexander Menk
108/2 Wikipedia/CC/Hofres
108/3 Wikimedia/CC/Manuel M. Vicente
108/4 Bayerische Staatsbibliothek, München
108/5 akg-images/Rabatti-Domingie
109/1 Cornelsen Verlagsarchiv
109/2 Wikipedia/CC/Mewes
113/1 picture-alliance/dpa/epa/ Maisonneuve
113/2 corbis/zefa, Düsseldorf
113/3 vario-images, Bonn/Baumgarten
113/4 mauritius images/Mollenhauer
113/5 Christoph Patsch, Bonn
113/6 Duales System Deutschland
113/7 Deutsche Post/Mediabank
114 picture-alliance/ZB/Thieme
115 Fotolia/Hemera
116/1 Fair Trade, Köln/Pressebild
116/2 Cadbury's
117/1 Geo Bildungszentrum Markdorf
117/2, 3 Deutsche Bundesbank/Pressebild
118 Washington Tourist's Board, Washington D. C.
119 Optisches Museum Zeiss, Oberkochen
120/1 Immagini Luca Cestaro, Neapel
120/2 Avenue Images, Hamburg/Index Stock//Jeff Randell
121 Cornelsen Verlagsarchiv
127/1 Fotolia/Roman Minarov
127/2 Cornelsen Verlagsarchiv
128/1 Fotolia/Bertold Werkman
128/2 AQUATREND2200, Bramsche
129/1 Wikipedia/GNU/DL/Hytrion
129/2 Wikipedia/CC/Fabien1309
130 Corbis
131/1 Cornelsen Verlag/Kerstin Nolte
131/2 Hasbro/Mattel Inc.
132 Fotolia/Klaus Eppele
133 Corbis/zefa, Düsseldorf

Trotz intensiver Bemühungen konnten möglicherweise nicht alle Rechteinhaber ausfindig gemacht werden. Bei begründeten Ansprüchen wenden sich Rechteinhaber bitte an den Verlag.

Graphen verschiedener Funktionstypen

Lineare Funktionen

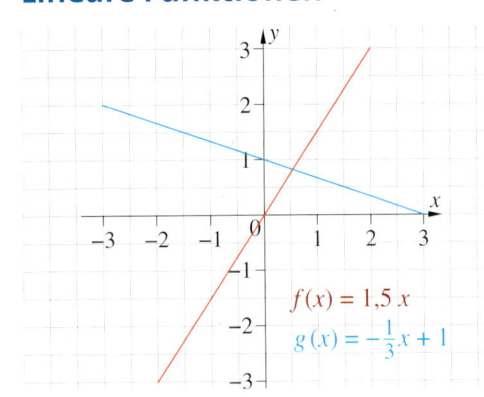

$f(x) = 1,5\ x$
$g(x) = -\frac{1}{3}x + 1$

- Funktionsgleichung: $f(x) = m \cdot x + n$
- Gerade durch den Punkt $P\,(0|n)$, mit der Steigung m
- Nullstelle: genau eine für $m \neq 0$, $x_0 = -\frac{n}{m}$

Quadratische Funktionen

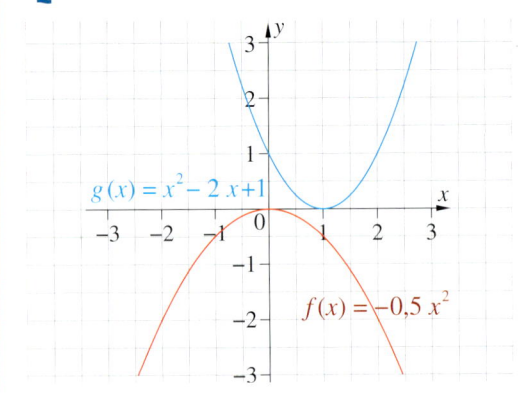

$g(x) = x^2 - 2\,x + 1$
$f(x) = -0,5\ x^2$

- Funktionsgleichung:
  $f(x) = ax^2 + bx + c,\ a \neq 0$
- Funktionsgleichung in Scheitelpunktform:
  $f(x) = a\,(x - x_s)^2 + y_s$
- Parabel durch den Scheitelpunkt $S(x_s|y_s)$
- Nullstellen: keine, eine oder zwei
  $x_{1,2} = x_s \pm \sqrt{\frac{-y_s}{a}}$

Trigonometrische Funktion: Sinusfunktion

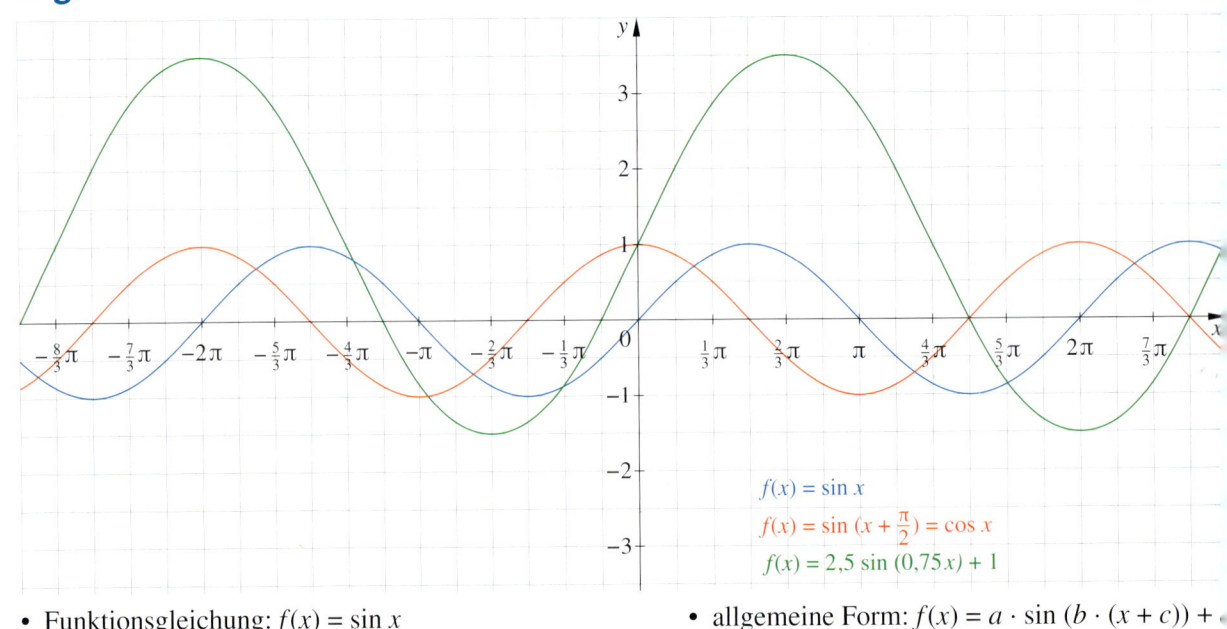

$f(x) = \sin x$
$f(x) = \sin\left(x + \frac{\pi}{2}\right) = \cos x$
$f(x) = 2,5 \sin(0,75\,x) + 1$

- Funktionsgleichung: $f(x) = \sin x$
- Periodische Funktion mit Periode $360°$ bzw. $2 \cdot \pi$
- Punktsymmetrisch zum Koordinatenursprung $(0|0)$
- Nullstellen: unendlich viele, $k \cdot 180°$ bzw. $k \cdot \pi$, k ist eine ganze Zahl
- allgemeine Form: $f(x) = a \cdot \sin(b \cdot (x + c)) +$